Think Like a UX Researcher

How to Observe Users, Influence Design, and Shape Business Strategy,
Second Edition

用户体验思维

洞察用户、完善设计、塑造商业策略的51堂课

（原书第2版）

[英] 大卫·特拉维斯　菲利普·霍奇森　著
（David Travis）　（Philip Hodgson）

苏景昕 译

U0336856

机械工业出版社
CHINA MACHINE PRESS

北京市版权局著作权合同登记　图字：01-2023-4935 号。

图书在版编目（CIP）数据

用户体验思维：洞察用户、完善设计、塑造商业策略的 51 堂课：原书第 2 版 /（英）大卫·特拉维斯 (David Travis),（英）菲利普·霍奇森 (Philip Hodgson) 著；苏景昕译 . -- 北京：机械工业出版社, 2025. 4. --（用户体验设计丛书）. -- ISBN 978-7-111-77754-0

I. TP11

中国国家版本馆 CIP 数据核字第 2025VW6152 号

机械工业出版社（北京市百万庄大街 22 号　邮政编码 100037）
策划编辑：刘　锋　　　　　　　　责任编辑：刘　锋
责任校对：刘　雪　张雨霏　景　飞　　责任印制：常天培
北京机工印刷厂有限公司印刷
2025 年 4 月第 1 版第 1 次印刷
186mm × 240mm · 17.75 印张 · 384 千字
标准书号：ISBN 978-7-111-77754-0
定价：99.00 元

电话服务　　　　　　　　　网络服务
客服电话：010-88361066　　机 工 官 网：www.cmpbook.com
　　　　　010-88379833　　机 工 官 博：weibo.com/cmp1952
　　　　　010-68326294　　金 书 网：www.golden-book.com
封底无防伪标均为盗版　机工教育服务网：www.cmpedu.com

当前，互联网浪潮席卷而来，技术变革日新月异，传统的用户界面（UI）设计已经满足不了不断升级的市场需求了。如今，用户体验（UX）不仅成为产品的核心竞争力，更是企业在激烈的市场竞争中脱颖而出的重要因素。关注用户体验的企业不仅可以更快地在市场占有率上获得好看的数字，更能赢得用户的忠诚度，真正实现"让喜欢你的用户更喜欢你"。

那么，本书是一本怎样的书呢？

村上春树曾在他的长篇小说《挪威的森林》里，通过主人公渡边毫不掩饰地表达了他对《了不起的盖茨比》的喜爱。他在书中这样写道：

"我习惯性地从书架上抽出《了不起的盖茨比》，信手翻开一页，读上一段，一次都没有让我失望过，没有一页让人兴味索然。何等妙不可言的杰作！我真想把其中的妙处告诉别人。"

本书便是这样的一本书。无论你是初次接触 UX 研究的学习者，还是已经拥有丰富经验的设计师、项目经理或产品经理，翻开这本书的任意一页，都能从中获得启发与灵感。这本书不仅提供了 UX 研究的理论与实践指导，更通过真实案例展示了如何在产品设计、产品开发和商业战略中有效运用 UX 研究。它是一本面向"所有人"的 UX 研究实用指南。

本书的两位作者 David Travis 和 Philip Hodgson，均在 UX 研究领域有着极为丰富的实践经验。他们不仅拥有实验心理学博士学位，还在多年的实践中探索出了一套科学且易于操作的 UX 研究方法。书中有一个重要的理念被反复提及：

UX 研究者的职责不仅仅是观察用户行为，更重要的是通过研究深刻影响设计，最终帮助企业制定有效的商业战略。

这一理念表达了他们对于 UX 研究的愿景。书中的内容从 UX 研究的准备开始，到 UX 研究的策划、实践、分析，再到说服人们根据 UX 研究结果采取行动，最后直至开启 UX 职业生涯为止。同时，本书还提供了大量的实用工具和方法，帮助读者在不同阶

段解决实际问题。

此外，每节之后都附有一个"用户体验思维"环节，通过几个问题，鼓励读者从不同角度反思自己的工作实践。这些问题不仅能帮助读者更好地理解书中的内容，还将推动他们在实际项目中灵活应用这些知识。让每一次阅读，都成为一次自我提升的机会。

从译者的角度来看，这本书的语言风格简洁明了，作者通过生动的案例和严谨的论证，成功地将晦涩的研究方法和理论转化为易于理解的日常语言。在翻译过程中，我力求保留原作的风格与语气，确保读者能够获得与阅读原作相同的阅读体验。此外，书中涉及的专业术语，我尽可能准确地进行了翻译，并添加了必要的注释，以确保读者在阅读过程中不会因为语言障碍而影响理解。翻译中的不当之处，还请读者批评指正。

愿这本书能如《了不起的盖茨比》般，成为你书架上时常翻阅并从中汲取灵感的作品。

当前，用户体验（UX）研究者处于一个令人羡慕的局面：工作岗位多，而具备相应技能的人才却供不应求。这当然有显而易见的好处，但也伴随着一些问题。

其中一个不可忽视的问题是，如何通过持续更新最佳实践（best practice）和新思想，来保持自己在专业领域内的优势。

我们从为 UX 研究者提供的培训课程中得知，许多人因为太忙（或觉得自己的知识已经足够渊博），而无法阅读一本全面的 UX 导论性图书。实际上，你的书架上可能有不止一本已经开始阅读但没能读完的 UX 图书。

这就是为什么 UX 研究者会转向阅读更短的文章和博客帖子来更新知识。但博客帖子没有经过精心组织，缺乏图书所具有的结构性，读者无法了解它们之间的关系。而且，它们在内容质量和写作质量上也参差不齐。

对 UX 研究者而言，纸质图书会令人望而却步，而博客文章的质量又参差不齐，应该采取什么样的方式来保持与时俱进，的确是个难题。

这本书旨在通过提供权威但易于理解的 UX 内容来弥合上述两种内容之间的差距，它包含了一系列关于 UX 研究的文章。虽然你可以从头到尾阅读这本书，但我们设计这本书时假设你会随意翻阅它，它有点儿像床头读物或咖啡时间的读物，你可以把它看作推动 UX 研究思路的发射台。但如果你更喜欢按顺序阅读，我们也已经以相辅相成的方式组织好了各章内容。

前言
PREFACE

这本书不仅适合 UX 研究者

谁应该读这本书？

- 希望在自己工作的各个方面获得灵感和启发的 UX 研究者。如果你是其中一员，可以随时翻阅本书，尤其是第 1 章到第 4 章。

- 希望激发自己的开发团队进行 UX 研究讨论的项目负责人和敏捷教练。如果你是其中一员，请翻到本书中的任意一节，并选择一个问题让开发团队进行讨论（你可以在每节末尾的"用户体验思维"部分中找到这些问题）。
- 希望获得用户对新产品创意或原型反馈的设计师。如果你是其中一员，请翻阅第 3 章中的内容，以避免 UX 研究中的许多常见错误。
- 希望说服开发团队、高层管理者和利益相关者根据 UX 研究结果采取行动的业务分析师和市场营销经理。如果你是其中一员，请翻阅第 5 章中的内容。
- 任何想要开启 UX 职业生涯的人。我们专门为你撰写了第 6 章中的内容。

内容概要

本书共有 6 章。第 1 章包含一些介绍性内容，为本书后面的内容做了铺垫。本章涵盖诸如 UX 研究可以解答的问题类型、从业者常犯的错误，以及如何将心理学应用于 UX 研究等主题。

第 2 章是 UX 研究的策划阶段。本章中的内容将帮助你确定一个项目是否需要进行 UX 研究，以及如果需要的话，应进行何种类型的研究。本章还将帮助你迈出研究的第一步，例如，决定招募哪些类型的参与者。

第 3 章重点介绍 UX 研究的实践。这是你与用户互动并观察他们在自然或受控环境中使用产品的阶段，这也是你收集数据的研究阶段。本章中的内容将帮助你获得研究参与者的知情同意，进行民族志访谈，并避免常见的可用性测试错误。

第 4 章讨论数据分析，即将原始数据转化为故事的过程。这正是你的研究结果和洞见的意义所在，也是"啊哈！"的一声惊叹会出现的时刻。这也是 UX 研究中会问出"所以呢？"的阶段。

第 5 章描述如何说服人们基于 UX 研究结果采取行动。这一章将帮助你在面对对 UX 研究持批评态度的开发团队成员时，自信地坚守立场。本章涵盖说服开发团队、高层管理人员和利益相关者的方法。

本书的最后一章旨在帮助你组织建立 UX 团队，并帮助你开启 UX 职业生涯。这些内容为 UX 研究新人和已经在该领域有一定经验的人提供指导，将帮助你评估、提高和展示你的技能。

这本书的创作花费了数年时间，因为每一节内容最初都是以 Userfocus 网站上发表的文章为起点的。这样做的一个好处是，在撰写本书的过程中，我们能够与其他 UX 研究者互动，从早期草稿中发现哪些内容是有效的、哪些内容令人困惑，以及缺少哪些内容。从某种意义上说，这本书中的内容经历了我们鼓励设计团队遵循的"构建 – 评估 – 学习"循环（build-measure-learn cycle）的过程。

如何像 UX 研究者一样思考

除了对网站文章进行重新编写并整理它们以编入本书外，我们还在每节的末尾添加了一个名为"用户体验思维"的部分。这个部分包含 5 个问题，旨在鼓励你思考如何将本节内容中的想法、问题和灵感应用到当前的 UX 工作中。其中一些思考提示还包含了一个工作坊的主题大纲，你可以与团队一起进行讨论，以帮助他们更加以用户为中心开展工作。

这些问题除了帮助你思考书中所讨论的主题之外，在你准备以考查胜任能力为核心的工作面试时也会有帮助。

我们对"UX 研究"的理解

也许因为 UX 是一个新兴领域，不同的从业者会使用不同的术语来描述一件相同的事。"UX 研究"就是其中之一。我们知道有些从业者更喜欢使用"用户研究"这个术语，他们认为开发团队中的每个人都应对 UX 负责，而不仅仅是 UX 研究人员。

尽管我们同意保证 UX 是每个人的责任这一理念，但我们仍然决定在本书中使用"UX 研究"这个术语。"用户研究"意味着只关注用户；相比之下，"UX 研究"鼓励从业者和利益相关者采取更具战略性的视角，关注真正重要的事情：用户的体验。这个术语还反映了这项工作的真实情况：最优秀的从业者研究用户，同时也研究用户的目标、用户的环境和产品的业务背景——实际上，他们研究任何对用户使用产品或服务的体验产生影响的因素。

第 2 版的主要更新

距离本书第 1 版出版已经过去 4 年了。这本书收到的好评让我们深感荣幸，我们也要感谢每一位购买这本书的读者。当 Taylor & Francis 出版集团邀请我们撰写第 2 版时，我们没有丝毫犹豫就答应了：一部分原因是只有少数 UX 类图书作者获邀编写第 2 版，但主要原因是我们生活的世界已经与 4 年前截然不同了。我们认为是时候思考 UX 研究发生了哪些变化，以及本书应该做哪些更新了。

自第 1 版出版以来，UX 研究方法的最主要变化是向远程 UX 研究方法的转变。虽然在第 1 版中讨论过远程方法，但现在我们意识到需要更深入地介绍它们。因此，在第 2 版中，关于该主题我们新增了 6 节内容。

我们描述了如何规划和实施远程方法（包括有主持和无主持）。此外，我们还增加了关于测试参与者和调查问题的新内容，并揭示了你对 UX 研究方法的选择是如何反映出自身的认识论偏向的。我们还提出了一些研究中可能出现的潜在问题，并在相关的警示性内容中解释了为什么远程方法永远不应该成为你唯一使用的 UX 研究方法。以下是新增的具体内容：

在第 1 章中，1.8 节探讨了近年来 UX 研究方法是如何使研究人员与用户产生距离的。其中推测了这可能会将我们带向何方，并思考了这是好事还是坏事，提出了我们可能需要采取的预防措施。

在我们见过的 UX 研究方法中，问卷调查是最容易被滥用和最容易出现糟糕设计的方法，使用它极易出现大量劣质数据。在第 2 章中，2.9 节讨论了如何确保受访者不会回答你没提过的问题。同样在第 2 章中，2.10 节着眼于 4 种常见类型的可用性测试（远程可用性测试、企业实验室测试、情境可用性测试和租赁设施测试）的优点和缺点，以协助你选择合适的方法。

在第 3 章中，3.9 节讨论了所有人都关心的话题，即面对难以应付的可用性测试参与者。同时，3.10 节承认，我们并非总是能够观察到用户在其自然环境中的行为。我们描述了一种技巧，有助于用户可靠地回忆和叙述他们的经历。当你无法到用户实际的使用情境中观察他们时，它为你提供了一个了解用户需求的框架。

最后，在第 6 章的 6.7 节中，我们提出了一个问题："你是实证主义 UX 研究者还是解释主义 UX 研究者？"我们展示了如何确定你属于哪一类，并讨论了认识论偏向将如何影响你可能进行的研究类型，以及利用研究结果说服他人的能力，同时，探讨了这将如何帮助或阻碍产品团队对你的研究做出反应。

总之，我们希望你会喜欢这 6 节新增的内容。

我们的许多同事对本书中的内容提供了自己的见解、想法和评论。我们要感谢已故的 Nigel Bevan，还要感谢（按字母顺序排列）David Hamill、Miles Hunter、Caroline Jarrett、John Knight、Beth Maddix、Rolf Mohlich、Ali Vassigh 和 Todd Zazelenchuk。我们要特别感谢 Gret Higgins 和 Lynne Tan 在校对和策划内容方面提供的帮助。

还要感谢成百上千的 UX 研究者在我们的网站 uxresearchbook. com 上注册，并帮助确定书中的内容。他们的评论和意见帮助我们改进了这本书，希望他们像我们一样为最终的成果感到自豪。

最后，我们还要感谢多年来提出各种难题的众多学生和客户。这些问题使我们能够像 UX 研究者一样思考，并直接促成了这本书中许多内容的诞生。

致谢

ACKNOWLEDGMENTS

译者序
前　言
致　谢

目录
CONTENTS

第 1 章　准备阶段 ———————————————— 1

1.1　UX 研究的"七宗罪"　　　　　　　　　　　1

1.2　像侦探一样思考　　　　　　　　　　　　　9

1.3　UX 研究解答的两个问题　　　　　　　　　16

1.4　研究问题剖析　　　　　　　　　　　　　　19

1.5　将心理学应用于 UX 研究　　　　　　　　　26

1.6　为什么仅凭迭代设计无法创造出创新产品　30

1.7　你的公司是否提供了卓越的 UX　　　　　　34

1.8　UX 研究的未来是自动化，这是一个问题　　37

第 2 章　策划用户体验研究 ———————————— 43

2.1　定义你的 UX 研究问题　　　　　　　　　　43

2.2　进行桌面研究　　　　　　　　　　　　　　49

2.3　进行有效的利益相关者访谈　　　　　　　　53

2.4　识别 UX 研究的目标用户　　　　　　　　　60

2.5　编写完美的参与者筛选问卷　　　　　　　　65

2.6　对代表性样本的质疑　　　　　　　　　　　70

2.7　如何通过更少的参与者找到更多的可用性问题　75

2.8　决定与用户进行的第一次研究活动　　　　　79

2.9　使用认知访谈提升问卷设计质量　　　　　　82

2.10　决定下一次可用性测试的地点：在你这里还是
　　　在他们那里　　　　　　　　　　　　　　86

第 3 章　实践用户体验研究 ———— 92

　3.1　获取研究参与者的知情同意　　92

　3.2　什么是设计民族志　　97

　3.3　进行民族志访谈　　100

　3.4　编写有效的可用性测试任务　　106

　3.5　可用性测试主持人易犯的 5 个错误　　110

　3.6　避免在可用性专家评审中表达个人观点　　114

　3.7　走向精益 UX　　119

　3.8　控制实验者效应　　125

　3.9　面对难以应付的可用性测试参与者　　131

　3.10　通过情境访谈揭示用户目标　　138

第 4 章　分析用户体验研究 ———— 143

　4.1　磨砺你的思维工具　　143

　4.2　UX 研究与证据强度　　151

　4.3　敏捷用户画像　　155

　4.4　如何对可用性问题进行优先级排序　　161

　4.5　构建洞见、可测试的假设和解决方案　　164

　4.6　如何使用 UX 指标管理设计项目　　169

　4.7　证明任何设计变更合理性的两个指标　　175

　4.8　你的网络问卷调查可能远不如你想的那么
　　　可靠　　178

第 5 章　说服人们根据用户体验研究结果采取行动 —— 184

　5.1　推广 UX 研究　　184

　5.2　如何创建用户旅程地图　　193

　5.3　生成可用性问题的解决方案　　201

　5.4　将 UX 研究融入设计工作室方法论　　205

5.5　应对 UX 研究中的常见反对意见　　　212

5.6　UX 汇报会议　　　217

5.7　创建 UX 仪表盘　　　223

5.8　实现对董事会的影响力　　　228

第 6 章　开启用户体验职业生涯 ——————— 234

6.1　招聘 UX 领导者　　　234

6.2　评估和发展 UX 从业者技术能力的工具　　　239

6.3　超越技术能力：怎样成为一位优秀的 UX 研究者　　　248

6.4　如何让你的 UX 研究作品集赢得赞叹　　　254

6.5　UX 研究职位第一个月的每周指南　　　260

6.6　反思型 UX 研究者　　　264

6.7　你是实证主义 UX 研究者还是解释主义 UX 研究者　　　268

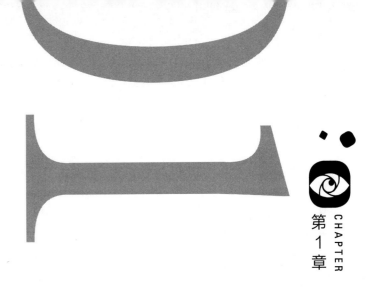

第 1 章
CHAPTER

准备阶段

1.1 UX 研究的 "七宗罪"

大多数公司都会声称其产品和服务简单易用。但当你让顾客实际使用这些产品和服务时，他们往往会发现并非如此。为什么这些公司认为的 "简单" 与用户的实际体验之间存在差距呢？

将产品可用性差归咎于公司没有进行足够的 UX 研究似乎是一种很流行的解释。从表面上看，这似乎的确是可用性差的直接原因。如果这些公司真的进行了研究，就会意识到其产品一无是处。但是，就像大多数看似显而易见的原因一样，这个观点是错误的。

事实上，当下是成为 UX 研究工具供应商的最佳时机。所有公司似乎都想 "了解" 用户的想法。看看你邮箱里的垃圾邮件文件夹，计算一下在过去的一个月里被要求填写调查问卷的次数。如果我们猜得没错，这个数字可能会是个两位数。

问题不在于 UX 研究的数量，而在于质量：这些公司很难区分好的 UX 研究和糟糕的 UX 研究。

以下是我们在与客户合作时遇到的糟糕的 UX 研究涉及的 7 个问题，以及解决这些问题的一些想法。

- 轻信
- 教条主义
- 偏向
- 蒙昧主义
- 懒惰
- 模糊
- 傲慢

1.1.1　轻信

词典中将轻信定义为一种在没有适当证据的情况下就愿意相信某事的状态。这在 UX 研究中出现的形式则是询问用户他们想要什么（并相信他们的答案）。

几个月前，David 代表客户参与了一项可用性研究。他之所以会出现在那里，是因为客户认为他们正在进行的可用性测试没有提供太多的预测价值。客户担心他们没有招募到合适的参与者，或者分析方法可能不正确。

当 David 坐在观察室里时，他看到主持人向参与者展示了 3 种可供选择的用户界面设计方案，并问道："你更喜欢这 3 种中的哪一种？为什么？"

询问人们想要什么是非常诱人的。它具有明显的表面效度，也似乎很符合逻辑。

但事实并非如此。

原因如下。40 多年前[⊖]，心理学家 Richard Nisbett 和 Timothy Wilson 在密歇根州安娜堡市的一家廉价品商店外进行了一些研究。

研究人员在商店外摆了一张桌子，桌上放着一个写着"消费者评价调查——哪双质量最好？"的标志。桌子上有 4 双女士长筒袜，从左到右分别标有 A、B、C、D。

大多数人（40%）选择了 D，而少数人（12%）选择了 A。

从表面上看，这就像 David 参与的可用性测试一样。

但事情发生了反转。所有的长筒袜都是一模一样的，大多数人更喜欢 D 的原因只是位置效应：研究人员知道人们对展示在右侧的物品会表现出显著的偏好。

[⊖] Nisbett, R.E. & Wilson, T.D. (1977). "Telling more than we can know: Verbal reports on mental processes." *Psychological Review*, 84(3): 231–259.

但当研究人员询问人们为什么更喜欢自己选择的长筒袜时，没有人指出位置效应的影响。人们说他们选择的那双丹尼数更高、透明度更高或更有弹性。研究人员甚至询问了人们是否可能受到物品摆放顺序的影响，但当然，人们看着研究人员的眼神好像觉得他们疯了。同时，人们还为自己的选择编造了合理的理由。

Nisbett 和 Wilson 的研究与我们刚刚描述的可用性测试之间存在着一种隐形的关联。我们之所以称这种关联为"隐形的"，是因为似乎很少有 UX 研究者意识到它的存在——尽管心理学有一个被称为"前景理论"（Prospect Theory）[⊖]的分支，致力于研究这一点——Daniel Kahneman 还因为研究这一理论而获得了诺贝尔奖。

人们对自己的心理过程没有可靠的洞察力，所以没有必要问他们想要什么。

Rob Fitzpatrick[⊖]的一句话，非常准确地捕捉到了这一问题："试图从与客户的对话中学习就像发掘一处脆弱的考古遗址。真相就在那里的某个地方，但它是易碎的。虽然铲子的每一次敲击都会让你更接近真相，但如果你使用的工具太钝，你很可能会把它砸成无数个碎片。"

那我们怎样才能解决这个问题呢？

我们将成功的 UX 研究定义为，它能够提供对于用户需求的可采取行动且可验证的洞见。问人们喜欢或不喜欢什么、让他们预测未来会做什么，或要求他们告诉我们其他人可能会做什么，这些都是没有意义的。

获取可采取行动且可验证的洞见的最佳方法不是提问，而是观察。你的目标是观察足够长的时间，从而对正在发生的事情做出合理的推测。直接提问只会鼓励人们胡编乱造，而不是告诉你实际发生了什么。

观察有两种方式。我们可以观察人们现在是如何解决问题的，或者可以将人们"传送"到可能的未来，并让他们使用我们的解决方案（原型），来观察哪里会出现问题。

关键点是：人们所说的不如所做的有用，因为人本身是不可靠的见证者。

1.1.2　教条主义

教条主义是指将某些原则视为不可否认的真理，而不考虑证据或他人意见。在 UX 研

⊖ Kahneman, D. & Tversky, A. (1979). "Prospect theory: An analysis of decision under risk." *Econometrica*, 47(2): 263–291.

⊖ Fitzpatrick, R. (2013). *The Mom Test: How to Talk to Customers and Learn If Your Business Is a Good Idea When Everyone Is Lying to You*. CreateSpace Independent Publishing Platform.

究中，教条主义的表现形式是相信存在一种"正确"的研究方法。

相信你也曾与那些认为问卷调查是了解用户需求的"正确方式"的人一起工作过。也许是因为我们每天都能在新闻中听到关于问卷调查的内容，人们倾向于认为这种研究方法更可靠或更有用。使用其他方法（例如实地考察或用户访谈），并不具备相同的表面效度，因为样本量相对较小。

但遗憾的是，如果你不知道要如何提出正确的问题，那么即使在问卷调查中拥有大量受访者也不会对研究有多大帮助，这就是实地考察和用户访谈的用武之地。

实地考察和用户访谈是了解用户需求、目标和行为的好方法，但它们也不是唯一的解决方案。

最近，我们与一位 UX 研究者合作，他似乎认为除了用户访谈之外，其他任何研究方法都没有存在的必要。要验证用户画像，就进行更多用户访谈；要确定你的任务优先级，就进行更多用户访谈；要比较两个着陆页（landing page）方案，就进行更多用户访谈。

这种教条主义是无用的。

实地考察和用户访谈为你提供了指示信息，而不是确切的答案。它们是宽泛的信息，有点儿像天气预报。数据中可能会存在一些模式，但这些模式不如你与用户的对话，以及你观察到的用户行为有用。正是这些对话和用户行为可以帮助你识别人们言行之间的差距——而这往往正是一个设计契机。

但在某个时候，你需要通过三角互证法来验证从实地考察和用户访谈中得出的发现，即结合多种方法研究同一现象。定量数据告诉我们人们在做什么，定性数据告诉我们人们为什么这样做，最好的研究方式是将这两种数据结合起来。例如，你可以选择通过问卷调查来验证你在实地考察中得出的用户画像，或者你可以选择多变量 A/B 测试来微调你通过可用性测试开发的着陆页。

三角互证法就像电影中不同的景别。如果每个画面都是特写镜头，那么观众就很难理解电影中故事情节的全貌。同样，如果每个画面都是广角镜头，观众就很难与角色产生共鸣。就像电影一样，你希望你的研究展示特写镜头，但你也希望看到更广阔的画面。

1.1.3　偏向

偏向是指一种可以左右一个人思维的特殊影响，尤其是以一种被认为不公平的方式去影响。

UX 研究是对抗偏向的持续斗争。在 UX 研究中有几种不同类型的偏向，但我们在这里要讨论的是反应偏向（Response Bias）。这是由你收集数据的方式造成的。

有时，偏向是显而易见的。例如，如果你提了一个糟糕的影响参与者的问题，可能就会导致参与者回答出一个你想听到的而非真实的答案。你可以通过引导人们提出恰当的问题来消除这种偏向。但还有一种更恶劣的反应偏向更难以纠正。当开发团队进行 UX 研究并发现人们并不真正需要该产品或服务时，可能就会出现这种情况。他们很容易向高层管理者隐瞒这一点，因为没有人愿意成为坏消息的传播者。但如果产品没有实际需求，那么试图说服高层管理者用户有需求就是没有意义的——你终究会被识破。有选择性地挑选结果来迎合高层管理者是一个坏主意。

你不应该带着个人得失去做访谈：UX 研究者的任务不是说服人们使用某项产品或服务，也不是去获得管理层想要的结果，而是挖掘真相。这并不意味着你不应该有自己的观点。你应该有。你的思考角度应该是帮助开发团队理解数据，而不仅仅是告诉他们想要听到的内容。

1.1.4 蒙昧主义

蒙昧主义是一种故意隐瞒某事的全部细节的做法。在 UX 研究中，这体现为只将研究结果留存于一个人的脑海中，而不分享给其他人。

UX 研究通常会被分配给团队中的一名成员来负责。这个人会成为用户需求的"代言人"，团队的用户"专家"。这是一种糟糕的 UX 研究方式，不仅仅是因为这位 UX 研究人员无法知道所有答案，它之所以会失败，是因为它鼓励开发团队将理解用户的所有责任推给一个人。

在你的项目中避免蒙昧主义的一种方法是，鼓励团队中的每个人都要有自己的"用户接触时间"。研究显示[⊖]，最有效的开发团队每 6 周至少会花费 2 小时观察用户（例如，进行实地考察或可用性测试）。

你的目标是建立一种以用户为中心的文化。可以通过鼓励整个开发团队与用户互动来实现这一目标。但你还需要进行迭代设计，这将引出下一个问题。

⊖ Spool, J.M. (2011, March). "Fast path to a great UX–increased exposure hours." https://articles.uie.com/user_exposure_hours/.

1.1.5 懒惰

懒惰是一种不愿努力付出的状态。在 UX 研究中，这种情况表现为将过去的研究数据作为标准数据，剪切并粘贴到新项目中去。

我们最喜欢的例子来自用户画像。

我们发现客户经常将创建用户画像的过程视为一次性活动。他们会聘请一家外部公司对必要数量的用户进行实地考察。这家公司会分析数据并创建一组精美的用户画像。当然，我们现在已经知道这是一个坏主意，因为这涉及蒙昧主义。我们希望开发团队自己进行研究，而不是外部公司。

但让我们暂时忽略这个问题。在这里使用用户画像作为示例，是因为我们经常会被客户问道，是否可以重复使用他们的用户画像。他们现在正在筹备一个新项目，与去年创建过用户画像的某个项目有些相似。既然他们的客户基本相同，重复使用现有的用户画像不就可以了吗？

这种想法完全偏离了 UX 研究的重点，以至于它成了一个很好的反例。

这里有一个很多人不知道的秘密：你不需要依靠创建用户画像来实现以用户为中心的设计。以用户为中心的设计不仅仅是关于用户画像的。实际上，用户画像并不重要。创建用户画像从来都不应该是你的目标——了解用户的需求、目标和动机才应该是你的目标。在某种程度上，一组精美的用户画像只能证明你与用户接触过，就像用与某位名人的合影来证明你们曾在同一家餐厅一样。

你想要进入的世界，是一个开发团队非常了解用户的世界，而不必再依赖于用户画像。你不应该通过重复利用过去的研究数据来实现这个目标，而要通过将 UX 研究融入你们的企业文化来实现。

我们很早就知道，可以通过迭代来实现以用户为中心的设计：你搭建一些东西，然后评价它的可用性，从中学习并重新设计。但是重复利用过去的数据，无论数据是以用户画像、可用性测试还是实地考察的形式出现，都不是迭代，当然也不是学习。

1.1.6 模糊

模糊是指没有清楚或明确地陈述或表达。就 UX 研究而言，当一个团队未能专注于一个关键的研究问题，而是试图一次性回答多个问题时，我们就会看到这种情况的发生。

这个问题一部分是由懒惰所引起的。如果你只是偶尔进行 UX 研究，那么就需要一次性回答很多问题，这意味着你最终对很多问题都只能了解一小部分。实际上，你可以从洗碗机身上学到 UX 研究中的一个重要道理：如果塞进去太多东西，洗出来的东西就不会很干净。

通过 UX 研究，我们实际上只希望对一个"小"问题做尽可能多的了解。这个"小"问题就是让你彻夜难眠的具体问题。为了找到这个问题的答案，我们要求开发团队设想最有用、最可行的研究结果。它们会告诉我们什么？我们该如何使用它们？

团队中的每个人都应该就你计划解答的问题和打算验证的假设达成一致。这些关键问题应该成为每项研究活动的驱动力。

这意味着你需要明确研究问题：你应该能够用几张小便笺明确阐述你的研究问题。

实际上，这引出了一个有趣的练习，你可以通过做这个练习来发现研究问题。

让开发团队成员聚集在一个房间里，给每个人一沓便笺纸。让他们想象一下，在房间外面有一个无所不知、洞察力极强的用户，他会真实地回答我们提出的任何问题。

那么，你会问什么问题？

让团队成员在每张便笺上写一个问题。5 分钟后，我们共同根据相似度对便笺进行分类。然后，用计点投票（dot-vote）选出最迫切需要回答的问题。这种方法非常有效，因为我们不仅能确定高层次的主题，还能列出需要获得答案的具体问题清单。

1.1.7 傲慢

最后一个问题是傲慢。傲慢意味着极度的骄傲或自信。

在 UX 研究中，傲慢表现为你对自己的报告过度自信。

所有 UX 研究者在某种程度上都会受到这种情况的影响，而那些拥有博士学位的人最为严重。之所以这样说，是因为我们自己也是骄傲的博士学位获得者[○]。

UX 研究者都热爱数据。当你热爱某样东西时，会想与他人分享。因此，当你制作了一份满含图表、引用、截图和标注的详细报告时，就会禁不住感叹，看看我的数据！看看它多漂亮！

不幸的是，很少有人像我们一样对数据着迷。我们的挑战在于将数据转化为信息，再

○ 我们俩都是实验心理学博士：David 研究的是视觉领域，而 Philip 专攻语言领域。我们希望有一天能与一位听觉领域的专家携手，组建一个名为"三只猴子"的咨询小组。

将信息转化为洞见。

过多的细节存在两个问题。

人们是不会真正仔细阅读报告的。他们打开报告，翻过一页，看到一堆数据，赞叹你的聪明才智，然后感到无聊，就转头继续做其他事了。

过于详细的报告还会拖延设计进度。你不需要在电子表格中进行大量的分析来找出关键问题。当后期想深入了解细节时，这种分析是有用的，但关键性发现需要快速的反馈。快速反馈可以帮助修改设计，并且可以继续"构建－评估－学习"的循环。

相反，你需要创建信息展示工具（比如可用性测试结果仪表盘和一页纸的测试计划），让团队理解数据，以便他们可以对其采取行动。信息展示工具本质上是一个让团队逐渐对你的研究结果产生认知的广告牌。一般来说，如果人们需要翻页的话，就说明你的报告太长了。因此，你要扪心自问：我们如何才能一目了然地看到结论？

信息展示工具可以以简明的可视化方式呈现研究数据，比如用户旅程地图、用户画像或可用性测试结果仪表盘。

1.1.8　好的 UX 研究是什么样的

随着我们对这些问题的审视，你可能已经注意到它们似乎有一个共同的根本原因：企业文化无法区分优质的 UX 研究和糟糕的 UX 研究。

公司声称重视出色的设计，但认为要做出色的设计，就需要一位出色的设计师。然而，出色的设计并不来自设计师，而是存在于用户的大脑中。通过进行优质的 UX 研究，你可以深入用户的大脑，研究并给出对于用户需求可采取行动且可验证的洞见。

出色的设计是一种表象，是一种重视以用户为中心的设计文化的表象。糟糕的设计也是一种表象，是一种某个组织无法区分优质的 UX 研究和糟糕的 UX 研究的表象。

也许这是所有问题中最致命的。

用户体验思维

- 回想一下你最近参与的某个并没有带来预期商业效益的 UX 研究项目。是否是"七宗罪"导致了这一结果？如果可以回到项目的启动阶段，你会有哪些不同的做法？
- 在本节中，我们提出了"信息展示工具"的概念，它是一种直观展示 UX 研究结果的总结。回想一下你最近进行的 UX 研究，你会如何在一张纸上简洁地呈现这些研究成果？

- 我们讨论了向高层管理者传递坏信息时所遇到的困难。是什么阻碍了你所在的组织接收坏信息？你如何帮助组织从过往的错误中吸取教训？
- 每位 UX 研究者都有自己偏爱的研究方法，可能是实地考察、可用性测试或是问卷调查。当你总是用同一种方法来回答所有研究问题时，这就可能会成为一个问题。识别出你最喜欢和最不喜欢的 UX 研究方法，并思考这种"偏好"是否影响了你的研究实践。确定两种你想进一步了解的研究方法。
- 我们将一个成功的 UX 研究定义为能够提供可采取行动和可验证的用户需求洞见的研究。那么，是什么因素使洞见变得"可验证"呢？

1.2 像侦探一样思考

在本节中，我们将深入探讨 UX 研究者能从侦探使用的调查方法中学到什么。通过探索经典侦探小说的精髓，我们得出一个重要结论：若想成为更优秀的研究者，你应当学会像侦探那样思考。

出色的研究者与优秀的侦探之间的相似性颇为明显。这不足为奇，因为两者都涉及调查工作，都致力于建立证据链，并利用这些证据解决问题。不仅如此，两者所需的知识、技能和经验，以及使用的方法和技术有诸多相通之处。实际上，把 UX 研究视作侦探工作，一点也不夸张。

那么，我们能从有史以来最伟大的侦探——夏洛克·福尔摩斯（Sherlock Holmes）身上学到哪些进行 UX 研究的技巧呢？

福尔摩斯是一位出色的侦探，但他并非超级英雄（他没有超能力）。他之所以出色，是因为拥有精湛的技能和特定领域的专业知识。他的调查方法严谨而有序，包含以下 5 个步骤：

- 理解待解决的问题。
- 收集事实。

- 根据事实提出假设。
- 排除最不可能的假设，找到解决方案。
- 实施解决方案。

这些步骤对 UX 研究者而言已经非常熟悉。因此，在分析以上每个步骤对于开展优质 UX 研究的启示时，我们将交替戴上猎鹿帽[⊖]和 UX 研究者之帽。

1.2.1 理解待解决的问题

"我从不猜测。这是一种糟糕透顶的习惯——足以破坏正常的逻辑推理能力。"

——《四签名》（1890）

这可能是个奇怪的问题，但请耐心听完：问题和答案，你认为哪个更让人兴奋？你认为思考哪个更有趣？

诚然，我们在生活的各个领域都在力求找到答案，特别是作为 UX 研究者，我们希望找到解决问题的方法。但实际上，毋庸置疑：对研究者而言，问题本身比答案更有趣。问题充满了神秘感和可能性，能引导你的思考走向新的、意想不到的方向。答案往往意味着思考的终止，就像你了解了一个惊人魔术背后的真相后，就对其失去了兴趣一样。答案固然重要，但一个优秀的研究者得到答案后已经在思考下一个问题是什么了。福尔摩斯决定是否接受一个案件，就是基于这个案件提出的问题是否具有足够吸引人的挑战。

在产品开发的世界里，情况往往恰恰相反，解决方案和答案被高度重视。实际上，在企业界，"解决方案"已经成为一个被过度使用的流行词，几乎已经没有任何实际意义了。解决方案绝不应该是调查的起点。许多开发团队过早地关注产品解决方案，其代价是很快就忘记试图解决的问题。福尔摩斯坚决反对着急找到解决方案的做法，他曾说过[⊖]："在掌握事实之前就进行理论分析是一个致命的错误。不知不觉中，人们就开始扭曲事实以适应理论，而不是让理论适应事实。"

福尔摩斯总是从关注问题开始处理每个案件。问题有时以信件的形式出现，有时作为报纸上的一条新闻出现，但更多时候，它是通过敲门声来宣告其到来。客户会向福尔摩斯

⊖ deerstalker，一种前后有帽檐并带有护耳的帽子，作为福尔摩斯的标志性造型，又被称为"侦探帽"。——译者注

⊖ Conan Doyle, A. (1892). "A Scandal in Bohemia." *In The Adventures of Sherlock Holmes*. London, UK: George Newnes.

提出一个谜题，他则会向客户询问关键信息，运用自己丰富的知识，回顾以往的案例，并尽可能多地了解可能的当事人。福尔摩斯从不依赖猜测或假设。对他来说，每个新案件都是独一无二的，关键在于案件中可靠且可验证的事实。这些事实给调查提供了最初的焦点和方向。

以下是可以从福尔摩斯的方法中学到的一些东西，它们有益于我们的 UX 研究思维：

- 关注问题，而不是解决方案。
- 明确提出你的研究问题，并将其书面化（确保在最后加上一个问号）。
- 在明确这个问题之前，不要着手进行研究。
- 不要假设这个问题以前从未被问过。
- 了解你的同事和公司已有的相关知识和信息。
- 进行档案搜索——从阅读之前的研究报告开始。
- 对团队成员和利益相关者进行访谈。
- 采用清单来系统地收集背景信息。
- 不做任何猜测。

1.2.2　收集事实

"我对所有细节都感兴趣……无论它们看起来是否相关。"

——《铜山毛榉案》（1892）

对福尔摩斯而言，犯罪现场中那些看似微不足道的细节和案件的细微之处极其关键。很多时候，往往可以从这些小线索中推断出重大的结论。

尽管福尔摩斯擅长提问，他却深知，仅依赖人们准确地报告他们可能看到或听到的东西，或者他们所知道和所想的事情，是一种不可靠的调查方法。观点并非事实，猜测也并非证据。相反，他收集事实的主要方式是细致的观察⊖："华生，你知道我的方法，它建立在对细微之处的观察之上。"

观察是 UX 研究中不可或缺的部分。在实地考察中应用观察，能帮我们深入了解人们使用产品过程中的"实际情况"，这种情况通常是混乱且不易理解的。通过观察，能够洞

⊖　Conan Doyle, A. (1892). "The Boscombe Valley Mystery." *In The Adventures of Sherlock Holmes*. London, UK: George Newnes.

察到人们使用过程中的微小细节和使用流程的具体环节，这些往往是他们自己难以察觉的。这对于识别未被满足的用户需求至关重要——由于用户的行为已形成习惯，他们已经适应了现有设计的局限性，不知道还有其他解决方式，因此这些需求往往是他们自己也难以明确表达的。

在进行观察时，一个重要的做法是不要担心所捕捉的信息的相关性。不要让预期、假设或偏爱的理论影响你的观察。在这一阶段，避免对信息进行评判或加权。不要急于对观察到的事物进行解释或试图将它们纳入某个计划或解决方案中，将这些分析工作留待之后再做。福尔摩斯在回顾一个成功的案例时提醒华生⊖："你记得吗，我们是带着一颗完全空白的心来处理这个案子的，这总能成为一个优势。我们没有形成任何预设的理论，我们只是在那里进行观察。"

目前，你需要做的是确保捕捉到了所有信息。之后你可以丢弃不必要的内容，但你可能再也无法回到现场收集错过的信息了。

尽管你可能不需要像福尔摩斯那样伪装自己，或拿着放大镜在地毯上爬来爬去，但可以从他那里学到以下几点，以提高观察技巧：

- 观察人们实际的使用情况——而不仅是观看演示。
- 记住，你的参与者是专家，而你则是"新手"。
- 关注最常见的任务、最繁忙的日子、典型的日子和关键事件。
- 弄清楚用户在你观察的任务前后进行的活动。
- 寻找使用过程中不便、延误和受挫的迹象。
- 如影随形，他们去哪里你就去哪里。
- 指出不同的东西并询问它们的用途。
- 获取物件、样本、表格和文件的复印件或照片。
- 绘制工作区域的布局图。
- 列出人们正在使用的工具。
- 观察人们的互动和动态。
- 保持对同时发生的事情的警觉。
- 记录你所观察的场景中的任何不寻常之处。

⊖ Conan Doyle, A. (1894). "The Adventure of the Cardboard Box." *In The Memoirs of Sherlock Holmes*. London, UK: George Newnes.

- 思考是否有什么遗漏。
- 注重观察行为的细节——注意人们触碰的东西和他们看的东西。
- 注意事件、行为的顺序及时间安排。
- 不要干扰正在进行的活动。
- 留意那些琐事。

1.2.3 根据事实提出假设

"华生，你能看到一切。但是，你却没有通过所看到的东西来进行推理。你对得出结论太过缺乏自信了。"

——《蓝宝石案》(1892)

福尔摩斯依靠他丰富的知识和经验来解读事实，从而提出假设[⊖]："通常，当我听到一些关于事件进展的细微线索时，我能依靠记忆中成千上万的类似案例经验来指引自己。"

他的知识范围深而专。福尔摩斯对化学、脚印、血迹和特定有毒植物（但不包括一般园艺）有深入的理解，同时还是位技艺高超的小提琴手。然而，他对于地球绕太阳转动这样的基本常识却一无所知。（"你说我们绕着太阳转，这和我有什么关系呢？即使我们绕着月亮转，这对我和我的工作也不会有什么影响。"）他的知识范围之专精，从他关于区分140 种不同款式的雪茄、烟斗和香烟烟草的专著中可见一斑。

虽然我们的知识可能没有那么专精或古怪，但仍然需要运用我们对人类行为、技术进步、市场趋势及公司商业目标的理解，来根据在 UX 研究中收集到的事实提出最恰当的假设。现在，假设将帮助我们识别人们使用产品的方式中的差距——这种差距是在比较当前的使用方式和未来可能的改进后的使用方式时出现的机会。为了进行创新，并帮助开发团队发现这些差距，在这一阶段我们需要为与用户、任务和使用环境相关的问题（谁？做什么？在什么情况下？）提供详尽的答案。

我们构建的模型、用户画像、用户场景和用户故事应当包含以下要素：

- 人们的主要目标。
- 人们在执行任务时的工作流。

⊖ Conan Doyle, A. (1894). "The Red-Headed League." *In The Adventures of Sherlock Holmes*. London, UK: George Newnes.

- 人们形成的心智模型。
- 人们使用的工具。
- 人们的使用环境。
- 人们用来描述自己使用过程的专业术语。

当分析工作完成后，所有显著的事实都应该得到详细解释。这时，就可以开始看到各种差距和潜在的机会出现，我们——终于——可以着手寻找解决方案了。

1.2.4　排除最不可能的假设，找到解决方案

"我一直坚信这样一句古老的格言：当你排除了所有不可能的情况时，剩下的，无论多么难以置信，那都是事实。"

——《绿玉皇冠案》（1892）

在这个阶段，侦探通常会面对多个可能的嫌疑人。同样，如果我们的工作做得好，也会面对多个假设，以及潜在的设计解决方案、产品构想和改善方案。这时，开始淘汰那些最不可能成功的解决方案和想法。侦探会问："这个理论是否与事实吻合？"而我们则要问："我们假设的解决方案是否符合调查结果？"我们首先淘汰较弱的解决方案——那些不太能解释我们所观察到的全部现象的方案，以及那些只有在过分复杂或牵强的情况下才能符合观察数据的方案，或者那些自身就存在问题的方案。

淘汰潜在解决方案是一个高风险的决策过程。支持某个解决方案而非另一个的证据必须具有强大的说服力。这在侦探工作中并不是什么新鲜事，但在 UX 研究中，"证据的强度"似乎很少被考虑到。证据必须是可靠、有效且无偏见的。并非所有证据都具有相同的分量（详见 4.2 节）。

请记住，福尔摩斯是学理科的，他深知实验的重要性。我们可以通过实验来测试假设、想法和解决方案。当我们进入开发周期时，团队应将受控测试作为一个迭代过程持续进行，并通过原型设计逐步迈向成功。你不能指望仅凭直觉和希望就能一次性达成目标。

1.2.5　实施解决方案

"没有什么比向另一个人陈述案情更能使案件变得清晰了。"

——《银色马》（1892）

一旦福尔摩斯解决了一个案件，就会向他的"听众"——客户、华生及警察展示调查结果，解释他是如何破案的。随后，他会请苏格兰场的雷斯垂德警督执行必要的逮捕行动，从而结案。福尔摩斯会将这次经历保存在他庞大的记忆宫殿中，随后投身于下一次冒险。这里有一些建议，能够确保我们的开发团队对调查结果做出响应：

- 举办为期一天的 UX 研究和设计工作坊，目的是"解释我们发现了什么以及我们是如何发现的"，并将关于 UX 的调研结果和解决方案传达给开发团队。
- 为开发团队提供具体且可行的设计建议。
- 确定负责实施 UX 建议的责任人。
- 通过安排测试多个原型版本来推动迭代设计。
- 制定并呈现清晰的下一步 UX 实施计划——包括策略和战略。
- 向团队普及 UX 研究方法。
- 不仅要参加设计会议，还要主持这些会议。

1.2.6　如何像侦探一样思考

还有最后一件事……

虽然我们可能非常欣赏福尔摩斯，但他身上确实存在一个特点，在大多数侦探看来可能相当麻烦——他并非真实存在的人物。所以，尽管我们能从福尔摩斯身上学到很多，但最后还是听听一位真实侦探的建议吧。

Philip 联系了他的老同学 Peter Stott，他曾在西约克郡刑事侦查部工作，Philip 询问他对新手 UX 研究者的建议是什么。Peter 立刻回答："永远、永远、永远不要根据假设行动。要追寻事实，并基于事实来采取行动。"

连福尔摩斯本人也无法说得更好。依靠事实和证据，而非猜测和假设，这样才能像侦探一样思考。

用户体验思维

- 阿瑟·柯南·道尔（Arthur Conan Doyle）创作了 4 部关于福尔摩斯的小说和 56 个短篇故事。试着挑选其中一个故事阅读，但不要将福尔摩斯视为刑事侦探，而是将他想象成 UX 研究者。这个故事有哪些方面给你留下了深刻印象？你认为福尔摩斯的哪些特质或能力对 UX 研究者来说最有价值？

- 你有没有喜欢的侦探形象？比如马普尔小姐、赫尔克里·波洛、杰西卡·弗莱彻、兰马翠姊、莫斯或科伦坡。他们的调查方法有何独特之处？你认为哪些技巧可以应用在 UX 研究中？
- 你对"留意细节"有多在行？不要去看，你知道一元硬币背面印的是什么图案吗？
- 研究并且列出 3 种能够提升你观察技能的方法——然后在日常通勤或者办公室内外试着实践一下。
- 法医学先驱 Edmond Locard 在他的交换定律中指出，罪犯总会在犯罪现场留下一些自己的痕迹，同时也会从犯罪现场带走一些痕迹："每次接触都会留下痕迹。"这个定律是否适用 UX 研究，比如在实地考察中？能举出一些例子吗？

1.3 UX 研究解答的两个问题

在本质上，所有 UX 研究都在回答以下两个问题之一：（a）我们的用户是谁，他们想要完成什么任务？（b）用户能否用我们设计的产品或服务解决他们的问题？通过实地考察，我们可以找到第一个问题的答案；而通过可用性测试，我们可以解答第二个问题。

1.3.1　实地考察解答"我们的用户是谁，他们想要完成什么任务"

实地考察着眼于大局：人们当前是如何解决他们的问题的？通过实地考察，你能够跨多个渠道检查工作流，并观察用户的行为、需求、目标和痛点。实地考察本质上是向外寻求答案：你的目标是了解现实世界中正在发生的事情。

典型的考察地点是参与者的家中或工作场所。你的目的是发现在你的系统被构建或发明之前，人们是如何实现他们的目标的。用户面临着哪些问题？他们有什么需求？他们的技能和动机又是什么？

《精益创业》（Lean Startup）⊖的倡导者们常说的"走出办公室"，意味着要亲自去用户

⊖　Ries, E. (2011). *The Lean Startup: How Constant Innovation Creates Radically Successful Businesses.* London, UK: Portfolio Penguin.

所在的环境进行观察和了解，而不仅仅是理论上的思考。实地考察远不只是在咖啡店进行的简单用户访谈。如果用动物行为来类比，进行访谈就像是参观动物园，而实地考察则像是在野外进行探险（我们将在 1.4 节中继续探讨这个比喻）。通过实地考察可以观察到真实的行为：你会看到人们实际做了什么，而不仅仅是听他们描述自己做了什么。简而言之，你要深入到行为发生的现场。

没有实地考察，你的设计就如同在黑暗中摸索。而进行了实地考察，就像是有人打开了房间里的灯。

再次借用《精益创业》的说法，实地考察有助于验证你的问题假设。你想要为用户解决的问题真的存在吗？这非常重要，因为开发团队常常会陷入一种群体思维，他们认为自己在解决一个真正的用户需求问题，但实际上可能只有少数人关心这个问题[⊖]。

在实地考察中，你还能发现问题的严重程度。有些问题对于人们来说并不足以促使他们花费时间或金钱去解决。你可能认为自己发现了一个需求点，但要通过实地考察才能了解客户是否对他们现有的解决方案感到满意。

1.3.2 可用性测试解答"用户能否用我们设计的产品或服务解决他们的问题"

可用性测试专注于研究用户如何执行特定任务，以及他们在使用某个特定系统时遇到的问题。虽然传统上这种测试在实验室内进行，但实际上可以在任何地点（包括实地考察的地点）进行。典型的研究地点包括：

- 参与者的家中或工作场所。
- 公共场所，例如，咖啡店和图书馆（即所谓的"即兴研究"）。
- 科研工作室或实验室。
- 会议室。
- 你的办公桌（使用笔记本电脑或手机进行远程研究）。

可用性测试本质上是向内审视：你为用户提供一个原型和一系列任务，然后观察他们能否顺利完成这些任务。

可用性测试和实地考察的关键区别在于，可用性测试是你和用户一起评估特定的设计

⊖ 我们最喜欢的一个例子是"智能厨房"的概念。与人们讨论这个话题时，大多数人都认为如果洗碗机能在清洗完成后发送一条短信通知自己的话，那将会很酷。然而，"酷"并不意味着实用。

方案。如果将实地考察比喻为打开灯光照亮整个场景，那么可用性测试就像是在显微镜下对某个特定部分进行细致观察。实地考察提供了宏观的视角，而可用性测试则允许你对某个具体的解决方案进行评估。

用《精益创业》中的术语来概括，可用性测试能帮助你验证解决方案假设。那么，你提出的解决方案有效吗？

1.3.3　你应该进行实地考察还是可用性测试

实地考察与可用性测试是相辅相成的研究技术，你需要将它们结合起来使用。实地考察能够帮助你确认自己是否在设计正确的产品，而可用性测试则用来检验你的设计是否符合预期的功能和效果。举个例子，即使产品在可用性测试中表现出色，但如果目标用户对你设置的任务不感兴趣，那么产品最终在市场上可能还是会失败。

你选择的方法取决于产品目前在开发生命周期所处的阶段。

如果产品现在正处于项目的探索阶段，那么进行实地考察就像是你在黑暗中打开了灯，可以帮助你明确目标。你需要解答的问题是："我们的用户是谁，他们想要完成什么任务？"

在产品开发生命周期的后期，是时候拿出你的显微镜，并对设计方案进行用户可用性测试了。这么做是为了解答这样一个问题："用户能否用我们设计的产品或服务解决他们的问题？"

总的来说，你只需要问两个问题：

- 是否存在用户需要解决的问题？（如果不确定，进行实地考察。）
- 我们是否解决了这个问题？（如果不确定，进行可用性测试。）

用户体验思维

- 就像本书中的一些例子所展示的那样，我们合作过的开发团队中，不止一个团队坚信他们正在设计一个有用的产品，但实际上用户并不需要它。想一想，在你目前参与的产品项目中，你手头有哪些证据可以证明它确实在满足用户的某个需求？如果要唱反调，你会如何批判这些证据呢？
- 很多时候，开发团队会直接从上层管理部门或市场部门那里接到一个已定的解决方案，然后就着手实施。这实际上跳过了对问题本身的验证过程。在你所在的组织里，有出现过这样的情况吗？面对这种情况，你该如何反击呢？

- 这个世界充斥着废弃的材料与产品。在你的组织开发一个可能会失败进而导致产生更多浪费的产品之前，你是否觉得有职业道德上的责任去要求你的组织先验证问题假设？

- 如果你们的团队采用的是敏捷开发过程，比如 Scrum，那么在项目初期的冲刺阶段，是否分配了足够的时间来验证问题假设呢？你认为应该如何调整开发流程，以保证有充足的时间去进行问题的"发现"？

- 在可用性测试中加入关于参与者对产品需求的问题，这会是一件容易的事情还是一件困难的事情？在 1.1 节中，我们指出了仅询问人们是否需要某个产品是不够的。那么，在进行可用性测试的时候，你会如何判断用户是否真正需要所提供的解决方案？

1.4　研究问题剖析

令人惊讶的是，许多 UX 研究并不是从一个经过深思熟虑的研究问题出发的。这些研究往往是基于一些无趣且表面化的目的，比如"进行一些研究""获取一些见解""听听客户的声音"或"发掘一些用户需求"。然而，任何研究工作的首要步骤应该是提出一个研究问题。这个问题将成为整个调查研究、方法确定和数据分析的核心。

当我们提到"研究问题"时，到底是指什么呢？它在这里指的并不是你制定的那些期望受访者在访谈或问卷中直接回答的问题列表。实际上，我们指的是那个描述研究目的的核心问题，它指导着整个研究的设计，是研究的焦点。

比如，你的问题列表可能会包括"你喜欢咖啡吗？""你一天喝多少杯咖啡？""你最喜欢哪个咖啡品牌？"但你实际的研究问题可能是"喝咖啡是否会影响员工的工作效率？"这不是一个你可以直接问任何人并期待得到有用答案的问题，但它是你研究的焦点和驱动力。

如果没有一个具体的研究问题，研究就缺乏深入探究问题的能力。它们可能只是浮于表面，甚至有可能变成一种纯粹依赖方法驱动的研究。这样的研究不会探索新领域，而只是在老路上重复徘徊，收集老套而乏味的用户反馈，最终得出让你的开发团队昏昏欲睡的研究报告。

相比之下，一个有效的研究问题应该具备以下特点：

- 引人入胜。
- 询问重要的事项。
- 聚焦且具体。
- 能够产生可验证的假设。
- 使你能够根据可量化的数据做出预测。
- 通过探索那些并非显而易见的领域，推动公司认知的深入发展。

"拨开迷雾"就是要挑战已知的界限，提出创新的问题，勇敢地探索全新的领域，或者更深入地了解那些之前只是简单接触过的领域。我们曾经提到过要像侦探一样思考，但在研究规划阶段，我们更应该像探险家那样去思考——一个真正的探险家总是在不断开拓新的领域，如果没有新的发现，那就可能是走错了方向。

我们往往急于寻找答案和解决方案，却忽视了一个强有力的研究问题的重要性。实际上，研究中最为重要的部分是问题，而不是答案。正如 Jonas Salk[⊖]所说："人们所认为的发现时刻，实际上发现的是问题。"

通过转变思考的出发点，就能避免重复相同的老问题。下面让我们来探讨一种实现这一目的的方法。

1.4.1　野外探险

在 1.3 节中，我们通过一个形象的比喻来区分实地考察和传统访谈。我们提到，进行用户访谈就像是去动物园参观，而开展实地考察则像是进行一次野外探险。

这个比喻引导我们以一种有趣的方式来转变研究的思路。试想一下，你在动物园里观察某种动物，并想从中了解一些新奇有趣的信息。但是在这里，动物失去了为生存而战斗或寻找食物的需求，它可能就只是在笼子里来回走动、一动不动地坐上几小时或蜷缩在角落睡觉。更糟糕的是，这些动物可能表现出异常行为，也就是患上所谓的"圈禁性精神症"：只有重复、不变的单一行为模式，没有任何明确的目的或功能。动物失去了自然环

⊖　Jonas Salk，病毒学家，发现并制造出首例安全有效的"脊髓灰质炎疫苗"。——译者注

境，我们也就失去了观察其自然行为的机会。这也是你从未看到 David Attenborough⊖在动物园里观察动物的原因。

访谈也是如此。就像在动物园里一样，你通常会把受访者带离他们在真实世界中所处的环境，把他们放到一个房间里，从远处观察他们在非自然环境下产生的不具代表性的"编造"出来的行为。

相比之下，动物们在野外没有任何约束，可以自由自在地奔跑。在自然环境中，它们面临着各种压力和危险，对各种情境的自然行为和反应都会展露无遗。当我们进行 UX 研究，并观察人们在真实世界中的活动时，也是同样的原理。

所以，参观动物园与野外探险的比喻引发了一系列有趣的思考。如果我们将这个比喻再推进一步呢？如果我们承认一个显而易见但很少被提及的事实，即所有 UX 研究实质上都是对动物行为的研究，会发生什么呢？

这样的想法可能会让一些人感到意外。但这至少能为我们的思考带来不同的视角。现在来看看这可能会把我们引向何方……

1.4.2　丁伯根的 4 个问题

1963 年，诺贝尔奖获得者、动物行为学家尼可·丁伯根（Niko Tinbergen）发表了论文《行为学研究目的和方法》⊜，提出了 4 个问题（有时被称为丁伯根四问）。

他的观点是，不能仅简单记录动物（包括人类）的特定行为，并对其表面现象停留在肤浅的理解上，而是要通过回答 4 个问题来对动物行为进行特征化。Paul Martin 和 Patrick Bateson 教授在他们的 *Measuring Behaviour* 一书（每位 UX 研究者的"必读"书籍）⊜中对丁伯根的 4 个问题做了总结。由于无法对他们的总结进一步提炼，我们在这里仅对其进行阐释：

这个行为的目的是什么？

这个问题关注行为的功能。这个行为当前是用来做什么的，它对于生存有何价值？这个行为是如何帮助个体在其当前环境中获得成功（即生存和繁衍）的？

⊖　David Attenborough，自然历史学家，被誉为"世界自然纪录片之父"。——译者注

⊜　Tinbergen, N. (1963). "On aims and methods of ethology." *Zeitschrift für Tierpsychologie*, **20**: 410–433.

⊜　Martin, P. & Bateson, P. (1986). *Measuring Behavior: An Introductory Guide*. Cambridge, UK: Cambridge University Press.

这个行为是如何运作的？

这个问题探讨的是行为的因果关系和控制机制。是哪些因素在控制行为？什么类型的刺激能够引发行为的响应？有哪些神经学、心理学和生理学机制在调控着这个行为？

这个行为是如何形成的？

这个问题关注个体发育，即这种行为在该个体身上的形成过程。这种行为是如何在个体的生命周期中形成的？哪些内在或外在因素影响了行为的形成？行为形成的过程是怎样的？在形成过程中，个体与环境之间的相互作用的本质是什么？

这个行为是如何进化的？

这个问题关注发展史，即这种行为在该特定物种身上的进化历程。在漫长的进化历史中，有哪些因素可能塑造了这种行为？

这些问题非常有价值，能帮助我们避免那些简单、仓促和留于表面的解释，并引领我们对特定行为进行更彻底、更深刻和更全面的理解。但在我们探讨如何将这些问题应用于 UX 研究之前，让我们先看一个例子，Martin 和 Bateson 教授用这个例子说明了这 4 个问题如何产生 4 种不同的答案：我们为什么会在红灯前停车？

1.4.3　我们为什么会在红灯前停车

因为这是法律的要求。这个回答显而易见，也不太有趣。但如果我们从丁伯根四问的角度来解释这个行为，会得出怎样的答案呢？

功能

我们这样做是为了避免发生交通事故，防止自己受伤或伤害他人。同时，我们也不想被警察拦下来，收到罚单。

因果关系

我们接收到一个视觉刺激，这激活了我们的颜色感应系统。然后中枢神经系统处理了这些信息，并触发了特定的反应。这种反应使我们把脚从油门踏板上移开，并踩下刹车踏板。

个体发育

我们通过学习交通规则、向驾驶教练学习，以及观察其他车辆（包括电视和电影中的车辆）在红灯前停车的行为，学会了这一规则。

发展史

从历史角度来看，红绿灯早已成为全球范围内用于控制路口交通的通用信号。最早的交通信号灯于 1868 年在伦敦出现，当时用的是煤气灯和信号臂。而第一个电子交通信号灯是在 1912 年于美国盐湖城投入使用的。

所有这些回答都是正确的，都具备有效性，但它们各不相同。由此得出的解释相互补充，展示了我们可能会忽视的特定行为涉及的多个方面。这 4 个问题在逻辑上是独立的，可以将它们视为一组用于探索的新工具。通过这些工具，我们能够从全新的、不同的角度来研究一个主题。

行为本身是复杂的。那些过于简单、陈旧、无趣和缺乏创意的问题，以及由此产生的显而易见的答案是不够的。丁伯根四问为我们提供了一种揭示可能被我们忽略的深刻洞见的方法。

1.4.4　拨开迷雾

这 4 个问题很好地融入了我们的实地考察工具箱。如今，我们可以不仅仅局限于观察和记录行为，而是能够更加专注地深入剖析特定的行为或用户交互，并收集那些以前用传统方法难以获得的数据。

现在，再次审视这 4 个问题，但是这次是放在实地考察的情境下，重点关注的是与特定产品或系统交互相关的行为。

"功能"问题（这个行为的目的是什么？）
这几乎是我们通常提出的隐含问题的最贴切表达。

- 这个解决方案或交互与什么有关？
- 这个产品、系统或功能是用来做什么的？
- 用户试图通过使用它实现什么目标？
- 它满足了哪些用户需求？
- 这种行为或交互如何帮助用户及公司（如果我们观察的是工作环境的话）取得成功？
- 相较于不进行这种行为（或是不使用这个产品或系统），用户现在相对于竞争对手或其他用户有什么优势？

"因果关系"问题（这个行为是如何运作的？）
这个问题引导我们去探究：

- 是什么触发了这种行为或交互？

- 这种交互是如何被控制的？
- 导致这种行为或交互形成的步骤、事件和行为是什么？
- 这种行为或交互是对什么的反应？
- 在这种行为或交互的调节过程中，还涉及哪些其他的活动或功能？
- 当前系统内正在发生什么？
- 用户的思考过程是怎样的？
- 哪些机制在支持这种行为或交互，又有哪些因素在阻碍它？
- 用户是否掌握了控制权？

"个体发育"问题（这个行为是如何形成的？）

这个问题要求我们去理解行为是如何形成的。

- 这位特定的用户是如何学习这个特定的动作或步骤的？
- 需要进行哪些培训？
- 学习这种行为的难易程度如何？
- 需要怎样的技能水平？
- 用户的技能水平是否随着时间的推移而提升？
- 对于这位用户，早期的学习步骤是怎样的？
- 他们在首次使用产品或服务时是感到焦虑还是充满自信？
- 公司层面提供了哪些支持？
- 是否有培训课程？
- 培训材料是什么样的？

"发展史"问题（这个行为是如何进化的？）

通过回顾过去，往往能够更好地理解现在，这个问题正是鼓励我们这样去做。幸运的是，我们不需要考虑像地质年代那么久远的事情，但完全可以回溯几十年前的历史，以探究产品或系统的发展史和行为的起源。

- 这种行为、交互、界面或产品最初是如何形成的？
- 它最初试图解决什么问题？
- 它之前存在过哪些版本？
- 这个问题最初是什么时候出现的？

- 在这个解决方案出现之前，存在哪些行为？
- 那时，人们是如何完成这项任务的？
- 多年来是什么驱动了设计或技术上的变革？
- 我们能否以不同的方式解决最初的问题？
- 如果答案是肯定的话，我们最初的（假设的）解决方案经过迭代后，现在会达到什么样的发展阶段？

下次开展实地考察时，不妨尝试运用这 4 个问题。针对你识别到的每一个用户行为实例，都应用这些问题进行深入分析。将这 4 个问题作为设计一个研究的框架，以避免只是提出那些常规且"现成"的问题和缺乏深度的见解——更不用提那些沉闷乏味的展示演讲了。

用户体验思维

- 练习使用这项技术：回顾一项你之前完成的 UX 研究，特别是那些感觉像走过场或产生了你认为太过显而易见结果的研究项目，尝试着追溯性地运用丁伯根四问。这种全新的视角将如何改变你原来的研究设计？

- Jonas Salk 所说的"人们所认为的发现时刻，实际上发现的是问题"提醒我们，发掘新问题是研究存在的意义[⊖]。回想一下你做过的 UX 研究，在研究过程中，你是否提出了新的、令人好奇的问题。面对研究过程中可能出现的比当初更多的问题，你将如何让你的利益相关者做好准备？

- 我们的"参观动物园与野外探险"比喻，在很大程度上是依赖于在自然环境中探索自然行为，这对于实地考察非常合适。但可用性测试通常在受控的实验室环境中进行，在这种情况下，我们还能使用这 4 个问题来指导实验室研究吗？在这个过程中，你可能会遇到哪些限制，又会如何解决这些问题？

- 思考我们在丁伯根四问中列出的一些示例问题。你将如何设计一项 UX 研究来回答这些问题？你打算采用哪些技巧来获取答案？

- 即使是最深刻的问题，如果对最终的答案传达不当，它们也可能失去效用。那么，如果从丁伯根四问出发，你报告研究结果的方式会发生怎样改变？

⊖ 原文为法语，raison d'être。——译者注

1.5 将心理学应用于 UX 研究

在规划 UX 研究时，有 4 个来自心理学的基本原则对 UX 研究者来说至关重要。这些原则包括：用户不会像你一样思考；用户对自己行为背后的原因理解不足；预测用户未来行为的最佳方式是参考他们过去的行为；用户行为受环境影响。

当你查看大部分 UX 研究相关的岗位要求时，经常会发现它们要求应聘者具备心理学或行为科学的学科背景。人们通常认为这是因为心理学家掌握着一些可以用来操纵人的心理技巧，比如互惠原则（reciprocation）、社会认同（social proof）和框架效应（framing）。

实际上，存在一些基本原则，这些原则为心理学家所熟知，但大多数人并不了解，它们对 UX 研究者极为重要。

其中最重要的 4 个原则是：

- 用户不会像你一样思考。
- 用户对自己行为背后的原因理解不足。
- 预测用户未来行为的最佳方式是参考他们过去的行为。
- 用户行为受环境影响。

1.5.1 用户不会像你一样思考

在所有与 UX 研究者相关的心理学原则中，这一点虽然在理智上最容易理解，但在直觉上是最难领会的。实际上，不仅大多数开发团队的成员未能意识到这一原则，大多数人都没能意识到。每当我们开始一个新项目时，都需要有意识地提醒自己这个原则——因为所有人都可能会时不时地忘记它。

这个原则强调的是，用户的思考方式与我们不同。

- 我们看重的与用户不同：我们可能认为优化产品的启动页很重要，但对用户而言，更大的字号可能更加重要。
- 我们看待产品的方式与用户不同：用户可能会认为，他们需要先删除表单字段里的灰色占位符文字，才能输入信息。
- 我们不了解用户所了解的知识：用户可能习惯使用一些工作流快捷键、缩略语和行话，而这些在我们的应用中可能完全不存在。

用户的技术能力是这种差异体现得最为明显的一个领域，开发团队总是会高估用户的技术能力。

鉴于用户总能给你带来意外，唯一的解决方案就是：尽可能让开发团队（包括你自己）与用户直接接触。这样做可以增进对用户的理解，并让你从用户的视角看待问题。

1.5.2　用户对自己行为背后的原因理解不足

我们总是认为自己的决策是出于理性的，是经过深思熟虑后作出的。因此，我们往往会乐于相信参与者对自身行为的解释，但其实人们对自身行为背后的原因缺乏深刻的自省能力。在现实生活中，人们更倾向于讲述一个关于自己生活的"好故事"。这是一种叙事手法，他们会根据自我认知以及交谈对象的身份来改变自己所讲的内容。

许多研究都证明了这一点，其中一项是对选择盲目性（choice blindness）的研究。在这项研究中，研究者向参与者展示了两张不同男性或女性的照片，并让他们选择哪一张更有吸引力。如果你是这项研究的参与者，会看到实验人员把选中的照片递了给你，同时丢掉了另一张，然后他会要求你解释为何做出这样的选择。

参与者不知道的是，实验人员其实是一名兼职魔术师。他运用巧妙的手法，实际上，递给参与者的是被认为不那么有吸引力的人的照片，然后他会询问参与者为何选择了那张照片。

令人惊讶的是，即便这两张照片并不那么相似，大多数参与者还是没有意识到现在看到的是他们原本认为不那么有吸引力的那个人。更有趣的是，参与者随即为他们的选择提供了各种"解释"。例如，他们可能会说，"嗯，我选择这张照片是因为我喜欢金发女性"，尽管实际上他们选的是一位黑发女性（她的照片此时正面朝下放在桌上）。人们为自己的选择编造了各种理由。

在实际应用中，这个原则告诉我们，让人们分析自己行为背后的原因往往没什么用。更有效的方法是设计实验，直接观察人们的行为。这也引出了我们的下一个原则。

1.5.3　预测用户未来行为的最佳方式是参考他们过去的行为

民意调查和出口民调（exit polling）[⊖]很好地体现了这一原则。

民意调查会让人们预测他们未来可能采取的行动（即他们的意图）。出口民调则询问

人们过去实际做过什么（即他们的行动）。

意图研究（intention research）是市场研究人员关注的领域，常用的工具包括调查问卷和焦点小组。这些工具用来提出这样的问题："您向亲朋好友推荐我们公司的可能性有多大？""您会在系统的下一个版本中使用这个功能吗？""您愿意为这个产品支付多少钱？"然而，尽管样本量可能很大，结果却往往变化较大，预测价值通常并不高。

例如，民意调查就未能准确预测 2016 年英国脱欧公投的结果，以及英国和美国近期的政治选举结果。而与此形成鲜明对比的是，在选民离开投票站时被要求再次投票的出口民调的结果却非常精准。

行动研究（action research）正是 UX 研究者所专注的领域。在行动研究中，我们会询问用户过去的行为，并花时间观察他们当前的行为。人们目前是如何解决这个问题的？他们跨多个渠道的工作流是什么？他们使用了哪些系统、工具或流程？他们是如何进行协作的？

因为我们关注的是实际的行为，所以即便样本量通常较小，行动研究也具有很强的预测价值，这是因为，预测未来行为的最佳方式是参考过去的行为。

1.5.4 用户行为受环境影响

早在 20 世纪 30 年代，心理学家 Kurt Lewin 就提出了一个公式[一]：

$$B = f(P, E)$$

这个公式阐述了行为（B）是个体（P）和其环境（E）的"函数"。Lewin 的公式告诉我们，同一个人（比如我们的用户）在不同环境下会表现出不同的行为。这意味着，要预测用户与我们的系统交互时的行为，最好的方法是在他们所处的自然环境中观察他们。环境就像是一把打开用户需求的万能钥匙，而它又会带来新的功能和产品创意。

通过在具体环境中的实地考察，你能观察到真实的行为，能看到人们在特定环境下实际所做的事情，而不仅仅是听他们的描述或看他们的"表演"。简而言之，你需要深入到行为发生的现场。这并不意味着脱离环境的研究毫无价值，我们只是需要找到一种方式来将用户所处的环境纳入考虑范围之中。在脱离环境的访谈中，你可以通过认知访谈技术来达到这一目的。通过使用这种技术，可以让用户回忆并描述具体的环境，帮助他们重新回到当时的场景。研究显示，这有助于记忆提取。

㊀ Lewin, K. (1936/2015). *Principles of Topological Psychology*. Translated by F. Heider. New York: Martino Fine Books.

在进行可用性测试时，你可以通过设定真实的任务场景来重现实际环境。"假装"购买汽车保险和"真实"购买汽车保险的体验之间差异很大。参与者明白，即使自己犯了错误，也不会造成什么真正的后果。你可以通过给参与者提供真实的资金来完成研究任务，从而降低这种风险——在第 3 章的 3.4 节，我们称这些为"有真金白银投入"的任务。相反，如果你在可用性测试中让用户"只是假装"，那就不要指望能观察到真实的行为。

1.5.5　在实践中应用这些原则

这些原则在理智上容易理解，但可能有点儿反直觉。理智上的理解与内心深处的信念有所不同，这意味着你可能需要一段时间来改变自己的行为模式。然而，这些原则值得我们深入思考，因为在每一个优秀的 UX 研究计划的背后，都离不开对这 4 个原则的直观理解。

用户体验思维

- 对我们（UX 研究者、设计师、普通人）来说，最难的事之一就是站在他人的角度看世界。但有些人在这方面表现得很出色，比如教师、医生、护理人员、咨询师、侦探、魔术师，甚至是骗子。演员们也需要能够设身处地进行表演，方法派演技就是帮助演员深入理解并"进入"角色。我们能从这些职业中学到什么，来帮助开发团队"进入"用户的角色？
- 市场调研领域仍然严重依赖于询问人们的想法、需求或对某事的观点，往往重视字面上的"客户之声"（voice of the customer）而忽略行为数据。你的公司在这个问题上的态度如何？了解一下你的公司对基于意见的方法的依赖程度，并思考两到三个论点，来说服你的同事更多地关注客观的行为数据。
- 针对人们过去的行为方式进行访谈是 UX 研究者常用的一种方法，但人们的记忆通常并不可靠。你还能想到哪些其他技术，来可靠地深入了解人们过去的经历？
- 你对当前正在开发的应用程序或产品的实际使用环境了解多少？尝试尽可能详细地写下来一个典型的使用环境。然后识别出你了解的使用环境，哪些是基于可验证的证据的，哪些是基于假设的。制定一个行动计划，来挑战这些假设，并在必要时用实际证据加以支撑。
- 作为研究人类行为的科学，心理学涵盖了认知、感觉和知觉、情绪和动机、学习、人类发展、语言和思维、社会行为、人格等众多领域。这些领域的知识大多

> 都可以为用户交互和用户体验的设计提供指导。翻阅一本心理学入门图书或浏览相关网站，挑选一个你感兴趣的主题，并思考如何利用它来更深入地理解你的用户。

1.6 为什么仅凭迭代设计无法创造出创新产品

迭代设计是一种经过验证的方法，用于提升产品或服务的可用性。团队创建原型、进行用户测试、识别并解决问题。然而，迭代设计并不能带来创新。为了开发出创新的设计，我们需要重新审视问题的定义，并将重点放在满足用户的根本需求上。

我们经常听说，21 世纪的公司需要创新，需要创造力，需要以用户为中心。高层领导会鼓励员工走出办公大楼，人事部门会把会议室里的传统桌椅清理出去，换上懒人沙发、桌上足球和游戏机。团队在办公室里安装了白板，上面贴满了便笺纸和流程图。

随后，工作正式启动。招募用户进行研究，分析客户的对话，然后把这些对话转化为基本事实加以展示。迭代设计和可用性测试成为团队的新口号。团队开始采用 Scrum 这样的迭代开发方法，成效显著。产品每周都在改进，看似行之有效。

但紧接着，一个初创公司突然出现，颠覆了整个行业，改写了游戏规则。

迭代设计可能会让人产生错觉。它非常擅长带来渐进式改进，这些改进在每次迭代后逐渐叠加。

然而，仅仅有迭代设计是不够的。

我们最终得到的只是同一个产品的渐进式改进版本。但是如果我们需要一个全新的产品呢？如何实现真正的创新？

1.6.1 "双钻"设计流程模型

2005 年，英国设计委员会引入了一种被称为"双钻"的设计流程模型[⊖]。这一流程模型被划分为 4 个明确的阶段（发现、定义、开发和交付），描绘了设计过程中发散和收敛的阶段，并展示了设计师所采用的不同思考方式。

⊖ Design Council. (2005). "A study of the design process". https://www.designcouncil.org.uk/our-work/skills-learning/the-double-diamond/

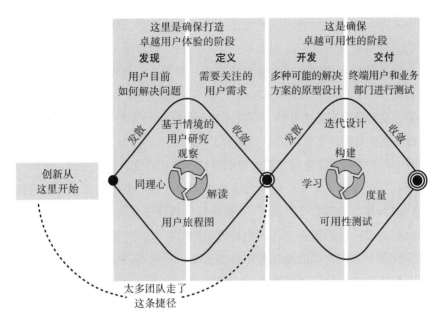

图 1.1　英国设计委员会的"双钻"模型（含补充注解）。许多团队跳过了发现和定义阶段，因为他们

　　　　对用户需求有先入为主的想法

我们重新绘制了图 1.1 并增加了一些补充注释。

乍看之下，这似乎是一个熟悉的开发过程。但根据我们与开发团队合作的经验，他们很少或几乎不在发现阶段（理解用户目前如何解决问题的阶段）或定义阶段（确定需要关注的用户需求的阶段）投入时间。然而，正是在这两个阶段，团队最有可能实现创新，并打造卓越的用户体验。

相反，团队往往急于基于先入为主的观念来优化解决方案的可用性，而没能充分了解用户的目标、需求和动机。这在使用 Scrum 的组织中尤为常见，因为管理层希望看到研发人员的实际开发工作。

然而，发现阶段对于创新至关重要，因为你永远无法仅通过迭代就形成一个颠覆性的解决方案。如果从设计一个网站开始进行迭代，最终得到的仍然会是一个网站，尽管它可能是最优秀的网站，但仍然只是一个网站。为了实现真正的创新，需要在发现和定义阶段投入大量时间，这将为你在开发和交付阶段创造一个创新性的解决方案提供必要的灵感。

团队通常不会意识到自己犯下的这个错误，因为他们的确在开发阶段尝试了多种备选方案。在这个阶段，团队通过对原型进行可用性测试，并根据反馈修改设计，会很容易将这种迭代设计工作误认为是发现和定义的过程。

不要误会。我们认为可用性测试的确是一个极佳的工具。然而，可用性测试是封闭的向内探索。它关注你所设计的产品的细节。可用性测试的目标是探究人们如何使用产品完成特定任务，以及他们在使用过程中遇到的问题。因为你只会在可用性测试中让用户执行产品能够支持的任务，所以不太可能发现自己思考过程中的重大漏洞。

相比之下，实地考察则是向外的。它关注的是更广泛的情况——用户目前如何解决他们的问题。实地考察的目的是了解跨多个渠道的工作流、用户行为、需求、目标和痛点。在进行实地考察时，你会发现许多之前未了解过的事情，真正的创新就发生在这个阶段。

如何判断你是否走错了方向？营销大师 Seth Godin 曾经说过[⊖]："不应该为你的产品寻找顾客，而应该为你的顾客寻找产品。"要检验你是否处于发现 / 定义阶段而非开发 / 交付阶段，需要问问自己：我们是否正在向用户展示原型？如果答案是肯定的，那么实际上你已经处于开发阶段了，因为你已经在考虑解决方案了，这不是实现创新的正确方式。创新只有在团队从根本上质疑自己正在设计的内容时才会发生，而提出这些问题的最佳途径是深入了解用户的需求、目标和动机。

1.6.2 从实地考察到创新

为了真正实现创新，需要探索研究领域的界限和我们所设计的体验的基本轮廓。通过构建使用环境的假设取得进展，然后测试这些假设，以帮助我们理解正在发生的事情。

实地考察需要面对的一个有趣挑战是，你并不是对特定受众进行预测，在寻求创新的发现型研究中，你是在预测一种体验。这可能会给那些认为自己已经充分了解用户的开发团队带来困难。团队可能期望你与具有代表性的用户进行交流，但如果你这样做，就可能会走错方向。在发现阶段的研究中，当我们试图做出创新和构思新产品时，实际上对目标受众了解甚少。

以耳机为例，假设我们想了解人们如何使用耳机，目的是在耳机产品领域实现创新。这时，我们需要一个研究的出发点，那就从在地铁上戴耳机的通勤者开始。接着我们会问："谁是和这类用户完全不同的？谁可能是在'对立面'的？"这可能会引导我们找到一个处于截然不同的环境中的用户，比如只在家中使用耳机的音响发烧友。但此时我们对这个领域的探索还未结束。还可以继续关注一些边缘用户：专业音乐家、录音师、青少年。

这些用户类型可能正好符合开发团队对其用户群的预设想法。但现在，让我们更进一

⊖ Godin, S. (2009, December). "First, organize 1,000." https://seths.blog/2009/12/first-organize-1000/.

步地进行探索。如果采用"待办任务"(jobs-to-be-done)[⊖]理论的思维方式,我们可能会质疑耳机承担的"任务"是什么。如果人们使用耳机是为了在工作中隔绝同事的噪音,那么我们可能需要了解戴隔音耳罩的人群的体验。如果人们在通勤时用耳机学习外语,我们可能需要探索人们学习外语的方式。通过将研究领域扩展到这些不那么显而易见的领域,我们开始确定出研究领域的边界。

1.6.3 如何防止被初创公司超越

如果你在一家大型公司工作,那里有既定的工作模式,这可能会给这种新研究方法带来阻力:

- 你可能正在努力说服高层管理者从传统的瀑布式开发方法转向具有更多迭代、更敏捷的方法。在这种情况下,你可能会发现自己既缺乏创新性也缺乏迭代性。
- 如果你已经在采用像 Scrum 这样的敏捷方法,你可能会遇到另一种问题:团队可能过于专注于迭代,以至于从项目开始的第一天就急于开发,而没有在发现阶段安排足够的时间。

但此时,一家初创公司可能正紧随你的步伐,试图抢占市场份额,再多的迭代设计也无法阻止这家公司。仅仅依靠迭代是不够的,还需要具有创造性的思考。因此,不要只通过迭代设计创造出尽可能好的产品,而应通过深入发掘用户的真实需求,来创造出真正最佳的产品。

用户体验思维

- 你的开发团队跳过了发现阶段,仅通过团队会议中的头脑风暴来构思新产品。但现在,可用性测试的参与者告诉你,他们绝不会使用这个新概念产品来完成你给他们的任务。显然,团队的愿景脱离了实际。你的老板希望你事后进行实地考察,并找到支持团队设计的证据。你将如何应对?你能做些什么来使事情重新回到正轨?
- 在之前的内容中,我们把 UX 研究者比作侦探。现在,我们把他们比作探险家。

⊖ 指用户购买和使用产品或服务,是为了在特定场景下试图取得进展或要完成某个特定任务。——译者注

> 想象 3 位探险家——无论是历史上的还是现代的——了解他们的动机、目标、挑战和发现。你能从他们身上学到什么，并将其应用于 UX 的发现性研究？
>
> ■ 如果你不了解自己不知道的到底是什么，你如何确保自己不是在漫无目的地进行实地考察？你能采取哪些措施来保证研究的聚焦性？或者说事先设定研究焦点是否会违背探索的初衷？
>
> ■ 当谈到创新时，仅与典型用户交谈为何会被视为"在错误的地方挖宝贝"，这对参与者招募有哪些影响？
>
> ■ 你的目标用户的"对立面"是谁？谁是使用你产品的潜在用户，他们是如何使用的？列出几种开发团队未曾预料的你的产品（或同领域的竞品）的使用方式。这揭示了哪些用户需求？

1.7　你的公司是否提供了卓越的 UX

许多公司自认为以用户为中心，但这种自我评价往往基于片面的或带有偏见的数据。为了真正实现卓越的 UX，公司需要经历 4 个成熟阶段，最终达成：用户反馈不仅是被公司欢迎的或被公司主动征集的，公司还明确向用户索取反馈。

不久前，贝恩公司（Bain&Company）[⊖]对 350 余家公司进行了一项调查，询问这些公司是否认为自己提供了良好的客户体验[⊜]。

调查的有趣之处在于，一些公司不仅自称提供了良好的体验，还声称提供了"卓越的体验"。这些公司非常引人关注。它们是那些少数高度重视 UX 的公司，是 UX 领域的佼佼者，是人们梦想能够加入的公司。

这样的公司有哪些？是不是稀有的群体，也许占所有调查公司的 5% 到 10%？

提问：你认为这个比例是多少？你认为在贝恩公司的调查中，有多少公司自称为客户提供了"卓越的体验"？

答案是，高达 80%。

⊖ 一家管理咨询公司。——译者注

⊜ Allen, J., Reichheld, F.F., Hamilton, B. & Markey, R. (2005). "Closing the delivery gap: How to achieve true customer-led growth." Bain & Company, Inc. http://bain.com/bainweb/pdfs/cms/hotTopics/closingdeliverygap.pdf.

　　这并不是因为研究人员刻意选择了一群表现出色的公司作为样本。我们之所以清楚这一点，是因为研究人员也向这些公司的客户提出了同样的问题。

　　当研究人员询问客户的看法时，得到了完全不同的答案。客户认为，只有 8% 的公司真正提供了卓越的体验。

　　这种现象让人联想到优越感偏差（illusory superiority bias），即大多数人倾向于认为自己高于平均水平。例如，93% 的美国司机认为自己的车技高于平均水平，88% 的人认为自己的驾驶安全性高于平均水平[⊖]。

　　现在，几乎每家公司都在口头上宣称重视 UX，但实际上，许多公司与真正实现良好的 UX 相去甚远。你回顾一下自己对不同品牌的体验，很可能会证实贝恩公司的研究结果，只有少数公司真正兑现了提供卓越用户体验的承诺。

　　究竟是什么导致了客户反馈与公司预期之间的这种差距，我们如何解决这个问题？

　　根据与多家公司合作的经验，我们发现客户反馈程序通常会经历 4 个阶段。你可以将这个过程看作客户反馈成熟度模型。

1.7.1　第一阶段：拒绝接受批评

　　你会发现在这个阶段的既有初创公司也有成熟公司。这些公司不与客户进行互动，他们坚称，客户并不清楚自己真正想要什么。高层领导身处于现实扭曲力场（reality distortion field）[⊜] 中，他们自信地认为自己比客户更了解需求。实际上，这些人经常引用史蒂夫·乔布斯（Steve Jobs）的话来支持自己的观点："通过焦点小组设计产品很困难。很多时候，直到你把产品展示给客户看，他们才知道自己想要什么。"

　　这些人往往忽略了一个重要事实：他们不是乔布斯。乔布斯是一位将设计放在首位的梦想家，他周围环绕着业内最出色的设计师。这里不仅指的是 Sir Jonathan Ive[⊜]，苹果早期的设计团队成员（如 Bruce Tognazzini、Jef Raskin、Don Norman 和 Bill Verplank）后来都成为用户体验领域的开拓者。

⊖　Svenson, O. (1981). "Are we all less risky and more skillful than our fellow drivers?" *Acta Psychologica*, **47**(2): 143–148.

⊜　现实扭曲力场是苹果公司内部在 1981 年由 Bud Tribble 创造的词汇，用于描述公司创办人史蒂夫·乔布斯的个性特质。乔布斯能够通过他的人格魅力、营销、决心及说服力，说服自己和周围的人相信几乎任何事情。——译者注

⊜　乔纳森·伊夫爵士，原苹果公司首席设计师，参与设计 iMac、iPod、iPhone、iPad 等产品。——译者注

1.7.2 第二阶段：接受并欢迎批评

在这个阶段，尽管公司没有正式的计划来收集和分析客户反馈，但非正式的反馈仍然会出现——以信件、电邮、报纸报道、推文或论坛帖子的形式。公司对这些反馈持开放态度，因为它们以接受反馈为荣。实际上，这些反馈可能会被整理成报告，然后以"批评与赞誉"这样俗气的标题呈现给首席执行官。

这类反馈的问题在于，它通常只来自那些对产品非常满意或极度不满的客户。

这部分客户只占整个客户群体的一小部分，仅仅根据愿意发声的客户来调整设计往往并非明智的商业决策。这或许解释了贝恩公司的研究中，公司与客户意见脱节的部分原因。

虽然这一阶段情况正在得到改善，但我们仍有很长的路要走。

1.7.3 第三阶段：恳请批评指正

在这个阶段，公司以主动征集批评反馈为荣。为了回答特定的业务问题，调查问卷被设计出来，并放在公司网站上。一款新产品可能会附带一张预付邮资的反馈卡，询问购买者的使用体验。为了解决特定问题，公司可能会邀请第三方公司组织焦点小组讨论。公司内将有人负责整理反馈，并定期向高层管理者汇报总结。

这种方法最明显的问题是，又一次出现了样本偏差。大多数人只有在对品牌有一定好感时才会完成调查："好吧，既然是你们，我就花 5 分钟做这个调查。"这种做法又一次忽略了大部分客户，而收集到的批评可能会被弱化。

但还有另一个更微妙的问题。在使用这些技术（包括焦点小组）时，人们需要回忆自己的行为。用户的记忆并不完美，有时，他们无法说出真相，或全部真相。我们也知道人们有时会说一套做一套。事实是，用户并不擅长解释自己行为背后的原因。

1.7.4 第四阶段：主动索取批评

最成熟的公司——可能是贝恩公司调查中的那 8%——采用了一种不同的方法。这些公司主动索取批评。

这些公司实现这一目标的方式不是询问，而是观察。

研究人员会到产品实际使用的地方进行实地考察。他们静静地观察人们如何使用系统，发现那些人们在系统使用过程中遇到的，可能无法被清晰描述或表达的深层问题。研究人员还会进行可用性测试，在这些测试中，具有代表性的用户在没有任何帮助的情况下完成真实的任务，研究人员则观察用户在哪些环节遇到了困难。这种方法提供了可以用来驱动设计决策的真实数据，而不是仅凭临时拼凑的观点做出决策。

这些技术让研究人员能够洞察人们言行之间的差异——而这正是许多优秀设计思路潜藏的地方。解决对不良数据的依赖，就像戒除任何成瘾问题一样：第一步是承认问题的存在。这意味着要认清自己在成熟度模型中的位置，并持续不断地向前迈进。

用户体验思维

- 确定你的公司在这个成熟度模型中处于哪个位置。你的公司是否自认为以客户为中心？如果向你的客户提出这个问题，你认为他们会怎么回答？他们是喜爱、厌恶还是仅仅勉强容忍你的产品？
- 了解你的公司如何利用收集到的客户反馈。这些反馈是否真正被传达到了 UX 和设计团队？你需要做些什么才能利用这个重要的信息来源？
- 每周花一小时倾听客户电话，鼓励你的开发团队也这样做，并讨论听到的反馈。
- 弄清楚你的公司最常见的客户或用户投诉的是什么，这是否出乎你的意料？它是否对设计有影响？你能否把它作为下一个 UX 实地考察项目的重点？
- 第四阶段，即主动索取批评阶段，要求 UX 部门主动出击，通过观察真实用户来收集用户的反馈。告知市场部的同事你打算这么做，并邀请他们加入。

1.8　UX 研究的未来是自动化，这是一个问题

如果对比现在的 UX 研究方法和 20 年前的方法，会发现一些有趣的事情。我们注意到，UX 研究正逐渐转向远程化和无主持化。换言之，UX 研究正迈向一个日益自动化的时代。我们可以从自动化 UX 研究中学到很多东西，但这是以牺牲对用户的理解为代价的。

在本节中，我们试图预测 UX 研究的未来走向。为此，我们首先来回顾历史，展示在过去 16 年左右的时间里，UX 研究发生了怎样的变化。

好消息是，如今的 UX 研究更加广泛，我们也拥有了更多种类的 UX 研究方法。

坏消息是，这些新的研究方法并未真正帮助开发团队理解用户。

实际上，这些新方法阻碍了研究人员理解用户行为。它们虽然提供了一些结果，但我们对其背后的用户行为知之甚少。

1.8.1　UX 研究的维度

为了理解 UX 研究方法是如何演变的，我们根据两个维度对其进行分类。第一个维度是研究该方法产生的是"瘦数据"还是"胖数据"。"瘦数据"以数字的形式描述行为——告诉我们发生了什么；"胖数据"则通过故事和观察来描述行为——告诉我们行为为什么会发生。第二个维度是研究该方法是否为自动化研究方法。自动化研究方法可以采用网页浏览器形式，设置任务供参与者完成，或通过短信提示用户填写日志，或是进行在线调查问卷、网站分析、A/B 测试。

但所有这些自动化方法都有一个共同特征：在收集数据时，研究人员不在现场。UX研究者可能仍然负责规划研究和分析数据，但他们很少"实时"观察用户。

1.8.2　UX 研究方法演变图

那么，这些维度如何帮助我们理解 UX 研究方法的演变呢？ 2003 年，David 出版了一本名为 *E-Commerce Usability* 的书。拂去书上的尘土，看看那时使用的 UX 研究方法。

我们发现，当时几乎所有 UX 研究都是由研究者直接主导的。其中只有两个例外，一个是在民族志研究中有悠久历史的日记研究，另一个是网站分析——但那是在谷歌分析推出之前出现的，谷歌分析直到两年后才面世。2003 年的网站分析主要体现在网站首页展示的点击率计数器上。

在图 1.2 中，我们特别用边框标注了两种方法：形成性可用性测试和总结性可用性测试。形成性可用性测试是指"出声思考"的可用性测试。总结性可用性测试则是指收集诸如任务成功率和任务完成时间这样的指标数据。从图中可以看出，这两种方法起初都是非自动化的研究方法，我们稍后会再讨论这些方法。

作为对比，图 1.3 按照相同的维度展示了我们现在所使用的研究方法。

较新的方法（如图 1.3 带边框的部分所示）是 2003 年根本不存在的方法，因为当时相应的技术尚未出现。你还会发现，这些方法主要集中在图的右上方。这正是自动化研究方法所在的区域。

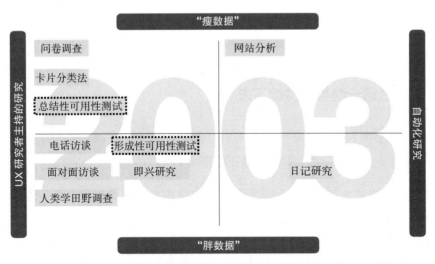

图 1.2　2003 年的经典 UX 研究方法。请注意，大部分 UX 研究方法都是由 UX 研究者主导

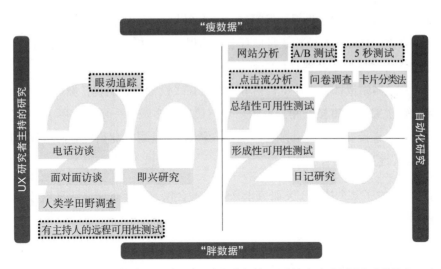

图 1.3　2023 年代表性 UX 研究方法。请注意，大部分新的 UX 研究方法采用了自动化技术，而一些
　　　　传统的 UX 研究方法也逐渐实现自动化

当分析这张图时，我们注意到另一个有趣的现象。像可用性测试、问卷调查和卡片分类法这样的经典研究技术也已经进入了图中的自动化区域。

在进行自动化形成性可用性测试时，在参与者使用网站完成任务的同时对其进行视频录制，但没有人实时观看。视频被上传到云端，供开发团队事后观看。

而在进行自动化总结性可用性测试中，参与者被引导至一个网站，并由计算机指导完成各种任务。计算机会度量任务完成的时间，并通过算法判断用户是否成功完成任务。

1.8.3　为什么这一趋势将持续下去

上面的两张插图表明，无论是新兴的还是经典的 UX 研究方法，都正在变得越来越自动化。至少出于以下 5 个原因，这一趋势还将持续下去。

- **自动化研究成本低**。你无须承担旅行或租赁实验室的费用，也不必像面对面研究那样支付高额的参与者激励费用。
- **自动化研究部署迅速**。假设在一个 Scrum 团队中，你可以选择花费数周时间让 UX 研究者融入用户环境，或者快速发送一份问卷调查并在几天内得到结果。你会做何选择？
- **自动化研究通常能产生组织偏好的"瘦数据"**。这些数据方便量化并可用于创建数据仪表盘。选择少数用户还是成百上千的用户？这样看来，选择很容易。
- **自动化研究更易于招募**。你无须花费大量时间筛选、打电话或委托招募机构。你可以通过网站或社交媒体广告招募，然后在线设置研究流程，静待数据的到来。
- **自动化研究无须直接与用户交谈**。坦白说，大多数开发团队实际上并不愿与广大用户群体直接交流，尤其是在 2020 年疫情之后。自动化研究方法可以让用户与研究团队保持一定的社交距离。

我们可能错过了某个决定 UX 研究未来走向的会议，但至少应该认真思考一下，判断这是否是我们所期望的未来。我们首先从定义高质量的 UX 研究开始。

1.8.4　定义高质量的 UX 研究

什么是高质量的 UX 研究呢？这并不一定与数字有关。虽然数字是一种理解世界的方式，但倾听人们的体验故事也同样重要，两者没有优劣之分。

它也不一定与统计显著性有关。目前心理学正面临着可重复危机：研究人员无法复现许多过去的经典实验。这些实验在统计上是显著的，但这是通过操纵 p 值（p-haching）实现的，即不断调整数据，直到得到一些有趣的结论。

它也绝对与样本的大小无关。你可以用 1000 个用户做出低质量的研究，也可以用 5 个用户做出高质量的研究。在很多情况下，与少数人简短交谈 5 分钟可能比对成千上万的人进行调查能带来更多有价值的信息。

所以，高质量的 UX 研究到底是什么呢？它指的是能提供针对用户需求的可采取行动和可验证的洞见的研究。这并不是说某种研究方法优于另一种，而是关于方法的**三角验证**。三角验证是指在研究同一现象时结合使用多种研究方法。自动化方法通常能告诉我们人们在做什么，而有主持人的方法通常能解释人们为何这么做。在 UX 研究中，结合使用这两种方法通常是最佳选择。

1.8.5　自动化研究降低了洞察力，因为它阻碍了你对用户的观察

以问卷调查为例，尽管你提出了固定问题（并收集了"瘦数据"），但如果通过电话进行调查，你至少能感知人们在回答哪些问题时感到困惑。还可以听到他们话语中的"嗯……""如果……"和"但是……"，这些犹豫、设想和疑虑正是"胖数据"。

但当我们把问卷调查转变为远程自动化的方式时（例如在线问卷调查），就失去了这些"胖数据"。参与者在输入答案时会省略掉这些犹豫、设想和疑虑。

再以总结性可用性测试为例，这是一种基于指标的测试，但在过去，UX 研究者仍会通过单向镜观察参与者，这意味着研究者能看到用户在哪些地方遇到了困难，这些观察信息补充了量化指标数据。用体育比赛做个比喻，实时观察用户就像现场观看足球比赛。想象你身处体育场观众席，目睹两支队伍的较量。你不仅仅是在观看比赛，你更是比赛的一部分，因为你全程投入其中。

当进行自动化测试时，你就失去了这些深入观察的机会，最终得到的只有一张电子表格。在新形式的形成性可用性测试中，让用户录制自己使用网站的视频，就像只看足球比赛的精彩集锦。你会跳过没那么精彩的部分，直接看令你感兴趣的瞬间。如果有人说这场比赛很无聊，那你可能连视频都不会看。而当进行完全自动化的总结性可用性测试时，就仿佛在第二天的新闻上查看足球比分。我们得到了结果，却错过了体验过程。

远程测试的问题在于它让我们错过了那些"受教时刻"。这些时刻是参与者做出不同寻常或出乎意料行为的关键时刻，是完全不可预见的。在实验室环境中，这是可以深入探讨、探究行为背后动机，并深入了解参与者想法的时刻，参与者可以教会我们他们如何看待世界。而在远程测试中，你所拥有的只是数据仪表盘或一段视频，这些成了你与用户之

间的无形阻碍。

高质量的 UX 研究不仅仅关乎数字，它更关乎理解一个问题为什么会成为问题。当研究被自动化时，就给设计过程添加了局限性。你只能看到结果，却无法看到达到这些结果的过程。自动化方法使你离用户更远，而不是更近。你最终得到了结果，却无法理解是什么行为带来了这个结果。

1.8.6　站在用户的角度思考是困难的

在脑海中想象一下你的开发团队。如果它和我们所合作的团队类似，那么可能并不能真正代表你的目标用户。我敢打赌，团队中的绝大多数成员都受过大学教育，懂技术，年轻。他们中的大多数可能是男性——至少决策者大多是这样。团队中可能很少有视障人士、坐轮椅的人、领取低保的人、无家可归者或有心理健康问题的人，一个开发团队往往是单一文化的典型代表。

这些偏见阻碍了团队从用户的角度进行思考。你无法通过自动化研究来克服这些偏见，但可以通过让团队观察真实用户如何实现目标这样的研究方法来克服这些问题。

用户体验思维

- 本节是我们在这本书中少有的几次提到统计和 p 值水平的地方。进行推论统计的目的是什么？你认为统计显著性在 UX 研究中扮演什么样的角色？

- 你的组织是怎样平衡面对面观察研究和远程自动化研究的？你是否亲历了组织向更多自动化 UX 研究方法的转变？如果是，是什么促使了这种变化？

- 一位新的 UX 研究者加入了你的团队。他之前主要进行远程无主持人的可用性测试，并主张你们团队应转向这种方法，理由是"这样参与者的行为会更自然，不太受研究人员的影响。"你如何回应这一观点？

- 回想一下你在观察用户时经历的一个意义深刻的"啊哈！"时刻。如果当时采用的是自动化的 UX 研究方法，是否能获得同样的顿悟？选择一个你熟悉的自动化方法并思考：如何改进它，才能捕捉到一些真实用户行为的元素？

- 试想你被叫去参加与设计副总裁的紧急会议，得知组织计划在下一个财年将 UX 研究预算削减 50%，他们认为采用远程无主持人的研究能够降低成本。你会建议将哪些面对面研究活动转为远程无主持人的方式？有哪些面对面研究活动是你坚持认为应该保持现状的？

策划用户体验研究

2.1 定义你的 UX 研究问题

如果对研究问题缺乏清晰的理解，就不能指望 UX 研究能带来有价值的发现。以下是能帮助你更好地定义和明确研究问题的 4 种技术。

"如果我有 20 天时间来解决一个问题，我会花费 19 天的时间来定义它。"阿尔伯特·爱因斯坦曾这样说。他的这种研究方法可能会让一些企业界的人感到意外。

在一个过于注重解决方案的企业文化中，深入思考研究问题的人可能会被视为异端。然而，逻辑和常识告诉我们，如果不理解问题，就无法找到合适的解决方案。这是一个令人担忧的事实，因为公司在客户和 UX 研究上投入了大量资金，希望这些研究能够解决实际问题。

根据美国调查研究组织委员会（CASRO）[⊖]的数据，美国的投资者每年大约花费 67 亿美元用于问卷调查研究（这类研究关注人口样本的观点、态度、感知和行为的测量）。这

⊖　Anderson, S. (2010, December). "$6.7 billion spent on marketing research each year."

个数据在英国是 20 亿美元，全球范围内则为 189 亿美元。

遗憾的是，大多数研究是不充分的，因为它们没有推动知识的发展。事实上，哈佛商学院教授、美国营销科学研究所前执行董事 Rohit Deshpande[⊖]认为，80% 的客户研究只是重复强调公司已知的事情，而不是验证或发展新的可能性。

我们能识别出这类不充分的研究吗？当然可以，下面的内容可能会引起你的共鸣。在 William Badke[⊜]的 *Research Strategies* 一书中，对不充分的研究做了解释：

- 只是收集数据并复述出来。
- 只处理笼统和流于表面的调查，没有做深入分析。
- 不提出任何分析性问题。
- 不推动知识发展，而乐于总结已知的内容。
- 枯燥乏味。

我们猜你可能正在点头表示同意。大多数人都看过或听过一些充满这类特点的研究报告或演讲。我们坐在单向镜后，看着主持人机械地重复以往的老方法，问着老套的问题，展示同样的"见解"。总的来说，正是 Douglas Adams[⊜]所描述的那种让人毫无好奇心。

当然，我们也会遇到一些激动人心的研究，这些成果敏锐、深刻、令人兴奋，会让人迫不及待地想要分享给每个人。

那么，为什么有些研究乏善可陈，而有些研究却如此鼓舞人心呢？

显然，从上述不充分的研究的特点列表中可见，不充分的研究缺乏一个定义清晰且有趣的研究问题。这种情况在 UX 研究中出现的两个主要原因是：

- 往往只需要听听人们对某事物 X 的看法，或是问问他们更喜欢 X、Y 还是 Z，就足以满足"进行一些研究"的内部要求，即便这并未解决任何有趣的问题。一个"问题"可能被认为是存在的，但要找到一个真正能在白板上写下研究问题，并在其末尾打上一个问号的人几乎是不可能的。
- 在缺乏一个具体研究问题的情况下，UX 研究往往变得"以方法为导向"或有时候是"以技术为导向"。换句话说，之所以进行问卷调查或卡片分类，是因为我们通

⊖ Deshpande, R. (2000). *Using Market Knowledge*. Thousand Oaks, CA: SAGE Publications.
⊜ Badke, W.B. (2011). *Research Strategies: Finding Your Way through the Information Fog*. Bloomington, IN: iUniverse.
⊜ 英国科幻小说作家，著有《银河系漫游指南》系列作品。——译者注

常做的就是这个工作。使用眼动追踪是因为我们有这项技术。拿着锤子的人看什么都像钉子。

但爱因斯坦对研究有其独到的见解。他之所以被誉为天才，绝非偶然。他明白研究问题决定了研究方法和研究设计，而整个研究的每一个环节都应基于此展开。那么，我们不妨更深入地了解他的方法。

2.1.1　如果你有 19 天时间来定义一个研究问题，你会怎么做

这里有 4 种方法，能帮助你更好地理解研究问题，设定清晰的目标，并使研究问题更加明确：

- 弄清楚其他利益相关者想要了解什么。
- 解构抽象概念。
- 进行测量。
- 梳理问题。

2.1.2　弄清楚其他利益相关者想要了解什么

直接从启动会议或需求建议书（Request for Proposal，RFP）中获取项目的简要信息非常吸引人，尤其当时间紧迫时，你还会认为自己已经了解了项目的全部内容。实际上，简要信息的内容往往不够充实，尤其是对根本就没有拿到正式的 RFP 的内部研究人员而言更是如此。可能赞助商实际上并没有机会去认真准备或深思熟虑，只是知道现在需要做一些研究。但是，与其猜测或做出假设，不如让 UX 研究人员在项目初期就通过帮助团队明确研究问题来提供真正的价值。

请记住，委托给你工作并给你简要信息的人代表的是一个更大的开发团队，这个团队拥有你可以并且必须借鉴的丰富知识和经验。团队内的不同专业领域的人可能都需要你的研究数据来支持他们的商业、设计或工程决策。因此，你需要找出他们具体想要了解什么，以及他们是如何看待这个研究问题的。

首先，列出潜在的其他利益相关者名单，并安排与他们见面。你的名单里可能包括市场销售人员、市场研究人员、工程师、设计师、客服、其他 UX 专家、技术文档工程师、商业分析师，甚至是法律顾问。了解他们对研究问题的认识、这个问题带来过哪些体验、

已经尝试了哪些解决方案、如果什么都不做会发生什么、为什么提出这个问题、为什么现在提出这个问题、问题被成功解决会是什么样子的，以及每个人的需求、期望和顾虑。找出问题的关键压力点，确认可能出现的任何限制，了解项目的时间线和预算，并获取项目的背景和历史信息。揭开层层面纱，找到你被请求介入的真正原因。从这些关键参与者的视角出发，理解研究需求，明确你所需的研究类型。

通常情况下，UX 研究活动可能在开发团队毫不知情的情况下进行，原因是没有人考虑到要分享计划或邀请不同利益相关者参与。根据我们的经验，开发团队的成员总是乐于被咨询，还很重视做出贡献的机会。毕竟，当一切尘埃落定时，正是这些人将把你的设计建议变为现实，因此你需要从项目开始就让他们参与。这不仅是一种以新角度审视问题的方法，也是与团队建立联系并获得早期支持的绝佳方法。

记住，我们的目标是更好地理解最初的研究问题。然而，你将不可避免地收集到一长串其他的研究需求和期望。将这些反馈给你的项目经理或客户，并与他们一起确定优先级。但无论如何，都要抵制在同一研究中解决所有需求的诱惑——那是自找麻烦。

2.1.3 解构抽象概念

另一个定义研究问题的方式是解构正在研究的现象。

大多数 UX 研究者研究的现象都是抽象概念。这意味着它们在物理意义上并不存在，不能被直接观察到。例如，可用性就是这样一个抽象概念，你不能像对待铅笔或果酱瓶那样去称量它或把它放进盒子里。产品质量也是一个抽象概念，情感、愿望、智力、态度、偏好及购买倾向也同样是抽象概念。但这并不意味着我们无法研究或测量它们。为了实现这一点，我们必须先解构它们，揭示其构成要素，然后找到使这些要素具象化的方法。这不仅是进行研究设计的重要步骤，也是深入研究问题的本质所在。

以"质量"为例，你知道什么是质量并且知道如何判断它，但你是否尝试过定义或向别人解释它？当然，你可以直接询问用户对产品质量的看法，但这样做无法确切知道他们真正想反映的是什么，或者他们对质量的理解是否与你所谈论的是同一件事。即便是专家也无法就质量的定义达成一致，尽管有一些非常有用的尝试（例如 Joseph Juran 的定义"适用性"是我们的最爱⊖）。实际上，如果你认为质量是个简单的概念，不妨看看 Robert

---

⊖ Defeo, J.A. & Juran, J.M. (2010). *Juran's Quality Handbook: The Complete Guide to Performance Excellence*, 6th ed. New York: McGraw-Hill Education.

Pirsig[一]在其经典作品《禅与摩托车维修艺术》[二]中对质量形而上学的探索。幸运的是，在产品开发和系统设计领域，我们不需要像 Pirsig 那样深入探究（他在追求真理的过程中陷入了精神崩溃），但确实需要解构概念，才能围绕它设计一个研究。

当这样做时，我们会发现质量并非由某些同质的东西构成：至少在产品领域，它是由性能、特性、可靠性、是否符合标准、耐用性、可服务性和美观等子组件构成的。突然间，研究问题开始变得更加清晰了，我们立刻可以看到测量这些组件的方法。同样的道理也适用于可用性——当将这个概念解构成系统的有效性、效率和用户满意度等元素（遵循 ISO 9241-11 标准[三]）时，研究问题能够直接指引我们进行测试设计。

开始研究时，先阅读有关你正在研究的概念的资料。不要凭空想象或猜测它的组成要素。我们在 UX 研究中遇到的大多数概念和结构都是心理学家和标准组织数十年工作的成果，构成要素及其测量方法往往都有详细的文献记录。

2.1.4 进行测量

不管你正在做的是哪种 UX 研究，都是在对人类行为的某个方面进行测量。理解问题的本质与明确可测量的内容密不可分，专注于你将要进行的测量是认清问题本质的一种方式。因此，需要提出如下问题：

- 我们具体需要测量什么？
- 哪些指标可以区分特定的概念或变量的不同级别？
- 我的因变量是什么，需要操作什么才能检测到差异？
- 我需要控制哪些变量？
- 这类数据能否说服开发团队？
- 我是否只能使用主观评价量表，还是可以使用一些客观的行为测量方法？
- 我该怎样分析数据？
- 我怎样才能将测量指标与业务联系起来？

[一] 美国作家与哲学家。——译者注

[二] Pirsig, R. (1974). *Zen and the Art of Motorcycle Maintenance: An Inquiry into Values*. New York: William Morrow and Company.

[三] ISO 9241-11:2018 Ergonomics of human-system interaction—Part 11: Usability: Definitions and concepts.

避免只是简单复述原始数据或报告基本的描述性统计数据。数据中隐藏着宝藏，要恰当地进行数据分析。深挖数据，让它为你的研究服务。

2.1.5 梳理问题

UX 研究往往需要投入大量的时间与成本。鉴于研究结果会决定项目的发展方向并对其成功与否产生影响，研究过程中的任何小失误或误解都可能带来巨大风险。虽然在企业界中省略这一步骤越来越普遍，但在正式开展全面的研究项目之前，进行试点研究总是非常必要的。

"试点"（pilot）一词源自希腊语中的"舵"，表示导向和调整方向。电视剧总是先进行试播以收集早期观众的反馈；工程师在实际装配前，会在地面上测试飞机喷气引擎；军事领导人在采取任何重大行动前都会派出侦查队预先了解地形，所有这些做法都是为了能够对计划做出调整。做研究也同理，如果没有进行彻底的了解，就直接进入"大规模生产"阶段的研究，是我们对客户或开发团队的失职。

通常，试点研究在准备阶段的后期进行，它类似于戏剧演员们会进行的全程彩排。其主要目的是确保测试设计能够获得有效数据，让测试管理员和数据记录员有机会进行实践，确保时间和后勤安排合理，以及检查测试或记录设备是否存在任何潜在故障。

我们还可以在更早期进行一个更不正式的试点测试来更好地理解研究问题。这个"预试点"测试类似于演员初次朗读剧本时的情况，不需要服饰或道具，几乎不需要任何预算，也不需要使用录音设备或测试实验室。它的目的不是收集真实数据，而是通过与用户讨论研究问题，在进一步推进研究之前，暴露并解决任何早期问题。

中国有个成语叫"打草惊蛇"，其字面意思正是同一个道理。通过"打"问题，看看有什么会跳出来。在继续测试设计步骤之前，测试任何你可能做出的假设，并发现问题在任何方面的未知情况。

这也是一种识别可能被遗漏的利益相关者的好方法。比如，Philip 曾为某个组织做过一个 UX 研究项目，该项目需要访问商店以创建用户画像。在计划阶段，他首先确保了高层管理者对这项研究知情。当时，该组织正处于合并过程中。当开始准备预试点测试时，他被要求暂缓对店铺的访问，因为店长们担心员工会将 Philip 的团队误认为寻求降低成本机会的管理顾问。如果员工认为这是裁员行动的一部分，可能会引起混乱和焦虑，我们也不太可能获得有用的数据。通过规划早期的预试点测试，我们创造机会让这一潜在的破坏性问题暴露出来。

如果你计划进行一次试点测试或预试点测试,记得邀请开发团队的成员参与,他们可以提供反馈并帮助完善最终的测试设计。

用户体验思维

- 假设真的按照字面意思去理解爱因斯坦的话,他的意思是要将 95% 的时间用于项目规划,而仅有 5% 的时间用于执行。虽然我们不推荐这种极端的分配方式,但这确实让人开始思考一个问题,即应该花多少时间来规划一个项目。想想你目前正在进行的项目,已经或将要花在规划阶段的时间占比是多少?你认为这足够吗?在一个理想状态的项目中,你会争取达到怎样的规划执行时间比?是否有一些项目需要不同的规划执行时间比——如果有,会是哪些项目?

- 我们根据 William Badke 的定义列出了 5 个定义不充分研究的指标。假设你需要对一个项目的 UX 研究质量进行评估,选择其中一个指标,并确定两个评价标准,以判定研究的质量高低。

- 我们提到开发团队和用户是重要的利益相关者。为你的项目绘制一个展示各方利益相关者范围的图表。用圆圈代表每个利益相关者,并通过圆圈的大小表示其相对重要性。这种可视化方法是否能帮助你决定应该让哪些人参与定义研究问题?

- 我们讨论了如何将一个抽象概念(例如“质量”)分解为一系列可以单独评估的子组件(例如性能、特性和可靠性等)。尝试将这个思路应用到你当前项目的一个研究问题上(比如,“我们的移动应用容易使用吗?”)。确定 5 个可评估的子组件,并评估这些子组件以回答你的研究问题。

- 考虑到预试点测试的目的是“打草惊蛇”,在你当前的项目中,预试点将会是什么样的?

2.2 进行桌面研究

桌面研究也称为次级研究。广义上,研究活动分为两大类:一是初级研究(即你亲自出门去发现信息);二是次级研究(即你回顾其他人已经完成的工作)。桌面研究并不涉及数据收集,相反,作为进行桌面研究的 UX 研究者,你的任务是回顾之前的研究成果,从而对研究问题有一个全面的了解。

在进行实地考察、原型开发、可用性测试或着手任何以用户为中心的项目之前，先了解以往在该产品领域内人们已进行的相关工作是十分必要的。尽管不太可能有人完整地进行过你所计划的研究活动，但几乎可以肯定，有人曾试图回答相关的问题。回顾这些研究成果是理解该领域最快速且最经济的方式。

进行桌面研究是至关重要的第一步，原因至少有 3 个：

- 如果不了解先前的研究，你将难以识别新的发现。
- 当你与用户或利益相关者面对面交流时，会显得更有可信度。如果没有进行必要的"尽职调查"，你可能会问一些愚蠢或不相关的问题，这可能导致你的访谈被提前终止。
- 不做准备性研究是对参与者时间的不尊重。可能你与该系统用户的交流时间只有不到一小时。你真的想浪费其中一半的时间来理解那些你本可以在其他地方了解的业务领域问题吗？

2.2.1　如何进行桌面研究

到了这一步，许多 UX 研究者会告诉我们，他们正在进行一个前沿设计项目，似乎没有桌面研究可做，他们认为不存在任何相关研究资料，这是一个普遍的误区。

根据我们的经验，你几乎总能找到一些已有的研究成果作为起点。以下是寻找这些资料的方法，这不仅可以帮助我们保持专注，还可以确保我们不遗漏任何可能藏有相关研究成果的角落和缝隙。

维恩图（Venn diagram）（图 2.1）勾勒了 UX 研究使用场景的 3 个关键要素：你的用户、用户的目标和行为发生的环境。最理想的研究场景是这三者重叠的区域：在实地考察中观察用户在特定环境下尝试实现其目标的过程。这类研究因其与项目的高度相关性和具体性，可能会难以寻找，所以如果你在这方面一无所获，也不用灰心。

在图 2.2 中，其他重叠区域也可能存在有用的研究。这些研究大致可以分为 3 个领域：

图 2.1　一个维恩图，展示了用户、目标和环境三个要素。这三者重叠的区域是 UX 研究的"甜区"

- 研究关注于用户及其目标，但并非在特定环境中进行。这类研究将采取调查问卷、用户访谈和焦点小组等方式进行。
- 研究聚焦于你的系统将支持的目标和其使用环境，但没有告诉我们关于用户的太多信息。例如，客服中心数据分析或网站流量数据分析便是此类研究。
- 研究揭示用户在其所处环境中的信息，但可能不涉及系统将要支持的具体目标。通常由设计团队采取实地考察进行研究，他们可能正针对相同类型的用户设计产品，以满足其不同需求。

图 2.2　这组维恩图展示了对用户与目标、环境与目标，以及用户与环境之间重叠区域的研究也可以带来有用的见解

你最有可能找到客户和 UX 研究成果的地方是在你的组织内部。但是，这需要你准备好进行深挖。原因在于，尤其是在敏捷项目中，研究成果常被看作针对特定项目的一次性副产品而很快被遗弃。这些研究成果往往不会被团队之外的人所了解，有时只是在研究墙上被短暂展示，或是被埋藏在某个人的电子邮箱收件箱里。即便研究成果被记录并归档，人们通常也不知道如何查找这些资料。公司通常不擅长建立共享知识库，也很少告诉员工如何使用内部网络或在哪里能够找到这些以往的报告。这些障碍最终会导致公司在进行已存在的研究或提出错误的研究问题上浪费时间和金钱。

你应当在公司中执行以下步骤：

- 与利益相关者沟通。了解产品负责人，以及他们的目标、愿景和顾虑。
- 检查客户服务中心或网站分析的数据（如果存在该服务）。
- 和与用户直接接触的一线人员进行对话。

在探索了各个重叠区域之后，下一步的任务是寻找更宽泛的关于你的用户、他们使用系统的环境，以及系统将支持的目标类型的信息（见图 2.3）。

- 是否有针对用户进行的研究？即使该研究与他们使用系统时的具体目标不直接相关。

■ 是否有关于系统将支持的目标类型的研究？即使研究对象为不同的用户群体。

■ 是否存在关于系统预期使用环境的研究？（这里的环境是指你的系统将在其中使用的硬件、软件，以及物理和社会环境。）

图 2.3　在几乎每个项目中，你都能找到一些关于用户、目标和环境的研究。这可能与你的具体研究
　　　　问题不直接相关，但它将帮助你了解该领域的知识

在这一步骤中，你会发现以下做法很有用：

■ 查看政府发布的研究报告。例如，在美国，许多政府网站上有丰富的人口普查和统计数据（美国政府统计网站 www.usa.gov/statistics 是个很好的出发点，它链接到许多其他美国和国际数据源）；英国国家统计局（www.ons.gov.uk）也提供了丰富的公民信息，这些信息可能有助于你了解用户背景，包括互联网用户的人口统计学数据、消费趋势及在线零售数据等。

■ 查看与你的项目相关的慈善组织所做的研究。如果你正在开发一种新的工具，旨在帮助糖尿病患者监测血糖水平，那么糖尿病相关的慈善机构的研究资料就是宝贵资源。美国的 America's Charities 和英国的 Charity Choice 等网站可以帮助你找到相关的慈善组织。

■ 利用谷歌学术搜索大学的相关研究。尽管某些学术论文可能难以完全理解，但你至少可以通过这种方式找到论文作者的联系方式，以便直接向他们了解更多信息。

■ 如果你的系统将在工作环境中使用，不妨研究就职网站上的招聘信息。例如，《卫报》的"我如何成为……"（"How do I become..."）专栏[一]提供了文身艺术家、法医科学家甚至皇家侍从的采访文章，这很可能为你的系统所针对的职业提供一些背景信息。同时，《卫报》的"我真正的想法"（"What I'm really thinking"）系列[二]也值得一读。

[一]　The Guardian. "How do I become..."

[二]　The Guardian. "What I'm really thinking."

2.2.2　判断你找到的研究的质量

不要因为研究是几年前做的就忽略它。初入研究领域的人常犯的一个错误是把过往的研究报告视为冰箱里过期的酸奶，认为它们年代久远，已经失去了价值。然而，研究是在几年前完成的，并不意味着它失去了与你的研究的相关性。优秀的研究往往聚焦于人类行为，这是一个变化极为缓慢的领域。

用户体验思维

- 除了谷歌搜索，列出 5 种桌面研究方法来了解你当前研究的系统的用户。（可以回顾本节中的维恩图以获得灵感。）
- 验证过去所做的研究或由第三方所做的学术研究的重要性有多大。有没有某些类型的桌面研究你会毫不犹豫地接受或拒绝？你会信任使用人工智能聊天机器人进行的桌面研究吗？
- 假设你进行桌面研究时发现了一项针对你的用户进行的、执行良好的大规模问卷调查。如果项目经理说："太好了！我们现在不需要做进一步的 UX 研究了"，你会如何论证情境研究（contextual research）相对于桌面研究的优势？
- 我们指出，研究成果经常被视为产品的一次性副产品。你将如何存储或总结桌面研究和 UX 研究的成果，以确保未来的研究者能够将工作建立在你工作的基础上，而不是重复相同的工作？
- 在 2.1 节中，我们讨论了 William Badke 关于定义不充分研究的指标，其中一个指标是只处理笼统和流于表面的调查，没有做深入分析。你将如何定义"深入"和"分析"来评价你的桌面研究成果？你将如何使用 Badke 的其他标准来评估这些研究成果？

2.3　进行有效的利益相关者访谈

避免让设计项目因一次糟糕的利益相关者启动会议而变得复杂无比。通过采用几种简单的技巧来构建利益相关者访谈，将确保你的项目有一个好的开始，并为未来的成功打下坚实基础。

虽然利益相关者访谈可能会消耗你两个小时的生命，涉及大量的交谈，还需要你观看众多的 PPT 演示，但其核心内容通常非常直接。典型的利益相关者会议是这样的：

客户："我们需要你设计一个新的产品。"

开发团队："好的。"

在这样的场景中，不论是公司内部还是外部的开发团队，通常最终只是简单地按照要求去设计产品，或者机械地实施"通用"的可用性测试，项目需求像是自上而下传达的不容置疑的圣旨。这样，设计的产品与潜在用户之间的联系就变得极其脆弱，甚至完全断裂，缺乏必要的数据支持和决策路径。

设计师和 UX 研究者发现这种传统方法令人感到挫败和心灰意冷，因为它没有发挥他们的创造潜力。我们可以设计出最好的产品，也可以进行最佳的可用性测试。但问题在于，我们只是无法确定是否真的需要一个新的产品或者进行一次可用性测试。

幸运的是，还有一个更好的方法。

2.3.1 要么不做，要做就做到最好

本小节将介绍一种结构化技术，这种方法能确保你获取必要的信息，准确地理解利益相关者的需求，并助他们成功。这一方法源自我们非常推崇且反复阅读的商业图书，由商业发展顾问 Mahan Khalsa 所著的 *Let's Get Real or Let's Not Play*⊖。Khalsa 在书中描述了几个简单步骤，这些步骤专为彻底检验新项目机会而设计。

我们将以 Khalsa 提出的框架和引导性问题作为指南，逐一分析每个步骤，学习他对如何高效地帮助利益相关者和客户取得成功的深刻见解。但首先，Khalsa 提醒我们要遵循一个至关重要的原则：不要猜测！

我们常常以为自己已经正确理解了利益相关者的需求——尤其是当我们与利益相关者在同一家公司工作时——但实际上，我们可能缺乏对某些关键信息的理解。很多时候，我们会在不自知的情况下做出假设，误以为这些假设就是确凿的事实，我们可能会认为设计或研究需求是基于可靠的信息和谨慎的决策得出的。如果你担心问问题会让自己显得很无知，就可能会犹豫不决而不敢提问。

⊖ Khalsa, M. (2008). *Let's Get Real or Let's Not Play: Transforming the Buyer/ Seller Relationship*, Expanded Edition. New York: Portfolio.

然而，关键在于不要猜测，或认为问题的答案无关紧要。在项目进行中的某个阶段，这个问题的答案总会显现其重要性。不了解真实情况可能会导致你做出错误的设计或研究决策，而那时可能就为时已晚了。如果你在利益相关者会议中对某事感到困惑，很可能其他人也同样不理解这件事。因此，请避免猜测。马克·吐温曾建议，"假设固然是好的，但寻找真相更为关键。"

2.3.2 转移对解决方案的关注

Khalsa 建议你这样做：转移对解决方案的关注。

利益相关者经常想要和你讨论解决方案。我们也常会收到"我们需要一个 X 的新设计"或"你可以测试 Y 吗？"等表面上看似简单的请求。大多数利益相关者都在寻求快速的解决方案或是所谓的灵丹妙药，因为他们已经自行"诊断"了自己的需求。正式的"需求建议书"（RFP）就是这样。一个典型的 RFP 很少提供对客户需求的真知灼见，通常假设没人会提出任何疑问。面对面的讨论不被鼓励。客户已经决定了需要做什么，并已经写下了解决方案，现在只是想要有人来实现，"请给我来一公斤的 UX 研究，再来两包设计，非常感谢。"

当然，有可能你的利益相关者确实得出了正确的需求"诊断"，但真正的困难在于他们可能不知道你的设计或 UX 研究过程是如何运作的，所以也不知道你在开始思考设计解决方案之前需要知道什么。如果我们被解决方案的承诺所左右，就可能会让自己陷入困境。毕竟，我们谈论自己能做什么很容易，这也是利益相关者期望的会议内容。

那么，为什么要避免过早讨论解决方案呢？

因为在没有明确问题的情况下，解决方案本身并不具备内在价值，它们不能脱离问题而存在。利益相关者之所以认为可以，是因为"解决方案"这个词已进入毫无意义的商业行话词典。正如 Khalsa 所言，有效的解决方案应当"缓解利益相关者或企业所面临的困境"，或是为利益相关者或公司"带来期望的某种收益"。

你可以确定的一件事是，利益相关者会带着解决方案（设计一个新的 X）来到会议桌前。你需要做的是通过转移焦点来回应。巧妙地引导对话，从探讨表面的解决方案转向探索背后的真实需求。Khalsa 建议通过提出如下问题来实现这一点：

- "设计一个新的 X 当然是可能的，但你希望它解决哪些具体问题？"
- "缺少 X 时，你的用户（或公司）会遇到什么问题？"

- "如果我们设计出理想中的 X，它会帮你解决哪些问题？"
- "假设我们打造了世界上最好的 X，你将实现哪些目前无法触及的成果？"

利益相关者可能会给出一个问题列表，或者可能变得含糊其词，漫无目的地闲聊，要巧妙地引导他们回到你的问题上。

- "谢谢你描述了总体情况。我们能否更具体一些？你认为新的 X 能解决用户的哪一个具体问题？"

不要陷入讨论解决方案的陷阱中。

2.3.3　梳理所有问题

下一步，引导利益相关者迅速罗列出所有问题。你在白板上记录的内容应明确描述一个具体的问题或一个期望达到的结果。此时不要深入探讨任何单一问题——毕竟此时你还无法判断哪个问题最为关键——并尽量不让讨论因利益相关者间的辩论而偏离轨道，你要只专注于构建问题列表。如果你与一组利益相关者合作，你可以让他们各自在便笺纸上写下自己认为的关键问题，并将其贴在白板上，以避免会议变成"大乱斗"。

随着问题的增多，继续完善问题列表：

"除了这些，你还希望 X 达成哪些目标？"

暂时还不要深入讨论任何问题。如果利益相关者的思路暂时枯竭，但你的专业直觉又告诉你可能还有遗漏，可以适时提示：

"我发现我们还没讨论过关于某某（比如，提升易学性）的问题，这对你们来说重要吗？"

接下来，你需要确定哪些问题对项目最为重要。有时，利益相关者能够直接指出核心问题。但其他时候，他们可能会说："每个问题都很重要"。在这种情况下，你可以肯定他们的观点，并表达想理解所有问题的意愿，然后提问：

"那么，我们先从哪个问题开始讨论呢？"

最后，再次确认：

"如果我们能针对这个列表上的问题取得进展，而不再考虑任何额外的事项，这是否足以构成完全满足你们需求的解决方案？"

如果你得到的是否定回答，说明还有一些未曾提及的关键信息。务必挖掘出这些信息，并将其加入问题列表。

2.3.4　寻找证据并评估影响

现在，你准备提出一个可能让利益相关者措手不及的问题。因此，你准备好了面对他们可能的犹豫、不确定，甚至长时间的沉默。你看着列表，问道：

"你怎么知道这些确实是问题？"

随之而来的会是犹豫、不确定，以及很长时间的沉默。

- "有哪些证据证明这些问题确实存在？"
- "你的公司（或用户）是如何体验到这些问题的？"
- "你觉得公司当前在哪些方面太少（如销售额、利润、客户等），或过多（如投诉、产品退货、售后服务电话等）？"
- "有没有任何数据能证明解决方案将带来你所期望的结果？"

关于证据的探讨可能会指向 Khalsa 提出的 4 种结果之一：

- 无证据：没有任何迹象表明问题真的存在，或我们的工作能够达到预期效果。
- 软证据：问题可能基于个人经历、客户反馈的轶事，通常来自焦点小组或小样本问卷调查。
- 推定证据：问题可能来源于出版物或其他媒体平台上的文章。这些数据通常是真实的，但可能并不完全适用于当前的情况。
- 确凿证据：公司进行了可靠的研究，有实际数据详细描述问题，或提供了关于当前和期望状态的可验证测量数据。

不用说，我们当然希望看到确凿的证据。但若这类证据不存在，或证据薄弱、不可信，也仍有补救的机会。在这种情况下，我们可以提供支持，帮助收集必要的证据。凭借我们的设计研究专长，能够实地收集基于真实用户行为的确凿证据，还可以协助挖掘公司内部已有的相关证据。我们所不能做的是对问题置之不理，而仅依靠"碰运气"。记住，不要依赖猜测。

我们不仅需要证据以确认问题真实存在，我们还想知道问题的重要性及解决它们能带来的多大影响：

- "你们是如何衡量这个问题的？"
- "目前的衡量标准是什么？"

- "你期望达到的结果是什么？"
- "这种差异的价值有多大？"
- "随着时间的变化，这种差异的价值会如何变化？"

深入进行这样的讨论，如果发现问题确实关键且影响重大，我们可以进行粗略估算：

"总的来说，退货每年为你们造成 1200 万美元的损失。但只有 25% 的产品真的存在缺陷，其余的退货只是因为产品太难用。我们的 UX 研究工作将解决这些导致退货的可用性问题。这将为你们每年节省 900 万美元，未来 5 年内总计节省 4500 万美元。让我们现在就开始吧。"

2.3.5 去除解决方案

如果问题不是很重要或影响会很小怎么办？ Khalsa 提出了一个机智的应对策略：去除解决方案。

如果什么都不做会怎样？这时可以稍微退一步，观察利益相关者是否能够自己说服自己这个项目很重要。记住，人们倾向于主动购买，但不喜欢被推销。你可以通过以下方式帮助推进讨论：

- "听上去，忍受问题可能比解决它更便宜。"
- "看上去，似乎有其他更紧迫的问题需要优先解决。"
- "听上去，你们有能力自行处理这个问题，我们可以在哪些方面为你们提供额外的价值呢？"

这种方法可能会给人一种故作矜持的印象，看上去是反直觉的。然而，如果这个机会对利益相关者来说真的不那么重要，那么即便你提出了最佳的解决方案，也可能不会收到预期的效果。对双方来说，最明智的选择可能是退后一步，等待更合适的时机再考虑这个机会。

2.3.6 探索背景与限制

一旦我们对问题有了清晰的理解，同时有证据证明它的真实性，并且衡量了它的重要性，我们就可以开始探索项目的背景历史及启动后可能面临的各种限制和挑战了。可以提出以下问题：

- "你所描述的显然是一个很重要的问题。这个问题已经存在多久了?"
- "你之前有尝试过解决这个问题吗?"
- "在以往的尝试中,是什么阻止了解决方案的实施或成功?"

此时,你可能会得到如下回应:

- "我们当时缺乏解决问题所需的专业技能。"
- "是时机不对。"
- "这个问题在过去优先级很低,但现在它已经成为我们的一大痛点。"

Khalsa 称这些为"良性限制"。之所以是良性的,是因为限制曾经存在,但现在已被消除。或者你可能会得到如下回应:

- "我们之前没有足够的预算。"
- "高层之前不支持我们。"
- "我们尝试过,但遭到了其他团队的强烈反对。"
- "过去总是被政策因素阻碍。"
- "之前,这个问题并没有被给予足够的重视。"

面对这样的反馈,你必须询问:

- "现在有什么改变了吗?情况有何不同?"
- "如果我们现在再次尝试,是否还会遇到同样的阻碍?"

或者这样问:"从你所描述的情况来看,似乎一些阻碍仍然存在。你认为我们接下来该怎么办呢?"

记住,你的目标是帮助利益相关者获得找到解决方案的路径,并确保他们能够成功。这可能需要你帮助他们排除道路上的所有障碍。

2.3.7 注意:不要让你的利益相关者感到措手不及

采用这种方式与利益相关者进行初次接触,会让你主导会议并获取所需的信息。但是要小心:不要让你的利益相关者感到措手不及。你的目的是收集信息,而非揭露他们可能存在的准备不足的问题。

我们总是会提前告知客户我们计划进行的会议性质及打算提出的问题种类，以便他们可以在必要时做些准备。这样做有两个目的：首先，如果利益相关者不能回答我们的问题，那么会议将失去意义。其次，这也确保我们将与正确的人会面，这些人是对项目成功负责的决策者，拥有决策权和预算管理权。

我们在过去的利益相关者会议中使用了这种结构化技术，不仅成功获得了所需信息，还使会议变得极为高效，而且还给他们留下了我们有能力解决问题的深刻的第一印象。这种做法让利益相关者对我们的专业性和可靠性充满信心。

用户体验思维

- 这种进行利益相关者访谈的方法，Mahan Khalsa 在他的 *Let's Get Real or Let's Not Play* 里花了很重的笔墨进行介绍。作为公司内部的顾问，如果你认为公司的规则已经过时，那么能否拒绝遵守这些规则呢？

- 本节提供了几个短句帮助你引导利益相关者从关注解决方案转向关注问题本身。选一个你觉得好记的短句，或者用你自己的话重写它，使其更适合你的利益相关者。

- 当客户和开发团队带着"以方法为导向"的需求（比如，"请组织一个焦点小组讨论"）来找到 UX 研究者时，想象一下你被要求采用一种你认为不适当的 UX 研究方法进行研究，对方还告诉你，"鉴于时间和预算的限制，我们只能这么做"。在这种情况下，是按要求进行研究还是拒绝研究更符合职业道德？为什么？

- 可用性测试是一种很有价值的方法，但当它成为唯一被执行的 UX 研究方法时，往往说明开发团队对 UX 的关注不够成熟。你认为你现有的产品的主要 UX 问题是什么？可用性测试是否真的是解决这些问题的最佳方法？你能为开发团队提供什么替代方案？

- 想一想你经常使用并觉得存在 UX 问题的某个产品或软件应用。有哪些证据支持你的观点？是"软证据""推定证据"，还是"确凿证据"？你能采用哪些方法来搜集确凿证据？你怎样利用这些证据来表达这些 UX 问题对业务造成的影响？

2.4 识别 UX 研究的目标用户

对初涉 UX 研究的团队来说，最大的挑战往往是如何开始。一开始的热情很快就会被不知所措所取代——特别是当他们认为自己的产品适用于"所有人"时。一个行之有效的解决方案是，锁定那些最容易接触的用户，他们能为验证性学习提供最好的机会。

David 曾让一位产品经理描述产品的目标用户。产品经理回答道："很简单，我们的产品面向所有人。"这种说法让人想起网络上的一个带有讽刺性质的表情包："我们的目标受众是从零岁起的所有男女老少。"

把"所有人"都当作目标受众，是我们见过的让产品失败的最佳方式。原因之一是，试图满足每个人的需求会使得产品失去特定的定位，聚焦变为了不可能实现的任务。当产品试图迎合所有人时，每一个功能、每一个平台和每种使用场景都可以被认为是必要的。

如果你的团队也是这样考虑目标受众的，有个建议可能对你有所帮助。我们并不是要阻止你征服世界，而只是想说服你，小步快走是实现这一目标的最佳途径——而不是盲目地完成巨大飞跃。

2.4.1　如何为所有人设计

拿 Facebook 这个很多人都在用的成功网站来说，如果深入了解其发展史，你会发现马克·扎克伯格（Mark Zuckerberg）及其团队最初并没有打算让它面向所有用户。该网站最初仅面向哈佛大学的学生，随后扩展到对其他常春藤盟校的学生开放。即使 Facebook 之后向美国以外的地区扩展，在最初的两年里，它的目标用户依旧是大学生。通过保持目标市场的合理聚焦，Facebook 得以测试出什么有效、什么无效。之后，Facebook 向苹果、微软等公司的员工开放注册，最终对所有年满 13 岁且拥有有效电子邮箱的人敞开大门。

再比如亚马逊，它起初是一个在线书店，主要面向那些精通网络操作的用户。后来，亚马逊通过两种方式进行了扩展：首先，它向不同的细分市场提供了相同的功能（它向任何能使用网络浏览器的人销售书籍）。另一方面，它开始向原有用户群体提供新的产品，如软件和 CD。剩下的故事就是尽人皆知的发展史了。

这两个例子里，尽管最终目标可能确实是面向"每个人、每个角落"，但他们的起点却是具体且有限的。

那么，你要从哪里开始呢？

2.4.2 用户聚焦练习

召集你的开发团队进行一个 30 分钟的练习。给每位成员发一叠便笺纸，要求每个人独立思考，至少写下 5 个针对你们产品的不同用户群体（每张便笺代表一个群体）。

比如，提供护照服务的产品可能针对的用户群体包括"商务差旅人士""无固定住址的人"和"退休人员"；一个摄影 App 的用户群体可能是"短途旅行者""美食爱好者"和"Instagram 用户"；而一个体育网站的用户群体可能包括"足球迷""橄榄球迷"和"仅在奥运会期间观看比赛的观众"。

如果你的团队难以列出超过一两张便笺纸，这里有一些具体的提示可以帮助你识别更多的用户群体：

- 你认为哪些人是产品的典型用户？
- 有哪些用户是与典型用户形成鲜明对比的（即"反面"用户）？
- 早期使用者是谁（那些比其他人更早尝试你产品的人）？
- 谁是重度用户（那些会频繁使用你产品的人）？
- 哪些用户在使用产品时可能会遇到困难？
- 有哪些人只会在"被迫"的情况下才会使用你的产品？
- 使用你产品的人有哪些不同类型？他们的需求和使用行为可能有何不同？
- 需要调查哪些用户行为模式和使用环境？
- 产品的商业目标是什么？这些目标是否指明了应重点关注的用户群体？
- 对于哪些用户你了解最少？
- 哪些用户比较容易接触到？
- 哪些访谈比较容易安排？
- 哪些用户更愿意与你交流并提供反馈？

2.4.3 使用网格

写下便笺后，先去除掉明显的重复项，接着将剩余的便笺按照下面的网格（图 2.4）来组织。

这个网格的纵轴标目为"我们期望从这组用户群体中学习到的信息量"。这是因为 UX 研究的目标是进行验证性学习，即识别并测试你最具风险的假设。有些用户群体能更好地测试你的高风险假设。简单地把便笺所代表的用户群体分为两组：一组是你预期能学到更多的，另一组是你预期学到较少的。

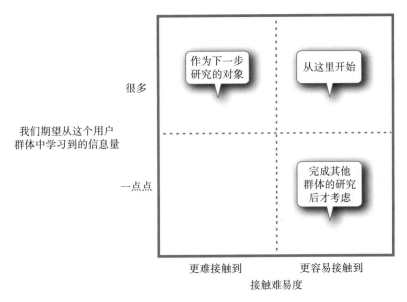

图 2.4   一个 2×2 的网格，帮助你选择应该首先研究的用户群体

横轴标目为"接触难易度"，这表示你接触到不同用户群体的难易程度。比如，某些用户群体可能在国外，或者他们上夜班，又或者他们太忙而无法见你。这些用户群体比那些居住在本地或者有较多空闲时间的用户群体更难以接触。你需要做的是，将用户群体分成这些类别，并将便笺贴到网格中相应位置上。

此时，回过头来检视你的工作。这个网格为你提供了一个实用工具，让你能够快速着手进行研究。

你的研究应该从网格右上角开始，这些可以被视为"黄金"用户群体，因为他们不仅能够为你提供关于用户需求的见解，而且也相对容易接触。你应该可以在接下来的几天内安排与这些用户群体会面。一旦开始与这些用户交流，你会发现一些先前的假设是错误的，同时也会学到一些与产品使用相关的新东西。你将开始做出新一轮的假设，这就是验证性学习的实践过程。

但我们不要忘记另一个重要的象限：那些你期望从中学到很多但难以接触到的用户群体，可以称之为"白银"用户群体。你应该将这些用户群体添加到你的 UX 研究待办列表中。在进行当前研究的同时，规划好访问这些用户的时间，这样你就有机会去验证更多的假设。

我们可以将右下角的象限视作"青铜"用户群体。只有当你充分了解了"黄金"和"白银"用户群体后，再考虑这部分用户。

至于最后剩下的那个象限，是那些既难以接触到又只能提供有限信息的用户群体。鉴于我们永远不会有足够的时间或预算来对每个用户群体进行研究，大可不必为无法覆盖这部分用户而感到遗憾。

2.4.4　结语

很多团队之所以没有开展 UX 研究，并不是因为他们认为用户不重要，而是单纯地不知道该如何开始，他们往往因为这种过度分析而阻碍了行动。尽管这种方法很简单，但它能帮助你清晰地理出头绪，并立刻着手进行 UX 研究。

用户体验思维

- "验证性学习"这一概念，由 Eric Ries 在他的《精益创业》（*The Lean Startup*）⊖ 一书中提出。这一概念是指观察用户的实际行为获取反馈，从而持续迭代产品和市场策略，直至精准满足客户需求。这引出了一个有趣的结论：最好的开发团队并非那些产品交付速度最快的，而是学习速度最快的。如果你加入了一个采用验证性学习方法进行产品开发的团队，你会期望看到团队展现出怎样的行为模式？
- 想想你当前的团队，他们在用什么标签描述用户？是采用职位头衔（如"金融分析师"）、用户细分（如"游戏玩家"）、人物名称（如"卡罗琳"），或其他能表明他们不是为所有人设计的标签？还是使用更宽泛的标签，如"用户"或"客户"？如果是后者，你会如何改变他们的思维，使他们专注于特定的用户群体？
- 亲自尝试使用本节介绍的 2×2 网格图是理解其有效性的最佳方式。不妨独自进行这个练习，或者更好的是与你的团队一起来识别关键的用户群体，并将它们分为"黄金""白银"和"青铜"用户群体。
- 想象一下，你有多组"黄金"用户（那些容易接触到且你期望从中学到很多的用户群体）。你完全有可能会将所有 UX 研究的预算都花在这一象限的用户上。那

⊖　Ries, E. (2011). *The Lean Startup: How Constant Innovation Creates Radically Successful Businesses*. London, UK: Portfolio Penguin.

么完全忽视"白银"用户群体又会带来什么风险？那些"难以接触到"的用户群体能提供哪些"容易接触到"的用户群体所不能提供的知识呢？

■ 2×2 网格图的一个优势是它帮助我们打破了单一维度的思维模式。比如，开发团队常常只区分"专家"和"新手"用户，忽略了绝大多数用户实际上介于这两个极端之间的事实。你会如何调整这个 2×2 网格图上的一两个标签，以帮助你的团队更细腻地思考用户需求呢？

2.5 编写完美的参与者筛选问卷

"了解你的用户"是可用性研究的第一原则，因此确保你的可用性研究涵盖了合适的参与者至关重要。以下 8 条筛选参与者的实践指南，将告诉你如何招募那些表达能力强、能够代表用户群体的参与者。并快速过滤掉那些不合适的人选，帮助你避免可怕的"爽约"情况的出现。

数年前，英国广播公司（BBC）因一起关于苹果计算机的法律案件而采访了盖伊·戈马。这位盖伊被错误地介绍为 IT 专家，而实际上他当时是前往 BBC 参加工作面试的应聘者。研究人员错误地从接待处带走了他，而真正的"盖伊"，本应出现的 IT 专家盖伊·科尼却被留在了后台。当戈马先生突然意识到自己正在现场直播中，并需要回答一系列关于音乐下载的问题时的面部表情（你可以在 YouTube 上观看[⊖]）实在是令人难忘。

在这个例子中，拥有"盖伊"这个名字是参加采访的一个必要条件，但不是充分条件。"参与者筛选"就是在众多候选人中甄别出真正适合的"参与者"。通过这个过程，你要过滤掉像盖伊·戈马这样的人选，而选择像盖伊·科尼这样真正合适的参与者。

这里有 8 条实践指南帮助你编写高效的参与者筛选问卷：

■ 根据行为而非人口统计学特征进行筛选。

■ 提出精确的问题。

■ 尽早识别不合适的候选人。

■ 选择物有所值的参与者。

⊖ BBC News. (2016, May). "Guy Goma: 'greatest' case of mistaken identity on live TV ever?"

■ 管理每个参与者的期望。

■ 对筛选问卷进行试点测试。

■ 避免参与者爽约。

■ 与招募公司充分沟通。

2.5.1 根据行为而非人口统计学特征进行筛选

在面对一个新产品或网站时，用户的历史行为远比人口统计特征更能准确预测他们的表现。虽然性别等人口统计因素对市场营销人员来说是重要的细分变量，但这些因素对用户的实际产品使用行为几乎没有影响。因此，你与市场营销经理的协作很重要，确保正确理解目标用户，同时引导他们更多地从用户行为特征来定义用户，而不是依赖（比如）收入水平。

如果市场营销团队提供的用户描述过于笼统或只能用泛泛的分类来区分用户（"我们的用户分为两类，使用笔记本电脑的用户和使用台式计算机的用户"），这应该引起你的警觉，并表明你有必要进行一些实地考察。

但是你应该使用哪些行为变量呢？在一个网站项目上，数字技能（用户使用网络的经验，如导航、填写表单和搜索功能）和专业知识（用户在特定领域的知识，如摄影、股票交易或家族史研究）是每位 UX 研究者都会考虑使用的行为变量。你设计筛选问卷时，应能够根据这两个变量将候选人的能力分成"高""低"两类，并据此招募参与者。

你可能很难在完全不考虑任何人口统计学特征的情况下，让你的筛选标准通过产品或市场营销团队的审核。这种情况下，将人口统计学类的问题放在调查问卷的末尾，目标是为了确保参与者构成的多样性，而不是作为主要的筛选依据。

2.5.2 提出精确的问题

如果你的目标是区分参与者数字技能的"高"和"低"，不要仅仅询问他们在网上花费的频率。一个人的"经常"可能是另一个人的"有时"。相反，询问他们在上网时的具体活动，以及这些活动是独立完成还是需要他人协助。通常，具有高数字技能的用户会自信地进行在线购物、下载并安装软件、使用社交网络、在线管理照片、主动维护隐私设置及在博客上发表评论。而低数字技能的用户可能很少独立完成这些操作，或需要在执行时需要寻求朋友或家人的协助。

2.5.3 尽早识别不合适的候选人

广义上讲，筛选问卷通常包含两种问题：排除性问题（其中一个答案将排除候选人，例如对"你是否为竞争对手公司工作？"这个问题回答"是"）和平衡性问题（你希望在不同类别中获得相等数量的人，例如对具有"高"和"低"数字技能的人数的平衡）。因此，把筛选问卷想象成一个漏斗会很有帮助：通过排除性问题尽早过滤掉不合适的候选人。

顺便一提，关于"你是否为竞争对手公司工作？"这个问题，我们经常看到的筛选问卷是以这样的问题开始的："你或你家庭中的任何人在为以下组织之一工作吗……"面对这个问题，任何候选人都知道"正确"的答案，并可能为了被选中而撒谎（这个过程被称为"faking-good"（伪装））。避免发生这种情况的方法是提出一个简单的开放性问题："你在哪里工作？"或"讲讲你的工作。"

有时，即便候选人通过了所有筛选问题的筛选，他们可能仍然不符合研究需求。例如，我们的一位同事在测试一个售卖眼镜的网站时，一位参与者顺利通过了可用性测试，直到选择产品这一环节才暴露出问题。结果发现，他在现实生活中习惯与伴侣一同去眼镜店选购眼镜。因此，如果你在测试一个面向消费者的网站，请确保参与者本人就是做出购买决策的人（或者至少，参与测试的还有他们在购买决策中具有影响力的同伴）。

2.5.4 选择物有所值的参与者

如果你在招募参与者进行"出声思考"研究，需要筛除那些害羞或不善言辞的人。你通常可以通过在筛选问卷中加入一个开放性问题来判断这一点：比如，"你通常如何进行网上购物？"但如果这一要求导致你排除了大量潜在的合适人选——比如青少年男孩这样的受众——这时候你可能就需要重新考虑你的方法了。

如果你正在招募眼动追踪研究的参与者，那么需要排除那些佩戴远近视两用眼镜、无框眼镜，或习惯涂大量睫毛膏的人。（至于如何优雅地询问参与者是否涂了大量睫毛膏，这一直是个难题。一个简单的解决方案是提前告知参与者在测试当天不要涂睫毛膏。）

2.5.5 管理每个参与者的期望

在筛选过程开始时，确保参与者明白回答筛选问题仅是参加研究的前提，澄清筛选问卷并不是研究本身。并告知他们，参与实际研究后，才会以现金形式发放报酬。

一旦招募了参与者，重要的是要妥善管理他们对于研究的期待。大多数人对消费者研究的预设想法即为焦点小组讨论。如果你的研究形式是可用性研究，你需要明确告知参与者他们将被安排单独进行访谈。此外，这也是一个告知参与者会话将被录像，并且他们需要签署知情同意书及保密协议的好时机。如果他们不能接受这些条件中的任意一个，现在就是发现问题的好时机。

同时，避免透露过多细节，以免参与者提前做过度的准备。比如，如果你提前告知他们将被要求评估某个具体网站，参与者可能会事先上网"练习"。因此，你应该提供足够的信息以确保参与者对研究的性质感到安心，但避免透露过多的细节。

2.5.6 对筛选问卷进行试点测试

在一小部分明确不符合条件的人员和一小部分理想人选的身上测试筛选问卷，确保他们能被正确"分类"。最关键的是，确保内部利益相关者签字批准筛选问卷，这样他们就不能通过说你招募了错误的参与者来否定研究的价值。当有同事看着你的可用性研究并问你："你是从哪里找来这些什么都不懂的用户的？"，你同样需要有一个无懈可击的回应。

2.5.7 避免参与者爽约

参与者未按约出现是每位研究者生命中的痛苦之源。这不仅令人沮丧、浪费时间，而且代价高昂且令人尴尬——特别是如果你的观察室里有几位高层管理者正无聊地玩着手指时。你需要不惜一切代价避免参与者的爽约。尝试以下建议：

- 在招募了参与者之后，强调他们对研究的重要性，使用诸如"这个产品是专为像你这样的用户设计的""你正是我们这项研究最需要的人"等语句增强他们的参与感。
- 给参与者发送一份详细的到达场地的地图和路线说明。并通过邮寄发送正式的邀请信函，让活动显得更真实和具有仪式感。同时，发送包含相同信息的电子邮件以备不时之需。
- 提供你的联系电话，以便参与者在迷路或迟到时能够联系到你。
- 确保所有信件和电子邮件都是通过具名个人发送，而不是来自没有特征的团队名义（如"可用性 /UX/ 网络 /IT 团队"）。
- 获取参与者的手机号码，并在研究活动前一天，给参与者打电话再次确认一切是否正常，并通过电子邮件重新发送指引信息。在活动当天，再发送一条短信提醒参与者开始的时间。

遵循这些建议虽然有助于减少问题，但无法完全保证不会出现问题。因此，准备后备方案也是必要的。招募候补参与者，即那些同意在第一个参与者到达测试地点时就同时到场，并待到当天最后一位参与者到达的人。虽然候补参与者的等待过程可能相对枯燥，但我们支付的报酬也将是普通参与者的两到四倍（确保提供足够的杂志和报纸，使他们的等待过程不至于太无聊）。

对于特别重要的项目，你还应该考虑重复招募。即每个时间段招募两位参与者。如果两位参与者都按时到达，可以让观察者检查他们的筛选问卷，然后选出更合适的一位参与研究。未被选中的参与者应在测试地点待上大约 15 分钟，以确认被选中的参与者确实符合研究要求。确认后，可以让未被选中的参与者带着全额的报酬离开。

2.5.8　与招募公司充分沟通

当你使用外部机构招募参与者时，务必与负责招募的人员详细讨论筛选问卷，确保其中没有歧义。大多数招聘机构都有大量的分包商来做基础工作，确保直接与负责具体执行招募任务的人沟通，而非他们的上级或经理。向招募人员解释清楚，招募到不符合要求的参与者会对研究造成严重影响。同时，明确哪些问题可以适度灵活处理，哪些问题必须严格按照要求来——这将大大简化招募人员的工作。

使用缺乏代表性的参与者进行 UX 研究会同时浪费时间与金钱。因此，决不能在参与者招募这一环节上偷工减料。遵循这些指南来建立并管理参与者招募计划，将会让你的研究工作保持在正轨上。

用户体验思维

■ 在招募参与者时，我们建议重视行为而非仅依据人口统计学特征。人们经常争论说年龄（一个人口统计学特征）是一个重要的招募标准，因为他们相信老年用户对技术的掌握程度较低，缺乏使用技术的身体条件，或者总体上数字技能较弱。如果你采纳了我们的建议，忽略年龄，那么你可以使用什么行为标准来确保参与者的构成合理呢？（顺便一提，关于年龄和数字技能的常见假设经常是不正

确的。⊖)

■ 假设你需要招募正在申请驾照的人群。你可以在筛选问卷上问什么问题？直接询问"你是否考虑在未来 12 个月内申请驾照？"，当然这是一个关注行为的好问题，但这可能会暴露研究目的。你怎么在提出这个问题的同时模糊你的研究目的，使潜在参与者无法"伪装"呢？

■ 第三方招募公司倾向于从他们自己的人员信息库中进行招募。他们通过不断招募新人并淘汰不再想参与的人来随时保持人员信息库的更新，通过要求人们完成在线注册表格来构建人员信息库，并通过社交媒体广告等渠道引导人们填写表格。这可能会导致什么偏见？如果你想明确招募低数字技能的人，这会造成什么困难？你如何吸引那些不使用社交媒体或屏蔽在线广告的参与者加入你的研究？

■ 我们提供了 5 个用来避免参与者爽约的建议。根据你用户的特点，将这些建议按可能的有效性进行排序。

■ 考虑这样一种情况，无论出于什么原因，一位参与者被错误地招募进来了。他与招募要求相去甚远，以至于让他参与可用性测试是没有任何意义的。如果项目负责人告诉你让这位参与者离开，并将酬金留给另一位更合适的参与者，你会怎么做？你怎样做才能从一开始就防止这种情况发生？

2.6 对代表性样本的质疑

在 UX 研究中，使用具有代表性的参与者样本听上去是个好主意，但实际上仍存在缺陷。这种方法需要大量的参与者，不符合敏捷开发的快速迭代精神，还可能会限制创新思维，并且降低了在小样本可用性测试中发现问题的概率。而与迭代设计相结合的理论性抽样（即理论构建与数据收集同步进行）能为 UX 研究提供一个更为实用的替代方案。

当你展示设计研究的成果时，早晚会有人质疑你的样本在人口统计学上的代表性："你怎么可能仅通过与 5 个或 25 个人的交流，就能够全面理解我们成千上万的用户？"他们会问，"你如何确保这样一个小样本能够代表广泛的用户群体？"

⊖ Wandke, H., Sengpiel, M. & Sönksen, M. (2012). "Myths about older people's use of information and communication technology." *Gerontology*, **58**(6):564–570.

这些质疑是源于这样一个假设，即人口统计学代表性是设计研究的一个关键要素。但这个假设是错误的，有以下 4 个理由。前两个理由是实践层面的问题：

- 代表性样本需要大量参与者。
- 在敏捷开发环境中很难获得代表性样本。

后两个理由是方法论层面的问题：

- 代表性样本会抑制创新。
- 代表性样本会降低发现影响少数用户的可用性问题的机会。

让我们逐一看看这些理由。

2.6.1　代表性样本需要大量参与者

一个显而易见的反对样本需要具有人口统计学代表性的理由是，对于几乎所有的设计研究来说，它都会导致样本规模过大。例如，为了使样本能够代表人口统计学特征，你需要使以下样本特征达到样本均衡，可能包括性别（男性与女性）、专业知识水平（专家与新手）、技术熟练度（对数字技术有深入了解的人与初学者）、使用的设备类型（台式计算机与移动设备）、地理位置（城市与乡村）、年龄段（X 世代与千禧一代），以及其他对特定产品重要的特征。仅仅为了基本覆盖这些特征，就必须拥有一个庞大的样本规模。

例如，以我们之前列举的特征为例，你至少需要 64 个人的样本量，才能确保至少有一个人能完整地代表这个目标群体：

- 要获得一个具有代表性的人口样本，首先我们的 64 位参与者将包括 32 名男性和 32 名女性。
- 这 32 名男性中，要包括 16 名领域专家和 16 名领域新手。
- 在这 16 名男性领域专家中，要包括 8 名数字技术精通人士和 8 名数字技术新手。
- 这 8 名男性、领域专家、数字技术精通人士中要包括 4 名使用台式计算机的参与者和 4 名使用移动设备的参与者。
- 这 4 名使用台式计算机的男性、领域专家、数字技术精通人士中要包括 2 名居住在城市的参与者和 2 名居住在乡村的参与者。
- 这 2 名居住在城市的、使用台式计算机的、男性、领域专家、数字技术精通人士还要分别来自 X 世代和千禧一代。

那如果这个参与者在某些其他的方面有不寻常的表现，不具备代表性怎么办？一个参与者真的能代表一个细分市场吗？看起来，我们所做的只是将"代表性"的问题推到了链条的更下游。如果我们把每个细分市场的样本量从 1 个增加到（比如说）5 个（以期达到更具代表性的效果），那么我们就需要 320 个参与者。随着我们试图增加样本的"代表性"，样本规模也会跟着急剧增加。

这对设计研究来说并不现实。

2.6.2　在敏捷开发环境中很难获得代表性样本

代表性样本在实践中难以实现的第二个原因是：它与敏捷开发过程不兼容。回想一下前一小节提到的需要 64 位参与者的样本量。这适用于我们能够做到提前定义研究问题并准确地规划出解决方案的情况。但是，现代软件开发团队并不是这样工作的，因为需求无法提前完全确定。相反，开发团队更多依赖于迭代——这也是 UX 研究者应当采用的方法。

为了解决这个问题，我们可以借鉴定性研究者采用的一种不同的参与者抽样方法，这种方法与研究人员用于统计抽样的标准截然不同。定性研究者不会随机选取参与者，而是让理论指导和数据收集同步进行，边收集边分析数据，同时决定下一步收集哪些数据，纳入哪些参与者。换句话说，数据收集过程是根据研究者对整体情况的逐步理解来控制的。这种抽样技术被称为"理论性抽样"（theoretical sampling）。

这意味着，UX 研究者应根据预期能够带来新见解的程度来选择个体和群体。你的目标是找到那些能在已有数据背景下提供最大贡献的参与者。

你会很容易看出，如何将这种方法应用于与敏捷团队一起进行的冲刺工作。我们不是在一开始就完成所有研究，而是做足够的研究来支持团队的前进。随着项目的开展，我们的样本量及其代表性也在逐步增加。

这两个关于代表性的实际问题——即需要大样本及不适合敏捷开发模式——都很重要。但这并不能完全回应我们的批评者提出的观点。实用的研究方法虽好，但不能以难以实施作为开展低质量研究的借口。

但问题还不止这些。

还存在方法论上的挑战。在 UX 研究中追求代表性样本可能会抑制创新，并降低在小样本可用性测试中发现问题的机会。现在让我们来探讨这些问题。

2.6.3　代表性样本会抑制创新

使用代表性样本的第三个弊端是它们可能会限制创新性思维。当研究还处于发现阶段，试图创新和提出新的产品想法时，我们并不了解我们的目标用户。

停下来，思考一下：我们并不了解我们的目标用户——至少目前我们对他们的了解非常粗略。我们没有现成的人员名单可以选择，因为连客户都还没有，甚至产品都可能尚未成形。实际上，UX 研究者在发现阶段的一个关键职责就是质疑团队对于产品本身的理解。UX 研究者的任务是引导开发团队跳出产品本身的视角，去洞察用户所处的实际环境，挖掘用户未被满足的需求，以及相应的目标和动机。

鉴于我们尚未确定最终的目标用户，以任何方式来抽取代表性样本都是不可能的任务。这有点儿像试图抽样将在 15 年后拥有无人驾驶汽车的用户一样。即便我们已经拥有一批使用现有产品的客户名单，但在发现阶段，我们也不能仅仅将这些现有用户作为样本。因为这相当于只与那些我们已经了解其需求的人进行对话，这减少了探索新需求和创新的机会。

为了真正推动创新，我们需要探索出所设计的体验的边界和基本轮廓。创新性的发现研究是对体验做出预测，而不是简单预测目标用户的特征，需要通过构建测试和假设来理解潜在的需求和问题。

我们最喜欢的一个案例来自 IDEO [⊖]，这家公司当时在设计一款新型凉鞋，它们故意选取了一些非典型用户，包括足科医生等，看看能从他们身上学到什么。这就是我们所说的理解研究领域的边界。

2.6.4　代表性样本会降低发现影响少数用户的可用性问题的机会

对于可用性测试，我们不能依赖之前的辩护策略。现在我们对目标用户有了一个基本的了解：在针对专为职业音乐家设计的耳机的可用性测试中，招募（比如说）青少年音乐粉丝参与显然不合适。我们需要确保参与者与他们实际执行的任务相匹配。

但是回想一下，一个典型的可用性测试通常只涉及少量参与者（5 个参与者已经成为行业标准[⊖]）。这是因为 5 个参与者就能让我们有 85% 的概率发现会影响三分之一用户的

⊖　一家创新设计公司，曾帮助苹果公司设计第一只可量产鼠标。——译者注

⊖　Nielsen, J. (2000, March). "Why you only need to test with 5 users." https://www.nngroup.com/articles/why-you-only-need-to-test-with-5-users/

问题。但是，有些重要的可用性问题仅影响一小部分用户。在某些系统中，邀请 5 个人进行测试只能发现所有问题中的 10%，因为剩下 90% 的问题影响的用户少于三分之一（我们在 2.7 节中会进一步讨论）。

因此，为了最大化可用性测试的价值，在我们的样本中，有意识地偏向于选择那些更可能遇到产品问题的参与者是有意义的。这类人可能在数字技能或专业知识方面低于平均水平。

这意味着你应该避免招募太多技术能力过强的参与者（即便他们在其他方面很好地代表了你的目标用户），因为这类参与者几乎能解决所有技术难题。相反，你应该有意识地选择那些数字技能较弱、专业知识不那么丰富的人作为测试样本。这样做更有可能发现那些影响少数用户的问题，从而让你的 5 个参与者发挥出最大的价值。

澄清一点，我们并不建议仅招募纯新手来测试你的产品。可用性测试的参与者应是（潜在的）产品用户。比如，如果你的产品是为空中交通管制员设计的，那么你的参与者样本也应该从这个群体中来。但为了最大化利用你的小样本，应该招募那些比该群体平均水平拥有更少专业知识或较低数字技能的空中交通管制员。换句话说，你应该从钟形曲线（正态分布曲线）的左侧选择样本。

2.6.5　面对非代表性样本，迭代设计是我们的有效策略

总是存在那么一种可能性（虽然概率不大，但在统计学上是可能的），即一轮研究中每一位参与者都在某些重要方面不具代表性，这可能会让开发团队误入歧途，甚至有使项目搁浅的风险。例如，仅招募那些数字技能低于平均水平的参与者可能会导致误报（false positives），即可能会误报一个不存在的可用性问题。为什么这种情况不算个大问题呢？

原因在于迭代设计的强大作用。我们首先让小部分参与者参与研究，并基于研究结果做出初步设计决策。这些决策有正确的，也有错误的（即误报），但在迭代设计中，我们不会因此而止步。这些初步决策会引领我们形成一组新假设，进而可能通过对用户的实地考察或制作原型来进行第二轮测试。在第二轮研究中，我们会邀请另一组小样本的参与者——关键在于他们是与之前不同的样本。这会帮助我们识别在早期研究中做出的糟糕设计决策，并强化正确的选择，进而我们可以不断进行迭代和研究。迭代设计作为一种方法论，防止我们因对研究结果的误解而犯下严重错误。它借助实验方法的力量，能够有效消除 UX 研究中的错误。

作为 UX 研究者，我们的目标不是提供一个代表性样本，而是实现具有代表性的研究。UX 研究者可以通过将迭代设计与理论性抽样相结合来达成这一目标。

用户体验思维

- 假设你按照我们的建议招募参与者，导致一轮研究中的所有参与者存在显著的人口统计学偏差（比如，所有参与者都是同性别或都超过 40 岁）。那么本节中的哪个论点能最有效地说服你的开发团队，让他们认识到这种偏差不重要？
- 如果你认同人口统计学代表性对 UX 研究结果并不重要的观点，那么尝试保持一定程度的平衡是否还有其价值，特别是这样做能让开发团队更加重视研究结果？这种妥协在后续的研究轮次中可能导致什么问题？
- 这种方法的一个关键是迭代设计和测试能够纠正你的研究错误。单轮的 5 个参与者研究显然不构成迭代，那么多少轮研究才算足够？你将如何调整工作方式，以使当前进行的研究轮次数量翻倍或增加到目前的 4 倍？
- 如果你想将样本偏向钟形曲线的左侧——例如，在可用性测试中招募那些专业知识低于平均水平的参与者——你应该如何寻找这类参与者？你可以在筛选问卷中提出哪些问题来识别这类候选人？
- 我们提供了一个示例，说明了为达到人口统计学平衡的目标，样本量会迅速增加，直到超出设计研究实际可行的范围。在白板上描绘这个示例是一种说服开发团队的有效方式，让他们重新考虑对样本平衡的要求。如果要为你的产品复现我们的示例，你的开发团队会期望你在参与者样本中平衡哪些特定的人口统计学因素？

2.7　如何通过更少的参与者找到更多的可用性问题

可用性测试中一个常见的误区是："只需 5 名参与者就能发现 85% 的可用性问题。"理解为什么这是一个误区，有助于我们激发更多新想法，帮助我们在一次可用性测试中发现更多的问题。

David 花了很多时间与处于职业生涯早期和中期的 UX 研究人员一起工作。在教授多项基础技能的同时，他还指导他们如何进行可用性测试。在早期阶段，他会通过询问一个问题来检查他们的知识水平："在一次可用性测试中需要多少名参与者？"

想必他们都听说过 "5" 这个神奇数字。一些更有经验的人会脱口而出："只需 5 名参与者就能发现 85% 的可用性问题。"不过，并非所有人都同意这一数字，有人说是 80%，有人则说是 "大多数"。

虽然这种观点被广泛接受，实际上它只是一个神话。仅仅对 5 名参与者进行测试，并不能真正发现系统中 85% 的可用性问题。实际情况很可能是，这样的测试只能发现所有可用性问题中的一小部分。

2.7.1 神奇数字 "5" 的神话

这个神话其原始研究本身并不存在问题，而是人们对这项研究进行解读时出现了偏差。这个观点需要一个重要的限制条件，正确的表达是：5 名参与者足够发现影响三分之一用户的 85% 的可用性问题。"

乍一看，这样的表述可能显得过于苛刻。但实际上，这对于理解如何在测试中识别出更多的可用性问题至关重要，无论你是否计划增加参与者的数量。

为什么会这样？请设想你的用户界面存在一个特定的可用性问题。例如，存在这样一种新设计出来的滑块，用户可以通过它在表单中输入数字。这并不是在表单中输入数字的好方法，有些用户会觉得很难用。那么，你需要测试多少名参与者才能发现这个问题呢？

答案是：这取决于它影响了多少人。对某些用户而言，这个可用性问题可能根本不构成障碍，他们可能技术娴熟，觉得使用这种控件易如反掌。对另外一些用户来说，这可能会阻碍他们完成任务，他们面对这个滑块时甚至不知从何下手。

鉴于可用性问题很少会影响到每一个用户，我们需要细化问题并提问，"我们需要测试多少名参与者，才能找到影响一定比例用户的问题？"研究者们一般将这个比例设定为 31%[⊖]，为了方便计算，相当于每 3 个用户中就有一个被影响。

让我们开始一次测试。

现在，第一个用户进来了。理论上，我们有三分之一的概率发现问题。接着，第二个用户进来了，我们依旧有三分之一的概率发现问题。然后第三个用户进来了，我们仍有三

⊖ Nielsen, J. & Landauer, T.K. (1993). "A mathematical model of the finding of usability problems." *CHI '93 Proceedings of the INTERACT '93 and CHI '93 Conference on Human Factors in Computing Systems*, pp. 206–213.

分之一的概率发现问题。你可能会认为，既然测试了 3 名参与者，我们应该能够发现这个问题了，但概率并不是这样计算的。就像抛硬币一样，尽管每次抛硬币出现正面的概率是 50%，但有时候你可能需要抛两次以上才能抛出正面。根据概率学原理，你实际上需要测试 3 名以上的参与者，才能发现影响三分之一用户的问题。

到底需要多少名参与者呢？我们无法给出一个精确的数字，只能依靠概率来估计。我们所知道的是，如果你测试 5 名参与者，发现影响三分之一用户的问题的概率是 85%。（如果你想了解更多细节，Jeff Sauro 写了一篇很好的相关文章，文中还包含了几个有助于理解概率的计算工具⊖。）

2.7.2　一些关键的可用性问题仅影响极少部分用户

这个问题之所以重要，是因为一些关键的可用性问题只影响少数用户。举个表单字段中的提示文本的例子。有些人可能会将提示文本误认为已经填写的内容，他们认为该字段已经完成输入，另外一部分人则在尝试删除这些占位文本时感到困惑。对于大多数人（比如说 90%），这并不构成问题。但对那 10% 遇到此问题的用户来说，他们完成表单的过程将很煎熬。

如果你正在设计一个面向广泛用户群体使用的系统（比如一个政务系统），这一点尤为关键。因为如果有一个问题不是影响三分之一的用户，而是影响十分之一的用户呢？我们需要测试多少参与者才能发现这个问题？答案是，你需要测试 18 名参与者，才能有 85% 的概率发现这个问题。

因此，声称仅通过 5 名参与者的测试就能发现系统中 85% 的问题，是对研究的严重曲解。在某些系统的测试中，5 名参与者可能仅能发现总问题的 10%，因为剩余 90% 的问题影响的用户比例不足三分之一。

2.7.3　提高发现可用性问题的机会

如果这让你感到沮丧，使你认为需要用更大的样本进行可用性测试。别担心，其实有办法可以在不增加参与者人数的情况下发现更多问题。这里有 3 条建议：

⊖　Sauro, J. (2010, March). "Why you only need to test with five users (explained)." https://measuringu.com/five-users/

- 把数字技能较低的用户也纳入你的参与者样本中。也就是说，不要只选择那些技术娴熟的用户。招募技术能力较弱的用户，将使你更有可能发现那些仅影响少数用户问题的机会。这正是我们在 2.6 节中提到的，关于招募钟形曲线左侧的人群的策略。
- 让参与者执行更多任务。实践证明，参与者尝试的任务数量是研究者在可用性测试中发现问题的一个关键因素[⊖]。
- 安排开发团队的几位成员观察测试，并让他们各自记录下自己注意到的问题。研究表明，你未能注意到其他观察者发现的关键可用性问题的概率约为 50%[⊖]。

如果你依然想要测试更多的参与者，那很棒！但我们建议，与其进行一次大规模的测试，不如分批进行多次较小样本的可用性测试（可能每个冲刺阶段都进行一次）。只要你的测试是迭代设计过程的一部分（即找到问题，解决问题，然后再次测试），即使是 5 个人的样本量，你最终也会开始发现那些影响少于三分之一用户的棘手问题。

用户体验思维

- 请解释 "5 个参与者就足以发现 85% 的可用性问题" 这句话存在什么问题？
- 我们提到某些重要的可用性问题只影响少数用户。设想一下，如果你正在对一个产品进行可用性测试，而在现实世界中，用户的错误可能会导致灾难性的后果，比如一个医疗设备的错误使用。假设这与多轮研究相结合，那么使用 5 个参与者是否仍然可以接受？为什么可以，或者为什么不可以？
- 在 UX 研究中招募数字技能较低或专业知识较少的参与者是我们的另一个建议。如果这类参与者是开发团队首次接触的用户，可能会带来哪些风险？你将如何降低这些风险？
- 考虑到我们永远无法确切知道一个产品中有多少可用性问题，如何判断已经完成了 "足够" 的可用性测试？
- 通常，当开发团队首次进行可用性测试时，他们倾向于在开发后期只进行一轮研究。更有经验的团队会计划进行少数几轮的可用性测试，但只有最成熟的团队才

⊖ Lindgaard, G. & Chattratichart, J. (2007). "Usability testing: What have we overlooked?" *CHI '07 Proceedings of the SIGCHI Conference on Human Factors in Computing Systems*, pp. 1415–1424.

⊖ Hertzum, M., Jacobsen, N.E. & Molich, R. (2014). "What you get is what you see: Revisiting the evaluator effect in usability tests." *Behaviour & Information Technology*, **33**(2): 143–161.

会在每个冲刺阶段都进行测试，正如我们所建议的一样。你的开发团队目前处于什么状态？你将如何说服你的团队更频繁地进行可用性测试？

2.8　决定与用户进行的第一次研究活动

当你想要探查你的产品是否有真实的用户需求，当你想要了解你的系统被使用的环境，以及当你想要知道人们如何在他们的日常生活中使用你的产品时，可用性测试是错误的研究方法。那么，为什么我们仍然倾向于推荐将可用性测试作为团队的第一个 UX 研究活动呢？

UX 研究，在某种程度上是一项科学性活动：你提出假设并通过收集数据来验证假设，然后根据发现来修正假设。但与科学性活动不同的是，UX 研究也是一项政治性活动。这是因为，某些组织，甚至整个 UX 领域，仅将 UX 研究视为一种过眼云烟的流行趋势，还有一些开发团队根本就不理解 UX 研究者整天都在做什么，因此说服某些管理层认可 UX 研究是必要的。

UX 研究的政治性也许还解释了为什么开发团队偏好通过专家审查启动 UX 研究。专家审查不涉及用户，相反，是由少数可用性专家基于实践经验对设计进行评估。我们认为，专家审查之所以对开发团队有吸引力，不仅因为它们快速且成本低，更因为这免去了团队直面用户的必要。尽管实际上从未有真实用户参与，团队仍旧可以宣称他们已经"完成了可用性评估"。团队也更容易忽略专家审查中的任何批评性发现，将其归咎于"仅是顾问的个人观点"，而要忽视真实用户的行为则要困难得多。

考虑到 UX 研究意味着我们的研究需要用户的参与，最符合（科学）逻辑的 UX 研究活动是实地考察，尤其是在设计的初期阶段，这让你有机会验证对用户需求的假设。然而，如果你发现自己正处于上述所描述的环境中，你的选择就应该基于情感而非逻辑。你需要回答的问题是：在使这个组织变得以用户为中心的过程中，哪种 UX 研究活动能产生最大的影响？

根据我们的经验，答案往往是可用性测试，原因有 5 个：

- 明确业务目标。
- 发现主要用户群体。

- 识别关键任务。
- 了解利益相关者。
- 确认组织对 UX 研究的需求程度。

2.8.1 明确业务目标

要进行可用性测试，你需要明确产品的业务目标，否则你不知道应该将测试焦点放在哪里。组织想要通过这个产品实现什么目标？组织内不同业务部门可能存在相互竞争、矛盾或不一致的业务目标，这并不少见。因此，获得这个问题的直接答案对你未来参与的所有 UX 研究和设计活动都至关重要。

为确保你头脑中对此有清晰的认识，参照我们之前的建议（见本章的 2.3 节《进行有效的利益相关者访谈》），并试着转移对解决方案的关注。可以问自己："如果我们不进行这次测试，最大的业务风险会是什么？"

2.8.2 发现主要用户群体

开发团队常常存在运作机制不健全的情况，他们往往陷入一种群体思维，即没有人确切地知道他们设计的产品将由谁使用，同时也没有人愿意承认这是一个问题。普遍存在的一种看法是，大家认为肯定会有人使用这个产品，否则管理层早就终止这个项目了。要进行可用性测试，你需要清晰定义主要用户群体，否则你就不知道应该招募哪些人来参加测试。正如心理治疗师需要让一个机能不健全的家庭去正视他们避而不谈的明显问题一样，当你规划测试时，也需要做出同样的努力。（参见 2.4 节中关于识别主要用户群体的建议。）

2.8.3 识别关键任务

开发团队常有一个待完成的技术性任务清单，在清单变得越来越长时，总会有人试图将"简单易用"加入其中。但"简单"并不是一个功能，你无法直接在产品中构建"简单"，而是需要消除复杂性。

要做到这一点，关键在于识别关键任务，并在开发过程中始终保持对这些任务的专注。但是大多数团队缺乏这种专注，因为开发过程往往聚焦于对离散的具体功能的代码构建工作，而不是针对用户需要执行的任务。你不能通过让人们去使用一个功能来进行可用性测试，相反，你需要让他们执行涉及多个功能的任务。通过引导团队识别关键任务，你会以某种方式彻底改变开发过程，使其更加以用户为中心。

2.8.4　了解利益相关者

一旦人们听说你正在进行一次可用性测试，你可能会发现自己一时之间会成为组织中最受欢迎的人物。你会收到许多从未接触过的人发来的消息，他们的职位往往带有"VP"（副总裁级别）字样。他们会询问你进行这项工作的原因、是谁授权的、为什么要与客户交流、最终的产出是什么，以及为什么不是直接与销售总监交流（毕竟他的团队成员每天都在与客户沟通）。这些人还可能列出各种理由，劝你不要继续进行测试。虽然这可能让人感到很不舒服，但这是你今后想要开展任何 UX 研究都必须克服的阻碍。

2.8.5　确认组织对 UX 研究的需求程度

如果你无法获得进行可用性测试的许可，那也无法进行更深入的 UX 研究，例如实地考察等。但一旦你得到了许可，进行其他更合乎"逻辑"的 UX 研究活动就会变得更容易。可用性测试还能帮助你了解开发团队对 UX 研究的兴趣：相比邀请他们参加实地考察，让他们观察一次可用性测试（哪怕只是看一个精彩片段的视频）要容易得多。如果他们连观看可用性测试视频的兴趣都没有，那就说明你还有大量的说服工作要做。这甚至可能意味着，是时候考虑开始寻找下一份 UX 研究工作了。

回顾本节，我们意识到自己可能看起来像是个拿着锤子的人，看到了一个满是钉子的世界（尽管有时螺丝刀可能是更好的工具）。因此，为了避免误解，我们并不认为可用性测试应该是你唯一进行的 UX 研究活动。然而，对于那些刚刚开始涉足 UX 领域的组织来说，可用性测试大概是最适合首先尝试的 UX 研究活动。

用户体验思维

- 如果进行一次"错误"（或至少是次优）的 UX 研究活动，会有助于改变组织的文化，并为以后进行"正确"的 UX 研究铺平道路，那么这样做是否合理？
- 在缺乏实地考察发现用户需求的情况下，进行可用性测试可能带来什么后果？会不会导致造出一个没人需要的高可用性产品？进行实地考察是唯一的解决办法吗，还是说我们依然可以从可用性测试中获得一些思考？

- 由于可用性测试具有很高的表面效度，因而被视为 UX 研究的"快速入门技能"。这带来的风险是开发团队可能将其视为唯一的 UX 研究方法。你会用什么论据来鼓励开发团队同时采用其他的 UX 研究方法？

- 如果开发团队成员拒绝观看可用性测试（无论是现场还是视频），并表示"你是 UX 研究员，你直接告诉我需要怎么改"，你又当如何应对？

- David 在职业生涯早期接到过一位副总裁打来的电话，对方要求他证明其研究计划的合理性（该计划已受到媒体关注）。副总裁对技术细节不了解（也不感兴趣），只想要知道为何要开展此项研究。如果你接到组织中高层管理人员打来的类似电话，并有 60 秒的时间来为你的研究辩护，你会怎么说？

2.9　使用认知访谈提升问卷设计质量

问卷调查是我们在 UX 研究中看到的设计最糟糕且被滥用最多的方法之一。本节将讨论一个可能会破坏你的数据质量的常见问题，并展示如何规避它。在理想情况下，每位参与者都能如我们所愿准确理解问卷中的问题，但现实中的问卷问题时常被误解。参与者可能会发现难以回忆具体细节，并且很难将自己的答案与我们提供的选项相匹配。认知访谈提供了一种评估并优化问卷问题的有效方法。

几年前，David 参与了一场与英国摄影师 David Bailey 的问答对谈。Bailey 因两件事而闻名：一是以他的镜头记录了 20 世纪 60 年代的风云人物（如滚石乐队成员 Mick Jagger、披头士乐队等）；二是他暴躁的脾气，对于"很高兴见到你"，他的标准回复是"你怎么就知道我会高兴？你还没和我说过话。"（他实际上用了一个粗鲁的词汇）。

活动在回顾了 Bailey 的摄影作品之后，向 1000 名观众开放提问，但场面一度陷入寂静。一位年轻女士勇敢地拿起麦克风提问，"您这么多年一定用过很多相机，哪一款是您的最爱？"

Bailey 的表情明显紧绷起来，就好比有人向米开朗琪罗询问他最喜爱的画笔，或向

Gordon Ramsay⊖问起他最喜爱的烤箱。"这是个什么愚蠢的问题呀?"他回答。

尽管调查参与者很少会像 Bailey 那样直言不讳,但他们可能对于我们提出的某些问题也有着相同的看法。不仅是因为这些问题在他们看来显得很蠢,更因为这些问题经常引起误解。然而,调查问卷制作者往往会在心里想:这么清晰的问题,怎么可能会有人误解呢?

模棱两可是问卷设计者的大敌。即便是像"你知道现在几点了吗?"这样看似简单的问题,也可以有不同的解释。有人可能回答"9:30",而有的人只是回答"知道"。不同的回答反映了不同的上下文理解。因此,当调查问卷设计者提出更加复杂的问题时,不同的人以不同的方式解释同一个问题就不足为奇了。

但有一个好消息。经验丰富的调查问卷设计者已经意识到了这些问题,并且发展出了一种非常有用的工具可以用来测试和优化你的问卷问题。这种工具被称为"认知访谈"。

2.9.1　通过认知访谈改进模棱两可的问题

认知访谈是一种针对问卷问题进行试点测试的技术。这种访谈通常以一对一的形式进行,只有少数参与者。与任何试点测试一样,你会向参与者提出问卷中的问题——但你真正感兴趣的并非他们的答案本身。在进行认知访谈时,你更感兴趣的是参与者是如何给出他们的答案的。在某些方面,认知访谈与可用性测试相似:你让参与者在尝试回答问题时进行"出声思考"。

具体过程如下:你向试点参与者提出问卷中的问题 [比如"在过去一年里,你与医生沟通了多少次?"(以下简称"医生"问题)],并等待他们的回答。

当参与者给出答案后,继续逐一询问以下问题:

- "请用你自己的话描述,这个问题是在问什么?"
- "你是如何得出你的答案的?"
- "你对这个答案有多确定?"

接着,可以通过提出特定问题来做进一步的了解,例如"在这个问题中,＿＿＿ 这个词对你来说意味着什么?"比如,我们可能会问,"在这个问题中,'与医生沟通'这个词对你来说意味着什么?"

⊖ 英国顶级厨师。——译者注

2.9.2　认知访谈所揭示的问题

为了确保问卷问题的回答是可靠而准确的，我们需要确认参与者能够：

- 理解问题。
- 从记忆中找到答案。
- 预估答案
- 将预估结果映射到我们提供的选项中。

让我们通过试点测试"医生"问题来看看这些检查点。在继续阅读前，不妨先自行尝试回答这个问题，然后看看以下几点你是否有共鸣。

2.9.3　理解问题

这是最基本的一个检查点：我们要问的是，人们是否真的理解了问题？他们是否理解问题中的每个词？他们能否按照我们预期的方式来解释整个问题？当我用"医生"问题测试一位参与者时，遇到了以下一些问题：

- 如果我去医院见了护士，但没有见到医生，这次算不算数？
- 我与医生讨论过我孩子的健康问题，需要计算在内吗？
- 我有一个朋友是医生，我们每个月都会一起聚会喝酒，这种情况需要算进去吗？
- "过去一年里"是指过去的 12 个月还是上一个日历年？

2.9.4　从记忆中找到答案

我知道这听起来很难以置信，但人们往往对调查问卷的主题不如我们自己那么上心。当我们询问他们关于一段时间以前发生的事件时尤其成问题，他们可能已经忘了这些事情。

记忆失败对于很近期的事件同样成问题。比如，像"过去一周内你见过多少次 ＿＿＿ 品牌？"尽管这是最近才发生的，但这样的事情可能压根儿不会被参与者花心思去记录在记忆中。

以我们的"医生"问题为例，如果你已经多年未曾看过医生，那么回忆起来可能很容易。但你如果因为某个令人担忧的健康问题而去过几次医院，那可能会刻意回避这段记忆。即使你只是做了常规检查或因为得了小病才去了医院，也可能很容易忘记，尤其是几个月前发生的事。

2.9.5 预估答案

我们进行预估的方式会因问题而异。以"医生"问题为例，你可能会回溯过去 12 个月的记忆，并尝试计算出你去过的次数。但如果我问你"在过去的一个月中，你刷了多少次牙？"这样的问题，你很可能会采用平均数来回答（"我一天刷两次，所以……"）。这可能会导致估计值偏高，因为你可能忘记了那些因为喝醉、疲惫或其他原因而没有刷牙的时候。

2.9.6 将预估结果映射到我们提供的选项中

我们在问卷中提供的答案选项决定了参与者回答问题的框架。Norbert Schwarz 与他的同事的研究为此提供了一个很好的示例。他们询问参与者："你认为自己在生活中取得了多大的成功？"

一组参与者在一个从 −5 到 +5 的评分量表上作答。使用这个量表，研究人员发现有 13% 的人的自评分数在量表的下半区（即他们的评分在 −5 到 0 之间）。

而在另一组 0 到 10 的评分量表中，有 34% 的人的自评分数在量表的下半区（即他们的评分在 0 到 5 之间）。这一巨大差异仅仅由于他们使用了不同的响应量表$^{\ominus}$。

同理，回到我们的"医生"问题上，人们可能会调整他们的回答以符合社会期望。如果我们提供的选项是"0""1-4""5-10"和"11 次以上"，而你实际上去看了 5 次医生，你可能会倾向于选择一个较低的区间，以免自己显得像个经常生病的人。

用户体验思维

- 回顾你最近准备的调查问卷或最近参与回答的调查。仔细地审查每个问题，标出那些在某种程度上不清晰或模糊的问题。并确定这种模糊性是如何导致参与者回答了研究者实际并未提出的问题的。

$\ominus$ Schwarz, N. et al. (1991). "Ratings scales: Numeric values may change the meaning of scale label." *Public Opinion Quarterly*, **55**, 570–582.

- 体验认知访谈有效性的最好方式就是亲自尝试。如果你没有自己的问卷来进行试点测试，那就从你被要求填写的别人的调查问卷中选一个问题。挑选一个复杂度合理的问题——类似"请问您的年龄是？"这种问题就不是一个好的选择——然后与一位参与者进行一次认知访谈。

- 现在，换个角色，作为回答认知访谈问题的人。这样做给你带来了哪些新的见解？理解问题、从记忆中找到答案、预估答案并将其映射到响应量表的选项上，这对你来说是容易的还是困难的？

- 当其他团队得知即将进行 UX 研究时，他们可能看到了一个快速、简单、低成本的机会，会希望借机将他们的调查问题附加到你的研究中。通常，这些问题不过是任何人都能想到的问题的"堆砌"。你会如何应对？妥协会有哪些风险？你如何拒绝？出于政治性考虑同意他们的要求可能会有好处吗？你是否愿意负责处理、分析并呈现这样一个临时安排的调查的数据？

- 线性数值量表（例如，1–10）和李克特（Likert）量表（非常同意 / 同意 / 不确定 / 不同意 / 非常不同意）是常见的用于收集调查反馈的方式。对比线性数值量表和李克特量表，它们分别有什么优缺点？你对其他类型的评价量表有多了解？Jeff Sauro 在其 "MeasuringU" 网站上解释了 15 种不同的评价量表（https://measuringu.com/rating-scales/）。查看这些量表，并与你的 UX 团队讨论每种量表的优缺点。

2.10　决定下一次可用性测试的地点：在你这里还是在他们那里

最常见的可用性测试类型包括情境可用性测试、远程可用性测试、企业实验室测试及租赁设施测试。这些不同的可用性测试方法有哪些相对优势和劣势？你应该如何在它们之间做出选择？

在规划可用性测试时，你需要做出的早期决策之一是进行测试的地点：是让参与者在他们自己的地方（如他们的家中或工作地点）参与测试，还是需要前往某个地点（到你的办公室或租赁的设施场所）？

接下来需要决定你将在哪里：你是否也需要前往现场，还是在你的工位控制整个测试流程？

这形成了 4 种可能的地点场景，如表 2.1 所示。

表 2.1　4 种可能的可用性测试地点场景

	参与者在自己的场地	参与者外出
你在自己的场地	远程可用性测试	企业实验室测试
你外出	情境可用性测试	租赁设施测试

这为决定选择哪一种可用性测试提供了一个实用的参考框架。

那么，不同类型的可用性测试各有什么优势和劣势呢？

2.10.1　情境可用性测试

在情境可用性测试中，你可以直接前往参与者所在的地点，比如他们的办公室或家里，在他们的办公桌或餐桌上进行测试。

在参与者自己的地点进行测试有诸多优势：

- 参与者可能更乐意参与，因为他们无须出门（比如全职父母或有行动障碍的用户）。
- 你可能还会发现参与者在自己熟悉的环境中进行测试时焦虑感较低，从而能够观察到他们更真实的行为。
- 如果在他们自己的场地中，比起使用你提供的测试设备，参与者对自己的浏览器、操作系统和计算机要熟悉得多。这种熟悉度对于有行动障碍的参与者来说尤其重要，他们可能需要使用专门的辅助技术，而这些技术几乎都是高度定制化的。
- 这类测试的另一个好处是，你能直接看到参与者所处的真实环境——他们的实际生活和工作方式，以及日常使用的系统——这种观察几乎总能挑战你先前的假设，并为后续的设计提供有用的洞见。

但是，在参与者的环境中进行测试也有一些缺点：

- 尽管参与者不必出门，但你却需要。这将使测试时间增加数小时，尤其是当你需要测试多位参与者时，这些增加的时间很快就会累积成数天。
- 你还会发现在测试过程中经常遇到干扰和中断——例如办公室中的电话响了或在家中有需要照顾的孩子。
- 还必须考虑到你进行测试时带来的干扰影响：比如在一个开放式办公空间里进行测

试，可能会打扰到周围试图专心工作的人。

■ 另一个相关的问题是容纳观察员上的困难：让超过一名设计团队成员参与观察几乎是不可能的，且需要明确定义他们的角色（特别是当他们只是来观察而不是协助进行测试时）。

■ 录制测试过程也是一个挑战：如果未经许可就在办公室放置摄像机，大约 5 分钟后就会有穿着保安制服的人出现在你身边。此外，如果 IT 部门对参与者的计算机进行了限制，防止安装新软件，那么使用软件进行录制就会变得极其困难。

2.10.2 远程可用性测试

在远程可用性测试中，参与者同样可以留在他们的办公室中或家里，而你也可以待在自己的工作地点。这种测试分为两类：由人主持的和由计算机主持的远程可用性测试。

由人主持的和由计算机主持的测试的主要区别在于，由人主持的测试需要一位管理员引导参与者完成测试（通过电话或视频会议工具），这意味着你能够实时看到参与者使用系统时的操作（通过屏幕共享），并能够与他们进行交流。而在由计算机主持的测试中，计算机会引导参与者完成各项任务，这有点儿类似于在线问卷调查，你无法直接观察到参与者或与他们进行交流。

这两种测试方式都具备诸多优点。

■ 参与者可以来自全球任何地方，这意味着你可以拥有一个多样化的参与者样本。

■ 由于参与者投入的时间成本较低（不必出门），这意味着我们可以更灵活地安排测试，通常可以在短时间内组织这些测试（在 24 小时内完成一项由计算机主持测试的数据收集并不罕见）。

■ 由于可以同时测试更多的参与者，测试成本也大大降低（主要是因为节省了面对面交流时的寒暄时间）。

■ 作为管理员，你在时间安排上可以更加灵活：可以穿着睡衣进行测试（当然，还有睡裤），甚至在你睡觉的时候进行测试（结合由计算机主持的测试）。

■ 由计算机主持的测试还为可用性测试提供了前所未有的收集大规模样本的可能性：我们很容易就能让数百名参与者参与测试。

■ 对于由人主持的测试，即使遇到参与者爽约的情况，也更容易找到替补：候补参与者（同意全天候场的人，以防预定的参与者爽约）只需要同意在远程测试期间保持电话畅通即可。

- 对于刚接触可用性测试的团队成员来说还有另一个优点，由人主持的测试相对更容易主持：与坐在实验室中相比，参与者在电话中沉默的可能性更小。这意味着你更容易引导他们进行出声思考。
- 也有一些人认为，远程可用性测试让参与者在表达意见时更加坦诚。

但它也有一些缺点。

- 主要的限制是远程可用性测试主要适用于软件产品。
- 你会发现参与者在进行两种远程可用性测试时都可能遇到分心或中断的问题。尤其是在由计算机主持的测试中，由于测试管理员不在场，你无法知道参与者是否在全神贯注地参与测试：他们可能在浏览社交媒体、回复电子邮件或者观看视频。
- 对于由人主持的测试，一个特殊问题是需要参与者设置屏幕共享。虽然大多数视频会议工具都提供了屏幕共享功能，但这通常需要更改操作系统的隐私设置。对于一些参与者来说，可能需要额外的指导和帮助才能完成设置过程。

2.10.3 企业实验室测试

在企业实验室测试中，参与者会来到你的实验室参与测试。

- 这种测试的最大优点在于你能够完全控制测试环境。这不仅让测试的计划和设置变得更简单（尤其是当你在测试像打印机或洗衣机这样的实体产品时），同时能够及时解决测试过程中出现的任何问题（比如，你需要在最后时刻打印出紧急修改过的测试场景）。
- 可用性实验室还设有供观察者实时观察测试的空间（通过单向镜或通过屏幕共享软件投影到附近房间的墙上）：这种设置对改变人们看待用户的方式的影响是不可低估的。
- 设立企业可用性实验室也向外界展示了公司对提升产品可用性的坚定承诺：根据我们的经验，可用性实验室很快就会成为高层管理人员参观行程中的必访之地。

在我们作为 UX 研究员开始职业生涯时，企业实验室内的可用性测试占据了主导地位。然而，这类测试如今已不再占据如此重要的地位。其中一个原因是，很多希望开展可用性测试的人并没有足够的空间或资金来维持一个实验室的运营。（但请记得，一个小型会议室往往可以充当可用性实验室，实际上，David 甚至曾在一个储物间中进行过可用性测试。）

然而，这种测试方式同样存在一些特有的问题：

- 当参与者来到你的公司总部，并在你的地盘上体验你的产品时，你很难防止参与者的行为产生偏向。这种情境可能会使参与者对展示给他们的内容持较为宽容的态度，并且将任何表现不佳的情形归咎于其自身。
- 你还需要在日程中预留出应对参与者的迟到、欢迎他们到来、为他们准备咖啡，以及帮助他们放松的必要时间。每位参与者可能需要增加 15 到 30 分钟的额外时间。

2.10.4　租赁设施测试

在租赁的设施中进行测试与在公司实验室内进行的测试非常相似，但它带来了一些额外的好处：

- 将至少有一位协助你的工作人员，他们的工作就是帮助你进行测试，这至少帮你省去了爬到桌子下面连接电源的时间。
- 观察区通常会提供更为丰富的食品和饮料。
- 由于测试地点不会直接与你的公司名字关联，参与者可能会愿意对展示的系统提出更严格的批评意见。
- 另一点好处是，许多研究设施租赁人还提供参与者招募服务，而你在自家实验室中需要自行寻找一位招募人员或建立参与者数据库。

当然，最大的劣势是成本。根据设施的不同，费用通常是 1000 ～ 2000 美元每天。而另一个缺点是，你需要花费时间来熟悉其环境和设备（如果你之前未使用过该设施）。

2.10.5　所以我该如何选择

就像所有的可用性测试一样，你需要明确目标。

- 如果目标是让设计团队接触到真实的用户行为，那么在企业实验室或租赁的设施里进行测试无疑是最佳选择。虽然由人主持的远程测试也能让观察者实时观察用户行为，但在隔壁房间里有一个真人用户的感觉，能更有效地集中团队的注意力。

- 如果目标是识别并解决可用性问题，那么由人主持的远程测试可以提供巨大的价值，并且可以进行快速设置。
- 如果你的目标是测量性能的基准值，以便衡量一段时间内的进展或与竞争对手进行比较，那么计算机主持的远程测试因其能提供大量样本而成为实现这一目标最有效的方法。

用户体验思维

- 有哪 4 种可能的可用性测试地点场景？
- 在本书中的其他部分，我们论述了远程无主持可用性测试不应该是你唯一的测试方法。一个理由是你会失去"受教时刻"：当参与者做出一些令人惊讶、不寻常的、完全出乎意料的事情时的关键时刻。另外两个理由是什么呢？
- 想象你正在主持一个远程可用性测试，你刚刚要求参与者共享他们的屏幕，就发现他们的浏览器当前打开的是一些不适当的内容。你会如何处理这种情况？考虑到我们进行远程 UX 研究是为了理解使用情境，那么从记录中删除这部分内容是否符合伦理？
- UX 研究的一个基本前提是获得知情同意，参与者应当有机会提问并在决定是否参与之前完全理解研究内容。对于远程无主持可用性测试，你不会在那里回答参与者的问题，你将如何修改知情同意流程来解决此问题？
- 由人主持的和由计算机主持的可用性测试的最佳平衡取决于参与者的可用性、研究的时间、资源，以及特定研究问题等因素。你认为你所在组织的产品开发过程中，什么样的可用性测试的平衡是合适的？

第 3 章

实践用户体验研究

3.1 获取研究参与者的知情同意

获取知情同意是社会科学研究最重要的基石之一，但在 UX 研究领域，这一实践有时候执行得很差。研究者们未能正确解释知情同意书，将知情同意书与保密协议相混淆，甚至错误地把知情同意书与激励措施混为一谈。改进获取知情同意的流程不仅能提升你收集的数据质量，参与者也会更加坦诚地分享信息，同时还能增强研究人员的同理心。

作为一位 UX 研究者，你有道德责任确保你的 UX 研究不会对参与者造成伤害。知情同意是帮助参与者在充分了解研究内容后，做出是否参与研究的理智选择的过程。

3.1.1 为什么你需要获取知情同意

你的第一反应可能是，"一个可用性测试怎么会伤害到任何人呢？"

的确，可用性测试对参与者造成物理伤害的可能性极低（虽然曾有一次，David 的一个参与者不顾包装上的警告，企图单独搬起一个重达 80 千克的大型打印机；Philip 也曾测试过一个外观与常规订书机一模一样的订书机，但它是从后端向着用户射出订书钉）。但是，可用性测试可能会给参与者造成心理上的不适。比如，想象以下几种情况下，参与者会有何感受：

- 研究人员在会议上播放了一个参与者正在抱怨和咒骂某个产品的视频。
- 参与者努力在网页上寻找正确选项时遇到了困难，却听到观察室中的人在笑。
- 参与者因为界面复杂太难使用而感到挫败，甚至哭出来。

顺便一提，这些并非虚构的情景，我们曾亲眼见证了这 3 种情况的发生。

在进行实地考察时，你也将面临相似的道德挑战。参与者有权了解你将如何使用记录的笔记、拍摄的照片和视频。谁会看到这些信息？参与者的反馈能否保持匿名？如果视频中出现了参与者的脸部，你如何保证其匿名性？

除了道德要求，你还负有法律义务。美国的《人权法案》第 8 条保护了个人和家庭生活的隐私权利，包括尊重私人和机密信息、尊重隐私及管理私人生活信息的权利。另外，欧洲的《通用数据保护条例》(GDPR)[⊖]对个人数据的使用也设定了具体要求。如果你的研究对象包括儿童和弱势的成年人，还可能需要遵守其他相关规定。

3.1.2　UX 研究者获取知情同意的常见问题

UX 研究者在获取知情同意时通常存在以下 3 个主要问题：

- 未能正确解释知情同意书。
- 将知情同意书与保密协议相混淆。
- 将知情同意书与参与者激励措施混为一谈。

3.1.3　未能正确解释知情同意书

我们曾见过一些研究实例，研究者仅仅让参与者阅读知情同意书然后签字。这实际上是一种知情同意的不良获取方式，这是因为参与者通常想要表现出配合意愿，他们可能只

⊖　GDPR 对 UX 研究人员应如何处理个人数据提出了一系列要求，为了全面了解这一情况，及其对 UX 研究人员的适用性，请参考 Troeth, S. & Kucharczyk, E. (2018, April). " General Data Protection Regulation (GDPR) and user research."

是出于信任而签署了知情同意书（这就像我们大多数人从未真正阅读就选择同意软件的条款和条件）。更好的做法是，在参与者签字之前，先明确指出知情同意书中的关键要点。比如，你可以说，"在你签字前，我想先向你说明一下文档中的几个重点内容……"，然后强调诸如保密性、随时退出的权利等要素。

我们曾看到过一个很好的知情同意书样本，参与者必须勾选每个条款以确认他们已经阅读。比如，"我确认我已理解本研究的目的""我明白我是自愿参与的""我同意对我的屏幕进行录屏""我同意对我的会话进行视频录制"。如果过度使用这种方法可能会导致选框过多的问题，但若使用得当，我们相信这能确保参与者真正阅读了知情同意书（见图3.1）。这种做法的一个额外好处是，它让参与者在给予同意的过程中有了更多的控制权。

研究目的

本研究旨在了解人们如何使用 [请填写产品名称]。您参与这项研究将帮助我们改善产品的易用性。

您的参与完全基于自愿

您可以随时要求暂停。如果您需要休息，请直接告诉研究人员。您也可以随时离开，无须说明原因。

我们希望收集的信息

我们将请求您展示如何使用该产品。我们会观察您执行各项任务的方式，并向您提出一些问题。我们将对会话进行录像并记录您的言论和行为。

保护您隐私的措施

设计团队的成员可能会在另一个房间内观看研究过程。参与产品设计的其他成员将来也可能会观看您的实验录像。这些录像将被视为机密，不会对公司外部分享。

我们可能会发布包含您言论和行为的研究报告，但会确保对您的数据进行匿名处理。这意味着在我们的研究报告中，不会把您的姓名和身份与您说的或做的任何事情关联起来。

在今天离开前，研究人员会给您一份本知情同意书的副本。如果您决定撤销您的知情同意，请联系下方的工作人员，他将销毁所有关于您的个人数据（例如录像）。否则，我们将在12个月后删除您的个人数据。

[请填写数据管理者的姓名及联系方式]

您的知情同意

请在下面签字，表明您同意我们收集以下数据

我同意（请勾选所有适用的）：

☐研究人员在研究过程中对我进行观察

☐对研究过程进行录制

☐设计团队成员在未来观看录像

您的姓名：

....

签名：

....

日期：

....

图 3.1　一份知情同意书示例。请注意，我们不是法律专家，因此无法保证这份知情同意书能满足所有国家和地区隐私法规的要求

3.1.4 将知情同意书与保密协议相混淆

当研究者请参与者试用未公开的产品时，客户出于保护知识产权的考虑，通常要求参与者签订保密协议（Non-Disclosure Agreement，NDA）。然而，保密协议与研究的知情同意书是两项完全不同的内容，不应混为一谈。应当将 NDA 作为一份独立的文档让参与者签署。

3.1.5 将知情同意书与参与者激励措施混为一谈

参与者一旦抵达测试场所就有资格获得激励。因此，应在他们到达时就提供现金、礼品卡或其他形式的激励。如果参与者在获得激励后立即选择退出研究，那就这样吧，这就是生活（我们还从未遇到过任何人在获得激励之后立即退出的情况，人们通常都是诚实守信的）。因此，不应在知情同意书中提及任何与激励相关的信息，这两者之间是（或至少应该是）没有直接联系的。

3.1.6 签还是不签

我们理解研究者希望通过知情同意书来保护自己，防止参与者事后声称他们未曾给予同意的指控。然而，知情同意书很少由律师起草，除非其合法性经过法庭的验证，否则这种保护可能就是虚假的。

我们想指出，不应将知情同意视作一种法律行为。知情同意的核心不在于保护研究者，而在于保护参与者的权益。如果你认为知情同意是为了防止你被起诉等情况的发生，那这种心态是错误的。正确的态度应该是确保参与者充分理解知情同意的含义。

这并不是说你就不应该要求参与者签署任何文件，只是这种做法并非在所有场合都是恰当的。比如，对于有阅读障碍或识字能力较低的参与者，要求他们阅读并签字可能会造成困扰（对于如政府等面向所有人进行设计服务的组织来说，这是一个很现实的问题）。

至少，要求参与者在虚线上签字可能会让氛围发生微妙的变化。上一分钟你还是建立良好关系的好人。下一分钟，你就变成了拿着像法律文书一样的知情同意书的"坏人"。

所以根据具体情况，获得口头同意可能是更合适的选择，你可以开启录音或录像记录下来。比如，开始录制后，你可以说："为了记录一下，我想再次确认，你是否理解了我们刚才关于研究目的的对话，并且同意我录制我们的对话。"在参与者同意之后，你还可以补充说，"再次重申，你随时可以拒绝参与，随时可以要求休息，随时可以提问，并且我们会对你讲的所有话保密。"

3.1.7 难道这不是官僚作风的极端表现吗

为何要费心坚持执行知情同意的程序呢？毕竟，这不会提升 UX 研究的质量，不是吗？事实上，我们认为它确实能够提高 UX 研究的质量，至少有以下两个理由。

首先，当参与者感受到我们正认真对待他们的顾虑时，可能更容易放松，而不是担心自己的视频会被公开在互联网上，他们清楚地知道只有开发团队才能看到。一个放松的参与者意味着你更有可能观察到其真实的行为，而捕捉这些行为是所有 UX 研究者的目标。

其次，获取知情同意的过程鼓励研究者展现出更多的同理心。那些能够理解参与者对隐私担忧的研究者，也更有可能敏锐地察觉到参与者对产品的担忧。想象有这样两个研究案例：一个是研究者获得了参与者的知情同意，另一个则没有，我们会期望前者提供更多的洞见。这是因为前者涉及的 UX 研究者可能经验更丰富且更有同理心。

确实，你完全可以简单地将知情同意书放到参与者面前，并告诉他们签字。但如果你试着把获取知情同意视为研究过程中的一个重要步骤，从长远来看，你会发现这将帮助你收集到更加可靠的数据。

用户体验思维

- 我们强调，让参与者签署知情同意书可能会让氛围发生微妙的变化。你将如何提前让参与者做好心理准备，确保知情同意书不会让参与者感到手足无措？
- 假如一名参与者在阅读知情同意书时表示："这里面文字太多了！我有阅读障碍，这对我来说太难了。"你将如何应对？
- 如果一个研究人员在参与者完成研究工作之后才发放激励，这样的知情同意算是完全自愿的吗？还是说，参与者可能会因为想要获得激励而被迫完成研究？
- 很多与我们合作的客户坚持要求参与者签署 NDA。如果你需要一个参与者签署 NDA 以参与你的研究，你会选择在获取知情同意之前还是之后让他们签署？你的决策依据是什么？
- 设想你处于这样一种情景中：一名参与者在研究完成 3 个月后联系你，要求撤回其知情同意，这意味着你需要销毁所有关于该参与者的录像及笔记。这对你管理和存储研究数据的方式有何影响？

3.2　什么是设计民族志

新手研究人员常犯的一个错误是直接询问用户他们想从一个新产品或服务中获得什么。虽然这似乎是开展 UX 研究的正确途径，但大多数情况下，用户并不清楚、不关心或无法准确表达他们的真实需求。发掘潜在问题、找出最佳的解决方案，再验证这一方案的有效性，这是开发团队的职责。设计民族志正是开启这一旅程的第一步。

预测最符合用户需求的方案，必须对他们的需求有深入的了解。尽管焦点小组和问卷调查等研究方法有明显的表面效度，但实践中它们往往未能为产品开发团队提供必要的洞见。这是因为这类技术依赖用户对其未来行为的预测，而人们并不擅长做这件事。

一种更为有效的替代方法是观察人们做了什么，而不是依赖于听他们说自己做了什么。这种方法基于一个简单的前提：最能预测未来行为的，是过去的行为。人们所做的比人们所说的更真实地反映了潜在的用户需求。

为了避免只是简单地询问用户他们想要什么，UX 研究者引入了民族志的方法，并将其应用于 UX 研究中。这种技术被称为"设计民族志"，但它在许多重要方面与传统民族志有所区别。

3.2.1　什么是民族志

民族志是针对文化的研究。布罗尼斯拉夫·马林诺夫斯基（Branislaw Malinowski，英国社会人类学家、功能学派创始人之一）⊖在研究巴布亚原住民的礼物交换文化时写道，"最终目标是理解原住民的视角，他与生活的关系，他看世界的角度。"

将"原住民"这个词替换为"用户"，或者将这个比喻扩展一下，把你的用户群体想象为一个"部落"，你就能明白这种方法在产品和服务设计中所提供的价值。

⊖　Malinowski, B. (1922). *Argonauts of the Western Pacific.* New York: E.P. Dutton & Co.

民族志的一些定义特征包括：

- 研究在参与者的自然环境中进行。
- 参与者为小样本。
- 研究者致力于把握整体情况：包括参与者的需求、语言和概念体系。
- 分析日常生活中的物品来理解人们的生活方式和价值观。
- 收集到的数据是"厚"的，涵盖书面笔记、照片、音频和视频记录等。

在某种程度上，设计民族志学家在他们的工作中融入了这些特性。除了马林诺夫斯基的工作之外，民族志的其他例子还包括：Margaret Mead⊖，研究了萨摩亚人的"成年礼"仪式等。

那么设计民族志与传统民族志有何不同呢？

在现代产品开发中，使用传统民族志方法是一件很困难的事情，主要问题在于时间周期的限制。但并不是说这是完全不可能的：Jan Chipchase（专注于国际实地考察的专家）表示，他每年有一半的时间在世界各地探访那些充满异国风情的地方⊖。然而，大部分在商业实践中从事设计民族志研究的人都认同以下几点区别：

- 传统民族志旨在理解文化，而设计民族志的目标是获取对设计有价值的洞见。
- 传统民族志的时间尺度是月和年，设计民族志的时间尺度则是日和周。
- 传统民族志学家与参与者生活在一起，并尝试成为其文化的一部分，而设计民族志学家则以访客的身份进行观察和访谈。
- 传统民族志学家会对数据进行耗时数月的深度分析；设计民族志学家追求"恰到好处"的分析来验证风险假设。
- 传统民族志的研究成果通常以著作和学术期刊的形式公开，而设计民族志的研究成果仅限于为一个设计团队或企业提供内部参考。

3.2.2 你如何开展设计民族志

在设计民族志方法中，UX 研究者与其直接询问人们想要什么，不如探索人们为什么想要这些东西。通过观察和访谈，能够回答如下问题：

⊖ Mead, M. (1928). *Coming of Age in Samoa.* New York: William Morrow and Company.

⊖ Corbett, S. (2008, April). "Can the cellphone help end global poverty?"

- 用户想要实现什么目标？
- 用户目前是如何做到的？
- 哪些部分是用户喜欢或讨厌的？
- 在整个过程中，用户遇到了哪些挑战？
- 用户采用了哪些应对策略？

你通过对用户进行观察和访谈，可以得到这些问题的答案。

作为一个曾在特罗布里恩群岛（Trobriand Islands）上投入数年时间进行一个研究项目的人，马林诺夫斯基对现在的设计民族志学家所做出的妥协会有何看法，这我们无从知晓。我们的观点是，如果将传统民族志比作一位赢得重量级冠军的职业拳击手，那么设计民族志则更像是一个街头霸王。它并没有遵守所有既定规则，但仍能完成任务。这对大多数设计项目而言，通常是可接受的。但请注意，过度的妥协可能会危及研究结果的质量。

来看看我们观察到的一些导致这种问题发生的情况。

3.2.3　避免一些常见错误

当我们与公司合作并建议进行设计民族志研究时，常常会听到他们说："但我们已经做过类似的工作了。"

的确，许多公司都进行了一些以客户为中心的前期实地考察活动（这与他们的传统市场研究不同）。他们通常称之为"洞察研究"，由其洞察团队或创新团队来执行。

然而，这些活动往往只不过是前往客户所在的场所重复进行相同的访谈或调查，这通常会在脱离实际情境的情况下进行，而几乎没有对行为的发生进行观察。我们甚至见过所谓的"概念测试"，研究人员仅仅是写下他们的想法，并让参与者阅读后说出他们的看法——这大概是我们能想象到的 UX 研究中最糟糕的研究方法了。

这样做的后果是，开发团队往往错误地启动了某个产品或服务的开发。团队盲目地推进，直到 UX 团队加入并进行可用性测试。这时，开发团队才得以看到真实用户使用产品时的情况，开始意识到他们构建了错误的概念。但此刻，团队在开发进程中已经走得太远，对自己的想法过于执着，以至于难以做出调整。

我们最常见到的几个错误包括：

- 在实地进行考察——却选择了错误的研究方法。

- 难以区分哪些是数据哪些不是（因为缺乏焦点），结果往往是，相较于实际的用户行为，用户的意见和评论受到更多重视。
- 没有派遣有经验的实地考察人员——派遣的是仅对访谈熟悉的人员。
- 在公司已经定下设计方案后才开始考察——只是为了寻找能够支持这一方案的证据，而忽略了可能存在的其他机会。

如果你之前未曾尝试过设计民族志，我们建议你尝试将其融入当前的实践中。翻到 3.3 节，详细了解如何循序渐进地开展民族志访谈。

用户体验思维

- 设计民族志研究要求你在拜访参与者时保持一个开放的态度：在完全理解问题之前，应避免向参与者提出任何解决方案。以产品为中心的开发团队成员可能会批评这种做法是盲目的，称其为"空中楼阁"的研究。他们这样讲有道理吗？你会如何回应呢？
- 作为 UX 研究者，你离开办公室并在参与者的环境中进行研究时，可能存在安全风险。你如何确保自己的个人安全？
- 在精益产品开发中，像设计民族志这样深度的、情境化的 UX 研究是否还有一席之地？或者说，构建 – 评估 – 学习循环对这类研究来说是否推进得太快了？
- 我们合作的大多数利益相关者不与用户交流。设计民族志研究使利益相关者更有可能还是更不可能参加 UX 研究会议？
- 我们在本节中强调了"没有派遣有经验的实地考察人员——派遣的是仅对访谈熟悉的人员"这一常见错误。你会如何向开发团队的成员解释访谈和实地考察之间的区别？

3.3 进行民族志访谈

进行民族志访谈是你在理解用户需求、目标和行为时的基础步骤。你可以从任何与客户的对话中学到很多东西，比如在咖啡厅或图书馆等地进行的"即兴"访谈也能让我们有所收获，但如果在情境中进行访谈——在用户的家中或工作环境中，会给你带来更深入的理解。

就像生活中的大多数事情一样，进行访谈的方法有很多。我们大多数人对那种脱离实际情境的访谈比较熟悉，比如在医生的诊室中、政府大楼内进行的访谈，或者是在电视谈话节目中看到的那种访谈。脱离实际情境的访谈确实可以为 UX 研究提供对用户基本的了解，但想要获得深刻的理解，你需要深入到用户的真实使用情境中去。

3.3.1 情境到底有什么特别之处

在发现阶段进行的一次好的客户访谈，目标并不在于发现人们想要什么，而是要理解人们为什么有这样的需求。你需要解答 3 个基本问题：

- 动机：用户想要完成哪些任务？
- 活动：用户目前是怎样做的？
- 挑战：当前过程中用户有哪些痛苦 / 愉快的时刻？

脱离实际情境的访谈的问题在于，你永远不能确定自己是否抓住了真相。人们往往不清楚自己为什么会采取特定的行为模式，因此他们更无法向你准确说明。即便他们确实理解自己为什么要这样做，也可能不愿意分享。而当他们选择告诉你时，可能会出于帮助你理解的目的而提供一个"简化"版本的行为描述，这实际上可能会误导你对他们真实使用方式的理解。当然，不可否认的是，人们也可能会说谎。

要有效应对这一问题，最佳的方式是让用户亲自展示他们目前是如何实现目标的，并对此进行观察。让人们展示他们如何实现目标是一种了解其真实行为的有效方法，因为这很难作假。

举一个简单的例子，设想有一位研究人员要求你描述如何冲泡速溶咖啡。你可能会按部就班地描述冲泡的每个步骤，比如烧一壶水、拿起一把茶匙、向杯中加入咖啡和热水，最后加入牛奶和糖调味。但如果研究人员在实际情境中观察你，他们可能会发现，在水壶烧水期间你会忙其他事情，有时候甚至需要重新烧水。或许有时候你身边没有茶匙，就直接从咖啡罐里估摸着往杯子里倒出相当于一茶匙量的咖啡。这些行为并不罕见，但用户不会描述它们，因为他们想告诉研究人员一个"完美"的故事。而正是这些实际行为，却可以带来一些设计上的启发，比如设计一个水烧开时能发出哨声的水壶，或者开发一个新的速溶咖啡罐，配有一个类似自动糖果分发器的盖子，可以直接提供一茶匙量的咖啡。

3.3.2 准备工作

首先，来梳理一下进行民族志访谈需要做哪些准备。最基本的，你得有一些参与者。但"一些"到底意味着多少呢？

即使你问两位 UX 研究人员这个问题，也可能会得到 4 种截然不同的回答。原因有以下几点：首先，进行任何形式的访谈总比完全没有要好，哪怕只有一个参与者也能教会你一些东西；其次，如果你想让访谈的目标群体可以被明确分为几种类型，那么在初期，每类参与者找 4 到 6 人就足够了；第三，如果你还不清楚有哪些不同的群体，那就先从 8 个人开始（不同的类型将会在他们各自不同的体验中逐渐显现）。通常情况下，我们倾向于在第一轮研究中邀请大约 20 名用户参与，然后针对特定问题访问更小的样本群体。

除了找到参与者外，你还需要准备一个大纲式的讨论指南，用作引导访谈和引出故事的框架。这份指南里应该包含你需要验证的关键假设。确保讨论指南的简洁性：不要把它当作问答集，而是作为引出和组织故事的脚手架。

还有一件需要做的事情，就是带上一位开发团队的成员参与民族志访谈。你会需要帮手来记笔记，这就是分配给他的任务。但让开发团队的成员同行的主要原因是 UX 研究应该是团队合作的：你希望确保每个人都有机会亲自观察用户。

尽管你希望团队成员都能参与观察，但实际上每次实地考察能参与的人数是有限的。最理想的是两人一组：一旦超过两人，小组的平衡就会发生变化，你会很难阻止观察者打断访谈或改变访谈的方向。这有点儿像是让人们在犯罪现场乱走，破坏了现场证据。为了管理这一点，同时确保每个人都有机会观察用户，在对前几位参与者进行了研究之后，可以让开发团队的其他成员轮流担任记录者。记录者的角色可以由开发人员、设计师、项目负责人、敏捷教练或是领域专家担任（他在你不熟悉领域特定术语时会非常有帮助）。

在实地考察时，你的任务是与用户建立良好的关系，进行访谈并跟随用户学习。你的同事的角色则是记录员。他们需要拍摄用户、环境及任何实物的照片，录制访谈内容，做书面记录，并提出需要澄清或进一步探讨的问题。

一次成功的实地考察通常包含 5 个阶段：

- 与用户建立良好关系。
- 从传统访谈过渡到师徒模式。
- 观察。
- 解释。

■ 总结。

让我们来详细探讨这些阶段。

3.3.3　与用户建立良好关系

在这个阶段，你只需要花 5 分钟左右的时间来完成以下几项任务。首先，自我介绍并阐明各自的角色（UX 研究人员 / 记录员）。然后向参与者解释这次研究的目的，让他们明白你们到底关心什么。一个开场的好方法是了解参与者的背景情况，你可以用这样的问题："也许你可以带我参观一下你的工作环境""回忆一下你第一次做这项活动时是怎样的情况"或者"最开始是什么让你对这种活动感兴趣的呢？"这些安全且自然的好问题会给你一些线索，让你清楚一旦参与者开始展示他们的使用过程时，你需要关注什么。接着，我们继续回到讨论指南上的首个问题。

为了建立良好的关系，你还应当回顾你的"拍摄清单"，并征得参与者的同意再进行拍照。照片能提供大量额外的信息。你不会想成为一个因为太羞涩而不敢拍照的研究者，但是，拍摄行为有时可能显得突兀和失礼。处理这个问题的办法是，让参与者掌握主导权。比如，展示给他们计划拍摄的内容清单，包括：

■ 参与者本人。
■ 参与者的工位。
■ 参与者的计算机。
■ 参与者的计算机屏幕。
■ 参与者使用的技术设备。
■ 参与者工作中使用的文件。
■ 手册。
■ 整个使用环境。

然后告诉参与者："我们今天需要拍照，以帮助开发团队更好地理解你的使用情境。这是我们希望拍摄的内容清单。如果清单上有任何你希望保密的东西，只需划掉它们，我们就不会拍摄了。"这样做既保证了用户对隐私的控制权，又避免了你在每次拍照前都需要请求许可。另一个值得提出的问题是，"为了更好地理解你是如何做这件事的，你认为我们应该拍摄哪些内容？"

现在也是你征得同意使用数字录音设备记录整个过程的时候。参与者的口头表述是你分析工作的核心，因此你会想要录制整个过程，你还应该考虑将这些录音转写成文字。

如果这让你感到迈出了你的舒适区，也可以在访问前就跟参与者提前沟通有关拍照和录音的事情。在最初招募研究的参与者时，除了介绍研究背景，你还可以将拍摄清单发给他们，并提及关于录制音频的计划。这样，当你与参与者第一次见面时，这些请求就不会成为障碍了。

3.3.4 从传统访谈过渡到师徒模式

在这个阶段，应该只需要 1 分钟左右，我们将从传统的访谈模式转向一种师徒关系。你应该向用户说明，希望通过观察他们的使用过程和向他们提出问题来学习，正如一个正在学习使用方法的学徒一样。

随着积累的经验越来越多，你会发现，有效的访谈并不仅仅依赖于一系列提问技巧，它更关乎访谈者的态度和扮演的角色。Hugh Beyer 和 Karen Holtzblatt 提出了一种情境探究方法[⊖]，并强调了这一方法的重要性："进行一次成功的访谈，与其说在于遵循一些具体规则，不如说更在于访谈者在交流过程中扮演的角色。将自己定位为学徒，是开始学习如何进行有效交流的一个良好开端。"

师徒模式是一种吸引参与者加入你的发现过程的有效方法，因为每个人都有过向他人"传授"某种东西的经验。作为研究者，它还使你有机会提出一些天真的问题，来验证自己对于讨论内容的理解。

3.3.5 观察

在整个研究过程中，你应该把大部分时间花在观察阶段。有时，你能做的最好的事情就是坐下来仔细观察用户的行为模式，而不是不停地提出问题。特别是如果你已经请求参与者演示某个操作时，静观其变，偶尔提问以验证你的理解就已经足够了。事实上，对于那些不熟悉这种访谈方式的人来说，这可能看起来并不像是一场访谈，那是因为很少有人有进行这种类型访谈的经验。一次成功的民族志访谈能够帮助你验证那些最具风险的假

⊖ Beyer, H. & Holtzblatt, K. (1997). *Contextual Design: Defining Customer-Centered Systems.* San Francisco, CA: Morgan Kaufmann.

设，让你深入了解用户面临的问题，并帮助你理解哪些事情对用户的生活是真正重要的。

保持观察的状态。任何时候，只要有什么引起了你的注意，就深入追问挖掘。指向参与者环境中的事物，并询问它们的具体用途。尽可能收集物品、样本、表格和文件的复制品或照片。虽然讨论指南能够帮助你记录所有要涵盖的主题，但也不必强求每次访谈都面面俱到。

你会发现，进行一次民族志访谈比即兴访谈要容易得多，因为你不需要不停地向参与者抛出问题。大多数时候，只需记住两个问题的主干，就能让对话顺畅进行：

"能分享一下你上次……时的故事吗？"

"可以展示你是如何……的吗？"

3.3.6 解释

在这个阶段，你需要与参与者一起验证你的假设和结论。回看你的笔记，并回顾所学到的东西。尝试解释参与者为什么会采取某种行动，如果你的假设有误，参与者会指出来并纠正你。

3.3.7 总结

在每一轮访谈结束后，立即准备一张无线格的 6 英寸 × 4 英寸（约为 15 厘米 × 10 厘米）的记录卡片。为研究中的每位参与者建立一张索引卡，用于总结记录你的临场感受和思考。虽然它们不能取代完整的访谈记录或更深层次的分析，但这一步骤有助于防止不同参与者在你的记忆中相互混淆。纵向排列索引卡，并在卡片顶部写上参与者的名字。打印一张参与者的护照尺寸的照片（或者如果你因为害羞而没有拍照，就画个简单的头像草图）并贴在卡片上，然后简明扼要地用项目符号记录下 5 条左右关于这位参与者的描述，重点是那些真正给你留下深刻印象的事情。最好的描述应当能够捕捉到参与者的行为、需求和目标。

用户体验思维

■ 与你过去采用的实地考察方法相比，我们在本节中介绍的方法有何不同？在哪些方面显得比较好，又在哪些方面显得比较差？

- 你感觉应如何在参与者家中获得拍照许可？如果不能拍照，你还能通过什么方式与开发团队分享参与者的实际环境？
- 作为记录者的同事可能也会时常希望向参与者提问。你会如何安排整个流程，以便让记录者有机会提问，同时又能确保自己主导整个讨论？
- 如果你对访谈进行了录音，将录音进行转录是有用的。如果委托外部机构进行转录可能会出现什么伦理问题？你如何保证在转录过程中维护参与者的隐私？
- 师徒关系模式可以帮助你避免将自己定位为参与者所属领域内的"专家"，从而防止你指示参与者应该如何做事。但如果你注意到参与者在执行一个任务时的操作方法完全错误，你会指出来吗？

3.4　编写有效的可用性测试任务

可用性测试的魔力在于它能让你直接观察到用户是如何实际使用产品的（而不是依赖于他们声称的做法），这为我们提供了关于用户行为及如何改进设计的深刻洞察。然而，如果给出的测试任务不切实际，你会发现人们往往只是走个过场，不会真正投入到测试中——这降低了测试结果的可信度。以下是帮助你构建出色的测试任务的 6 个专业建议。

可用性测试任务是整个可用性测试过程的核心。这些任务决定了参与者将看到并与其进行交互的产品部分。可用性测试任务至关重要，有观点认为它们的重要性甚至超过了参与者的数量：看起来，在可用性测试中发现问题的关键因素是参与者尝试了多少任务，而不是参与者的数量[⊖]。

但要使测试任务能够揭示出可用性问题，关键在于激发参与者的动力：参与者需要相信这些任务是接近真实情境的，并且他们必须想要去完成这些任务。那么，我们如何设计对参与者有足够吸引力的测试任务呢？

为了便于讨论，我们将可用性测试任务分为 6 个类别。并不是说你必须创建所有类别的任务——你只需要回顾这些类别，并决定哪一个类型的任务能最大程度上激发参与者的兴趣。

这 6 个类别是：

⊖　Lindgaard, G. & Chattratichart, J. (2007) " Usability testing: What have we overlooked?" *CHI '07 Proceedings of the SIGCHI Conference on Human Factors in Computing Systems*, pp. 1415–1424.

- 寻宝游戏任务。
- 逆向寻宝游戏任务。
- 自生成任务。
- 部分自生成任务。
- "有真金白银投入"的任务。
- 故障排查任务。

让我们更深入地看看每一个类别。

3.4.1 寻宝游戏任务

这种类型的任务对于帮助你了解用户是否能够利用你的产品完成特定任务非常有效。在进行寻宝游戏任务时，你会要求用户执行某项操作，这项任务有一个明确且理想的答案。如果举一个这种任务的例子，对一个售卖行李箱的网站来说可能是："下个月你将出国旅行，正在寻找一款适合作为手提行李携带上飞机的旅行包。你希望这款包尽可能大，同时还要符合航空公司对行李尺寸的最大限制（56 厘米 × 45 厘米 × 25 厘米）。你的预算是 120 美元，你能选购到的最适合的包是哪一款？"当有了一个精心设计的寻宝游戏任务，理应会有一个最完美的答案。因此，询问开发团队以便确定这个任务的最优解决方案，并观察参与者是否能够找到它。

3.4.2 逆向寻宝游戏任务

在这类任务中，你可以先向用户展示答案（比如，他们需要寻找的东西的照片），然后让他们找到或购买它。比如，假设你在测试一个摄影图库软件，那么可以展示一张希望被找到的图片，然后要求参与者找到它（例如，他们通过输入自己的关键词进行搜索）。当你认为用文字描述任务可能会给出过多的提示时，这种任务形式非常有效。

3.4.3 自生成任务

当你清楚用户想要通过你的网站完成什么目标时，寻宝游戏任务和逆向寻宝游戏任务非常有效。但如果你对此不太确定，可以尝试自生成任务。这种类型的任务要求你先询问他们期待使用该产品完成什么任务（在向参与者展示产品之前），然后针对这个情境进行测试。

比如，你可能正在对一个供剧院常客使用的自助售票机进行评估。整个过程由你对参与者的访谈开始，首先询问他们期望自助售票机能做到什么。例如，你可能会听到的回答包括："预订演出票""查看正在上演的剧目"和"查询停车信息"等。

然后你需要要求参与者对每个任务进行更详细的说明。比如在"预订演出票"这个任务中，你需要了解他们偏好哪种类型的演出，是戏剧、音乐剧还是脱口秀。他们需要预订多少张票？选择哪一天？是晚场还是日场的演出？

你的职责是在参与者开始使用产品之前，帮助他们深入思考自己的需求，确保设定的任务是切实可行的。

3.4.4 部分自生成任务

当你对用户使用产品进行的主要活动有较清晰的认识，但对具体细节了解不足时，这类任务会有良好的效果。在这种部分自生成的任务中，你会定义一个大体目标（比如，"分析你的用电情况"），然后让参与者自行补充细节。这可以通过让参与者带上相关数据参加研究来实现（例如，电子版的历史电费账单），并允许他们根据个人兴趣查询自己的数据（例如，"你用电的高峰时段是什么时候？"）。

3.4.5 "有真金白银投入"的任务

在进行可用性测试时，你希望参与者在执行任务时尽可能贴近真实情况。然而，模拟执行任务与真正完成任务之间存在显著的差异。无论参与者的本意有多么好，他们都清楚，即便任务执行失败，也不会产生任何后果。为了降低这种风险，你可以为参与者提供真实的货币并让他们在执行任务时使用。

对于商业网站，最简单的方法是给参与者一张兑换券，供其在测试期间使用，或者在他们实际购买后报销他们的信用卡消费。

对于其他类型的产品，另一种方法是以产品本身作为激励措施。例如，你正在测试一台制作摄影海报的大幅面打印机，可以邀请参与者携带自己的数码照片，然后让他们使用打印机制作他们想要的海报。这样，海报本身就成了参与者的奖励。

这种方法不仅能更接近真实的用户行为（将轻微的担忧转化为紧迫的实际问题），同时也确保了参与者是正确的目标人群，因为他们对测试产品本身就很有兴趣。

3.4.6 故障排查任务

故障排查任务是测试任务的一个特殊类别，挑战在于参与者往往难以清晰描述他们的任务。而提前准备一个书面任务并直接交给参与者可能具有误导性，因为这样做本质上已经指明了需要解决的问题。例如，如果 SIM 卡安装不正确，智能手机可能会显示一个难以理解的错误提示信息。又或者，如果无法连接到 GPS 卫星，导航系统可能无法规划路线。就参与者而言，产品只是简单的无法正常工作，而他们不知道原因。

在这种情况下，尝试重现产品的问题，然后引导参与者解决它。无论是打开搜索引擎还是访问公司的故障排查页面，都是有意义的。你不仅可以了解人们用来描述特定问题的术语，还可以检验你的文档在真实情境中的表现如何。

一旦你创建了一系列有效的任务后，下一步工作就是主持可用性测试。这正是我们接下来要探讨的内容。

用户体验思维

- 挑出一些你最近在可用性测试中用过的任务，尝试根据我们的测试任务分类体系进行整理。这些任务是否符合体系中的类别？是否有我们遗漏的其他测试任务类别？

- 在寻宝游戏任务中，你需要给出十分具体的任务情境描述（在我们的示例中提到了行李的尺寸），但同时又要避免过度引导参与者或直接给出答案。你将如何处理这种平衡关系？

- 考虑一种情况，你正在测试一种独一无二的创新产品（比如"快递界的 Uber！"）。使用自生成任务是否合理？

- 对于一个销售高价值产品（例如珠宝、度假套餐或新车）的网站，你无法向参与者提供产品作为激励措施。你将如何调整并为其设计一个"有真金白银投入"的任务？

- 让开发团队参与可用性测试的一种方式是让他们创建测试任务。与你的团队分享我们的测试任务分类体系会帮助他们创建有用的任务吗？你还有什么方法能让团队创建有效的测试任务？

3.5　可用性测试主持人易犯的 5 个错误

可用性测试主持人最常犯哪些错误呢？我们对由咨询师、内部研究人员、初级 UX 研究人员及资深专家主持的可用性测试进行了观察，并发现了一些经常出现的错误。这些错误仿佛是成为 UX 研究者道路上的一种成长礼，然而即便是资深专家也难免会犯这些错误。

主持可用性测试是一项陷阱重重的工作。主持人可能没有明确设定期望目标（通过回顾测试目的和描述自己的角色），或忘记向参与者明确说明（"我们测试的对象是产品而非你本人"），或未能确保参与者对任务的理解（通过让参与者用自己的话复述任务）。其他一些常犯的错误还包括提出具有引导性或带有偏向的问题，以及询问参与者他们会如何设计界面。

但有 5 个错误，我们看到可用性测试主持人经常犯，而且这些错误盖过了所有其他的错误。这些错误包括：

- 说得太多。
- 解释设计。
- 回答问题。
- 进行访谈，而不是测试。
- 征求意见和偏好。

3.5.1　说得太多

在主持可用性测试时，你需要克制自己说得太多的冲动。这通常发生在两种情况下：测试开始以及进行过程中。

确实，为了让参与者放松，你需要对研究过程进行简短介绍，并解释你希望通过出声思考技术获得什么样的反馈。但是，介绍部分不宜过长，一般情况下大约 5 分钟就足够了。

可用性测试的核心是观察参与者执行实际任务的过程，这意味着主持人要遵守的黄金法则是闭嘴。尽管许多主持人都会说他们清楚这一点，但我们仍然观察到很多人（甚至包括一些经验丰富的人）在实践中无法做到。在测试进行到白热化阶段时，他们常常忍不住去打破沉默。

出现这种情况，部分原因是人们对于沉默感到不舒服，还有一部分原因是人们存在一个误解，如果参与者不说话，就意味着我们无法学到任何东西。然而，因为你是对参与者的行为感兴趣，因此出现沉默期是可接受的。当然，你希望参与者出声思考，但同时，你需要给他们足够的空间去阅读、判断并思考他们正在做的事情。

通过学会接受沉默，你可以避免进入过多发言的陷阱。让参与者开始任务，然后你就闭上嘴，观察并倾听他们的表达。如果你感到自己有想要说话的冲动，可以使用如"关于那个你还能说更多吗？"这样的短句。坚持使用这种固定的表达方式，可以帮助你保持沉默（如果你不断重复使用，听起来会很傻）——你自然会减少发言，同时这也能鼓励参与者讲出更多信息。

3.5.2　解释设计

如果你发现自己在测试中对参与者说出，"开发者的初衷是……""他们这样设计是因为……"或者"你可能没明白……"，那么你应该闭嘴了。向测试参与者详细解释产品设计会引发两个问题。

首先，你再也无法真实地了解用户第一次接触设计时的自然反应了，因为你已经给了他们实际使用中可能不会了解到的背景信息。其次，即便你未直接参与产品设计，解释设计时也等同于把自己与产品挂钩。参与者接收到的不仅仅是对产品的解释，更像是一种辩护，这会阻碍你树立中立观察者的形象，并增加了参与者自我审查发言的可能性。

这种问题尤其会在执行测试任务时频繁出现。当参与者"错误"地使用产品时，主持人可能会觉得有必要解释"正确"的使用方式。或者当参与者对界面的某部分内容提出批评时，主持人可能会不自觉地用类似"开发团队曾考虑过这种方式，但……"的话进行辩护。甚至在参与者对界面产生彻底的误解时，主持人可能会试图纠正他们的理解。在极端糟糕的情况下，这种主持方式可能会把可用性测试变成一场教学对话，或者变成一场辩论。

请相信我们的经验，可用性测试主持人从未在与参与者的辩论中取得过胜利。

如果你忍不住冲动想要对界面进行解释或者说出"是的，但是……"这样的短句，那么试着改为询问，"请告诉我，你现在在做什么？"这样你可以在尽量少影响行为的情况下理解参与者的行为逻辑。如果你真的很想要解释产品的使用方式或纠正任何误解，那么请等到测试结束，等到参与者在没有你的帮助下尝试过后再进行说明。

3.5.3 回答问题

这是另一个我们经常见到主持人会踩进去的陷阱。这就像观看一只狗追着木棍掉下悬崖的慢动作重播——参与者布下陷阱，而主持人跳了进去。

像大多数陷阱一样，它表面看似相当无害，参与者只是简单地提了一个问题。

现在，参与者的问题就像是金粉。你会希望参与者提问，因为这表明他们在产品使用过程中遇到了问题：他们不确定下一步如何操作，因此向你求助。

但"金粉"不是"黄金"。

观察参与者如何自行解答自己的问题才是发现"黄金"的方法：他们是怎样解决问题的？解决问题对他们来说是轻而易举还是反复走入歧途？正是通过他们的行为，你能够区分出哪些是低优先级问题，哪些是关键问题，因此找到"黄金"的关键就在于拒绝回答他们的问题。

但对任何正常人来说，拒绝回答问题是一种不自然的行为。从小我们就理所应当地认为无视别人的问题会显得没有礼貌或愚蠢，这就是为什么许多测试主持人会不自觉地落入回答参与者问题的陷阱中。

要在你自己的实践中避免这个问题，首先需要在开场白中就明确告诉参与者，你希望他们提问，但你不会给出答案，目的是让测试环境更贴近真实情境。可以使用类似"如果我不在这里，你会怎么做？"这样的话术，这样就可以不回答任何向你提出的问题。

然后，当过程中出现无法回避的问题时，采用"回旋镖"技巧：用一个问题回答另一个问题。比如，如果参与者问，"我怎么回到起始页面？"你可以回答："你觉得应该怎么回去？"如果参与者问，"注册表单在哪里？"你则回答："你认为会在哪里找它？"

3.5.4 进行访谈，而不是测试

如果你已经投入了时间让参与者加入你的测试，那么最大限度地从他们身上获取信息是十分必要的。所以在测试任务开始前，你肯定应该进行一轮对参与者的前测访谈，以了解他们及其相关目标。然而，当参与者开始执行测试任务后——这将占据他们在可用性测试中的大部分时间——你的角色只能是一位观察者。

一种常见的导致可用性测试变成一次访谈的情况是：开发团队对用户的认知不足。团

队可能之前没有做过任何实地考察，希望从这次测试中尽可能多地获取信息。这种情况通常表现为参与者在执行任务时被打断，并被询问他们在家是如何完成这项任务的。或者市场负责人试图在你的任务中插入一长串问题时，这种情况就会出现。这样做的结果是，这项研究两头落空：既不是一次访谈，也不是一次可用性测试。

另一种可能导致这种状况的情景是，当你遇到特别健谈的参与者时，他们更愿意与主持人交谈而不是专注于执行任务。这时，参与者可能会频繁寻求主持人的确认，并尝试进行眼神交流。

防止这个问题出现的最佳做法是从一开始就设立明确的界限。通过调整你的肢体语言，让自己更像一个观察者而非访谈者。让自己站在参与者的侧后方，如果你察觉到参与者朝你看过来，假装记笔记并拒绝进行眼神接触。

同时还应该向开发团队说明，你将进行一次后测访谈，以获得全面评估，并鼓励他们就测试中未提及的话题发表意见，那时你将回应他们所关心的一系列问题。

3.5.5　征求意见和偏好

最后一个常见错误是我们经常在刚接触可用性测试主持工作的人身上看到的问题。原因在于他们错误地将可用性测试与市场研究混淆了，误以为自己的职责是收集用户意见，而不是观察用户行为。

这个问题在测试过程中的典型表现是，主持人会要求参与者对比不同设计，询问他们更喜欢哪一个，或频繁地询问参与者是否喜欢或不喜欢某个设计特性。

可用性测试的核心不在于发现用户的喜好，而在于找到最适合用户的解决方案。

3.5.6　作为测试主持人如何持续进步

这些错误几乎总是新手测试主持人在积累经验的过程中会犯的，但即使是经验丰富的测试主持人，在进行可用性测试时也可能会犯下这些错误。避免错误的最佳方式是不断地反思自己的主持技巧。在每次可用性测试结束后，回顾录像，尤其是那些你认为进行得特别好或特别不顺的部分，识别出 3 个你可以进一步发展的或本可以做得更好的地方，让它成为你个人成长的一部分。

用户体验思维

- 作为可用性测试主持人，评估自身的能力是很困难的。我们提到了回放测试录像是一种方法，但要保持客观可能很难。一个解决办法是，在反思自己的表现时，将文中的 5 个错误作为检查清单。还有另一个更有挑战的方法是，每次参与者测试结束后，向观察者请求给出具有批判性的反馈。

- 一些开发团队成员会误解可用性测试的目的，并期待你收集用户的意见和偏好。他们可能希望你询问参与者是否喜欢设计或更偏好哪个版本。你将如何处理这种情况？

- 参与者喜欢不断提问，这实际上是他们出声思考的方式。"购物车的链接在哪里？哦，在这里。但我怎么知道运费是多少？也许我需要点击购物车图标。购物车的图标又在哪里？"你应该明白了。应对这类参与者时，"回旋镖"技术可能会令人厌烦（对你和参与者都是）。何时忽略参与者的问题并将问题视为陈述是可被接受的？如何通过练习更有效地应对这类参与者？

- 我们不建议你在测试中向参与者解释设计，但如果参与者完全"迷失"或感到困惑，适当的介入是必要的。如何判断介入时机以帮助参与者回到正轨？以及参与者要"迷失"到何种程度，你才能确定这确实是个问题，他们无法自行解决。

- 想象你遇到一位测试参与者，他似乎更感兴趣与你进行交谈，而不是执行测试任务。他们转过身离开屏幕面向你，告诉你一些与他们要做的事情勉强相关的轶事。你会如何让参与者重回正轨？

3.6 避免在可用性专家评审中表达个人观点

如果执行得当，可用性专家评审是检查界面设计是否存在可用性问题的一个高效方法，但需要注意 4 个问题：评审员没有站在用户的角度考虑问题；评审仅依靠单个评审员的意见；依赖一套通用的可用性原则进行评审；以及评审员经验不足。

有些人把进行可用性专家评审当作发表个人意见的时刻，就像一位教条的电影评论家一样，他们准备好了对界面的优缺点发表自己的看法。

这种心态是错误的。

设计评审的本质不在于发表个人观点，而是要预测用户如何与界面进行互动。

　　要确保你的评审能够避免带有个人主观色彩，并帮助界面变得更好，以下是需要注意的 4 个问题。

3.6.1　问题 1：评审员没有站在用户的角度考虑问题

　　对一个优秀的 UX 从业者来说，最难的部分却看似最简单：代入用户的视角。这是个喊起来很容易的口号，但正如多数口号一样，其真正含义很容易被遗忘。我们常听到评审员在提出"问题"时会说："我真的很不喜欢看到……"或"对我个人而言，当我使用这种系统时……"。

　　但这里有一个你难以接受的事实：你喜欢什么并不重要。

　　界面可能不符合你的审美，看起来老套或过时，但这并不重要——因为你不是用户。正如 Kim Vicente[⊖]所指出的："讽刺的是，那些大佬们 (当今高科技产品和系统的杰出设计师) 的强项也正是他们衰落的部分原因：他们拥有如此多的科学和工程专业知识，往往会认为每个人对技术的了解都和他们一样深入。"

　　这意味着，如果你是开发团队的一员，你不太可能代表你的用户。如果你从自己的视角来审查界面，预测真实用户可能遇到的问题时你将做得非常糟糕。所以，在开始评审之前，你需要深入理解你的用户及其目标（如果你做不到这点，请考虑进行真实用户测试而不是进行可用性专家评审）。这个步骤绝不仅仅是形式主义——它实际上能指导你的评审过程，并使你能够预见未来。虽然"预见未来"听起来很大胆，但请思考以下几点：

- 如果你了解用户的目标，那么你就能预测他们使用产品的动机。
- 如果你知道用户使用产品的动机，那么你就能预测他们将执行哪些具体任务。
- 如果你了解这些任务，那么你就能预测出用户为了完成这些任务而寻找的关键功能或特性。
- 综合这些信息：你现在应该能预测用户最有可能关注的地方，哪些其他的元素可能会让他们分心，甚至是他们首先可能点击、轻触或滑动的位置。

　　一次好的可用性专家评审应该起始于数据驱动的产品用户描述及详细的用户任务描述。如果你的评审忽略了这些，那么几乎可以肯定你是从自己的视角来评估产品的。这样的话，你的发现将缺乏开发团队所需的预测有效性。

⊖　Vicente, K.J. (2004). *The Human Factor: Revolutionizing the Way People Live with Technology*. New York: Routledge.

3.6.2　问题 2：评审仅依靠单个评审员的意见

David 在他的一门培训课程中安排了一个练习，让单个评审员与三人团队进行对决。结果显示，单个评审员（无论其经验如何丰富）只能发现三人团队能找到的可用性问题的大约 60%。这并不是一个新发现：研究人员早已认识到，你需要三到五位评审员才能充分覆盖可用性问题[⊖]。

出于以下几个原因，邀请多名评审员加入有助于发现更多问题：

- 有些评审员比你拥有更多的领域知识（比如，如果是银行业软件，他们可能对金融领域有深入了解），这意味着他们能够发现你可能忽略的问题。
- 有些评审员可能对一小部分的可用性问题更敏感（例如对视觉设计或信息架构相关的问题更敏感），并且他们可能会过度强调这些问题，而忽视其他同等重要的问题（如任务指引或帮助与支持）。
- 有些评审员可能有更多与用户接触的经验（通过可用性测试或实地考察），这让他们更擅长识别真实世界中困扰用户的可用性问题。

简单来说，每个人看待世界的方式都有所不同。

但是自负是一件可怕的事情。就像有人认为邀请其他人参与评审会降低他们作为"专家"的地位。实际上恰恰相反：邀请更多评审员加入反而显示了对理论知识有更深刻的理解。尽管如此，我们遇到的大多数可用性专家评审仍然只是由一名评审员完成的。

一次优质的可用性专家评审应该结合至少三名评审员的结果。如果你的评审仅基于单个评审员的工作，很可能你只识别出了团队合作时能找出的可用性问题的大约 60%。

3.6.3　问题 3：依赖一套通用的可用性原则进行评审

每位评审员都倾向于使用一套他们所钟爱的可用性原则，比如 Nielsen 的启发式评估原则[⊖]或 ISO 的对话原则[⊜]。这些原则基于对人类心理和行为几十年的研究，使用它们是一

⊖　Nielsen, J. & Landauer, T.K. (1993). "A mathematical model of the finding of usability problems." *Proceedings ACM/IFIP INTERCHI'93 Conference, Amsterdam, The Netherlands*, April 24–29, pp. 206–213.

⊖　Nielsen, J. (1995). "10 usability heuristics for user interface design." https://www.nngroup.com/articles/ten-usability-heuristics/.

⊜　ISO 9241-110. (2006). Ergonomics of human-system interaction—Part 110:Dialogue principles.

件好事，因为你可以确信它们不会像技术那样随着时间的推移而改变。

然而，这种优势同样也是劣势所在。

究其本质而言，它们都是相当通用的原则，当被应用到评审当今的前沿技术时，可能显得不够具体。这就是为什么经验丰富的评审员会制定出一个可用性检查清单，将这些原则具体化到正在评审的技术和领域中。以"用户控制和自由"原则为例，这是 Nielsen 的启发式评估原则之一，其表述为："用户经常会选择错系统功能，需要提供一个明显的'紧急退出'选项，而不必让他们经历一个冗长的对话过程。"这一原则是针对当时的图形用户界面设计的。作为评审员，这提示你尤其要检查对话框是否有取消按钮，以及界面是否支持撤销操作。但快进到互联网时代，这些检查点对大多数网页并不适用。针对网页重新解释这一原则时，我们可能尤其需要检查网站是否允许使用后退按钮，以及是否在网站的所有页面上都清晰地标记了返回首页的路径。

因此，虽然这一原则与我们的评审仍然具有相关性，但我们验证其达标的方法已经发生了变化。

针对特定技术制定检查清单虽需要一定的投入，但这是值得的，因为有了检查清单，你就能在评审时确保原则得到全面覆盖，避免遗漏。

总之，一次好的可用性专家评审应利用检查清单将通用原则具体化到所测试的特定技术上。如果你仅依赖于高层原则，则可能会错过一些重要的可用性问题。

3.6.4　问题 4：评审员经验不足

许多用户界面非常糟糕，简单地使用一个检查清单就能发现可用性问题。然而，检查清单并不能让人成为一名专家。现在的挑战是，你必须判断这个"问题"是一个真正会影响真实用户的问题，还是大多数用户根本不会察觉的误报。

遗憾的是，没有简单直接的方法来区分这两者。诺贝尔奖得主 Eric Kandel[⊖]的一段话很有启发性："一位科学家的成熟涉及许多方面，但对我而言，其中一个关键因素是鉴赏力的培养，就像享受艺术、音乐、食物或葡萄酒一样，一个人需要学会辨识哪些问题是真正重要的。"

这种对"鉴赏力"的比喻同样适用于识别可用性问题，你需要学会识别哪些问题是重

⊖　Kandel, E.R. (2007). *In Search of Memory: The Emergence of a New Science of Mind.* New York: W. W. Norton & Company.

要的。

Philip 的一个朋友，一位陶瓷艺术家，分享了这样一个故事：她被邀请去评审一个艺术展的陶瓷作品部分（约 20 位艺术家参展），但其中也包括了大约 5 位使用"混合媒介"的艺术家作品（如使用木材、金属工艺和玻璃等）。对于陶瓷艺术家，她能从美学、技巧、原创性和工艺等方面全面评估他们的作品，并给出严格的评价。但面对混合媒介艺术作品，她只能依据个人喜好做出评判。在评价工艺技能时，她对吹制玻璃或焊接金属等工艺一无所知。由于这种不确定性，她对混合媒介艺术家持宽容态度，给予了他们更高的评价。

从这个故事中我们可以总结出：如果你对某个领域或技术不够了解，则可能会表现得更宽容——因为如果你持批判态度，就需要证明和解释你的判断，这可能会暴露你在该领域经验的不足。

这样做的风险在于你可能会因此无法发现一些关键的可用性问题。

在 UX 领域内培养"鉴赏力"的一个方法是打破将你与用户之间隔开的墙。例如：

- 尽可能多地进行可用性测试，并观察那些困扰测试参与者的看似微不足道的用户界面元素。
- 进入用户的家中或工作环境中进行实地考察，以便你可以真正理解他们的目标、期望和困扰。
- 聆听客户服务电话，以发现用户面临的问题类型。
- 作为一名参与者亲自体验可用性测试。

一次好的可用性专家评审需要由有经验的人来领导。缺乏实践知识，你将无法可靠地区分哪些是真正的问题，哪些只是误报。

可用性专家评审是从界面中清除可用性问题的有效方法——但前提是避免个人主观意见的干扰。注意这 4 个常见的问题，你的评审将变得更客观、更有说服力、更加实用。

用户体验思维

- 作为团队里的 UX 研究人员，开发人员经常会邀请你对设计进行评审，并对其优缺点发表你的看法。你应如何进行这类非正式的评审，同时规避本节中提到的 4 个问题呢？
- 在每次设计评审开始时，如何确保你自己能够站在用户的立场上，并避免陷入从自己的视角出发评估设计的陷阱呢？

- 从你最喜欢的可用性原则（例如 Nielsen 的启发式评估原则）中选出一条原则，并将其应用于你所在的领域中。制定出大约 10 个检查项，以帮助你客观地评价一个界面。
- 如果你在公司是为"只有一个人的 UX 团队"工作，如何在进行可用性专家评审时让超过 3 人参与评审呢？这些评审者必须是 UX 方面的专家吗？
- 我们分享了几种在 UX 领域培养"鉴赏力"的方法。若想帮助整个开发团队提升鉴赏力，你将如何做呢？

3.7 走向精益 UX

在《精益创业》[一]一书中，Eric Ries 描述了一个设计过程，旨在帮助企业在极端不确定的条件下开发新产品或服务时进行风险管理。本节阐述了 3 种成熟的 UX 技术，我们可以用来辅助该设计过程：故事板、纸质原型和"绿野仙踪实验"。

2011 年，Eric Ries 出版了一本颇具影响力的书，名为《精益创业》。我们之所以喜欢这本书，是因为它把 UX 放在了新产品设计的核心位置，并以一种能够引起管理层关注的语言进行了阐述。

这里是我们对书中精华内容的整理。

- 设计新产品或服务是有风险的，因为存在许多不确定性。
- 开发团队有一系列假设——比如，关于用户的目标及他们愿意为之付费的内容——为了减少不确定性，必须对这些假设进行验证。
- 首先明确这些假设，然后设计实验来对它们进行测试。我们在功能有限的最简化可实行产品上进行这些测试，因为这些最简化系统可以被快速且轻松地构建出来。
- 设计发生在构建 – 评估 – 学习的迭代周期内，我们要尽可能早地与用户测试这些想法。
- 基于测试结果，我们要么继续推进这个想法，要么进行"转型"（即改变策略方向），开发出对客户更有价值的产品。

㊀ Ries, E. (2011). *The Lean Startup: How Constant Innovation Creates Radically Successful Businesses.* London, UK: Portfolio Penguin.

听起来很熟悉？虽然《精益创业》的内容显然远不止这 5 点，但我们相信你能够看出这种方法与以用户为中心的设计理念的高度契合。

UX 研究者在这种工作方式中有着重要的作用，我们特别想强调列表中的第 4 点：迭代设计和测试。由于实践的需要，UX 领域的研究者们开发了许多快速从用户那里获取反馈的方法，我们来回顾其中的一些方法。Ries 在他的书中提到了几种方法（例如视频演示和他所谓的"礼宾式最简化可实行产品"，通过创建高度定制化的系统版本来发现客户需求），但我们还想介绍另外 3 种技巧。

这些技巧有 3 个共同点。

首先，它们基本上不需要成本，且可以在几天之内完成，这支持了 Ries 提出的尽可能快速地完成构建 – 评估 – 学习循环的理念。

其次，这些技巧关注用户行为而不是人们的观点，从而解决了 Ries 所强调的另一个核心问题：客户往往并不清楚他们想要什么。

最后，Ries 指出开发团队往往倾向于等到有了较为完整的产品后才愿意向用户展示。而这些技巧使我们能够在商业构想还只是一个想法的时候——即在开发团队编写任何代码之前——就对其进行测试。

我们即将探讨的 3 种方法包括：

- 通过故事板进行假设验证。
- 通过纸质原型进行假设验证。
- 通过"绿野仙踪实验"进行假设验证。

3.7.1 通过故事板进行假设验证

采用这种方法时，你会创建一个叙事故事板———一组简短的卡通漫画，然后邀请你的潜在用户对其进行评审。故事板应该只包含少数几个画面，但必须清晰传达以下内容：

- 你尝试解决的用户面临的问题。
- 用户如何体验你的解决方案。
- 你的解决方案如何运作（从用户的视角看）。
- 用户将如何受益。

鉴于故事板天生具有视觉表现力，我们不妨来看一个关于新产品开发想法的故事板。

设想我们正考虑开发一种新的支付方式，让人们能够在火车站通过他们智能手机上的电子支付服务（一个"手机钱包"）来购买火车票。我们的初步设想是，人们可以在火车站的自助售票机上开始这个流程，在那里他们可以选择自己要买的车票。到了支付环节，他们需要扫描售票机屏幕上生成的二维码。扫描后，用户将跳转至一个支付页面，在那里完成支付后将在手机上收到电子车票。

让我们通过一个故事板来呈现这个过程（见图 3.2）。

用户到达火车站，看到
自助售票机和排着长队的售票处

用户选择目的地

在支付界面，用户选择了手机钱包

用户扫描二维码

用户按照指示付款并接收到车票

用手机上接收到的车票登上火车

图 3.2 这个故事板展示了人们可能与系统交互的方式。我们首先通过绘制用户适当姿势的草图来创建这些图画，然后将绘制的草图与在火车站实地拍摄的照片结合起来

显然，有一些风险我们需要与用户一起探讨。我们已知人们会在火车站使用自助售票机，因此我们有信心人们能够顺利完成前几个操作步骤。但对于这个想法，这里有一些尚未验证的关键问题出现在我们脑海中：

■ 人们是否愿意通过智能手机完成支付，还是他们更喜欢直接使用信用卡在自助售票机上支付？

- 绝大多数人的手机里都安装了扫码软件吗？人们知道"扫描二维码"是什么意思吗？
- 人们对于通过电子方式接收车票有何看法？是否会有人因为没拿到纸质车票而感到焦虑不安？

现在我们有了一些东西可以向火车旅客展示：他们只需要不到 1 分钟就能理解故事板中的内容。接下来，我们将测试两个假设：

- 这个问题（不愿意通过智能手机支付）是否足够严重，以至于我们需要提供解决方案？如果我们在火车站花费 1 小时与 50 个人交谈，只有 3 个人认为这是个问题，那么我们就需要重新评估并确定真正的问题所在。
- 如果这个问题确实严重，我们再来测试第二个假设：我们提出的解决方案是否合适？我们先为他们提供一些背景信息，然后让他们描述操作流程的各个步骤，以此进行测试。在描述了每个画面之后，我们会问一个简单的问题："你觉得自己会去执行这个步骤吗？"然后，我们统计每一个步骤中回答"是"或"否"的人数。

例如，通过与用户测试这个解决方案，我们可能会发现，大多数人认为通过手机支付并没有太大的好处，因为这实际上增加了操作步骤。因此，我们可能需要"转变方向"，提出一个新的想法：或许我们可以在自助售票机附近贴上一张海报，海报展示该车站最热门的几条旅行线路并附有对应的二维码。人们可以直接扫描他们感兴趣的路线的二维码，然后通过手机完成整个购票过程，完全不必使用自助售票机。随后，我们为这个新想法绘制故事板，并再次进行测试。

3.7.2 通过纸质原型进行假设验证

评估你的商业构想的第二种精益方法是制作一个纸质原型，详尽地展示用户为了达成目标所需执行的步骤。纸质原型将便笺纸与手绘的按钮、标签及用户界面元素相结合，帮你营造出一种交互式体验。

测试的核心思想是让用户坐在这个纸质原型前，给他们设定一个具体情境（"购买一张从纽约到波士顿的车票"），然后指导他们用手指代替鼠标进行操作。用户每做出一个新的选择，就通过贴上新的便笺纸来更新"屏幕显示"，从而反映出用户所做的选择。

纸质原型的创建十分快捷（如果你花费的时间超过了几个小时，那就太久了），并且能够为你提供关于你所创建的工作流的可用性或其他方面的明确反馈。测试结束时,你能够明确知道有多大比例的用户能够完成这项任务,这是衡量可用性的关键指标。

当我们与 UX 研究者探讨纸质原型时,人们会迅速谈起纸质原型工具已经过时了,而电子原型工具更为高效。我们认为这不是一个二选一的问题:在设计过程中,这两种原型各有其适用场景。然而,在一个想法形成的初期阶段,并不是使用电子原型的最佳时机。正如 Ries 所强调的,你想尽可能缩短构建 – 评估 – 学习的循环周期,以便能够更快地学习。纸质原型非常适合这样的初期阶段,因为它比电子原型更快,并且让你在用户测试的过程中更容易进行修改调整。

3.7.3 通过"绿野仙踪实验"进行假设验证

在"绿野仙踪实验"中,用户与一个表面上功能完全的系统进行交互,但实际上所有系统的响应都是由人类操作员控制的,就像电影《绿野仙踪》中的奥兹魔法师那样。我们最喜欢的例子之一——"机械土耳其人"——实际上早于这部电影近 200 年,它是这种技巧的绝佳示例。

"机械土耳其人"是一台大型的、会下国际象棋的机器,大约建造于 1770 年。如果你与它下一局棋,你会发现自己与一个穿着土耳其服饰的人偶对坐在棋盘前(它因此得名),这个人偶会根据你的走棋移动棋子,并且它很可能会赢——"土耳其人"能够击败大多数与它对弈的人类棋手,(据说)包括拿破仑和本杰明·富兰克林。

但实际上,这台机器是个骗局。隐藏在其内部的是一位人类棋手,他使用磁铁移动棋子。虽然有一些人怀疑过,但这个幻象被创建得非常成功,以至于很多年后机器的内部工作原理才被揭露。

对我们来说,"机械土耳其人"运作的关键在于,人们真的认为他们在与一台机器对弈,完全不知道箱子里藏着一个真人在操纵着人偶。

以一个更现代的例子来说明我们如何利用商业构想创造类似的幻象。

不久前,David 在设计一个电影订票系统的交互式语音应答系统。这个构想是:允许人们通过电话向系统提问(类似于亚马逊的 Alexa 或苹果的 Siri,但这一构想是在高质量语音识别技术普及之前出现的)。David 预录了一些他预计会用到的回答(如"您能再重复一遍吗?"),但由于无法预知人们会提出哪些具体问题,他无法预录所有回答。

因此,他利用文本转语音技术来营造系统正在运作的幻觉,由 David 来扮演"机械土耳其人"。当用户提问时，比如"今天下午有哪些适合一家人观看的电影？"David 会迅速输入回答，"我们有 4 部适合全家观看的电影。"并通过系统用计算机合成声音读给用户听。在此过程中，David 会接着输入电影的名称。

虽然这个过程非常忙碌且需要与快速打字的技能配合，但 David 的用户相信他们正在与一个能够进行精准语音识别的实时系统交互。

David 能够利用这个方法来测试商业构想，并在客户投资广泛（且昂贵）的技术来支持它之前，识别出最常见的问题 [○]。

3.7.4 这对你的设计过程意味着什么

精益产品开发方法中体现了以用户为中心的设计的一些基本原则：

- 尽早并持续关注用户及其任务。
- 迭代设计。
- 用户行为的实证测量。

我们非常高兴地看到 Ries（曾任哈佛商学院驻校企业家）将这些原则推广给高层管理者和开发团队。这使我们在推动通过开发原型来测试商业想法这一理念时，工作变得更加轻松——我们强调开发数十个原型，而不仅仅是几轮迭代——并使之成为一种常态。

用户体验思维

- 精益方法的关键原则自人机交互（HCI）出现早期便已存在。然而 Ries 的书却以一种 HCI 难以实现的方式吸引了高层管理者和商界人士的目光。你认为其中的差异在哪里？这对于吸引这类受众参与 UX 研究有何启示？
- 这种方法要求开发团队迅速构建出原型来验证设计概念。你的团队里有能够快速进行原型设计的成员吗？你是否掌握了制作原型的必要技能？如果答案是否定的，你打算如何学习这些技能？
- 精益方法强调最大限度地缩短构建 – 评估 – 学习循环周期，以便你能够最快地获得学习成果，这意味着创建并测试简单的原型（如文中提到的纸质原型）是合理的。你认为如果你想向客户展示一个纸质原型，利益相关者或开发团队会有什么

○ 在《宋飞正传》的某一集中，Kramer 也尝试了类似的事情，结果令人捧腹大笑。

反应？如果有利益相关者建议你推迟几周测试，以便团队有时间制作一个更精细的原型，你将如何回应？

■ 我们讲述了 David 使用"绿野仙踪实验"来测试电影订票系统的交互式语音应答系统的例子。你如何利用这种技术来创建一个聊天机器人（用于模拟与人类用户对话的计算机程序）？

■ 创建故事板的一个优点是，它呈现了 UX 的"全貌"，而不会过多关注用户界面的具体控件细节。但是，测试一个概念与测试原型有很大不同，在原型测试中你可以要求人们执行任务。你如何在不要求用户预测未来行为（这是人们的弱项）或仅仅询问他们是否喜欢这个想法（这会产生弱数据）的情况下，用故事板与用户一起进行测试？

3.8 控制实验者效应

我们来看一些微妙且广泛存在的研究者效应，以及它们如何影响 UX 研究的结果，并探讨我们能采取什么措施来抑制这些影响。

当你沉浸在一本畅销书的世界中时，没有什么比作者突然凭空出现，并直接插话更能打破那种正在建立的真实幻象的了。这种被称作"作者闯入"的情况，就是作者将读者从故事中抽离出来，让我们意识到现实世界的存在，它打破了小说写作和新闻报道的黄金法则：将作者自己排除在故事之外。这种情况就如同电影中摄影组在经过商店橱窗时无意中拍到了自己的倒影一样令人出戏。

研究领域也存在类似的不幸瞬间。当研究者的出现无意中影响了研究结果时，好似闯入了电影镜头，破坏了一切。这种失误被我们称之为"实验者效应"（Experimenter effect）。

实验者效应会"污染"研究过程，但我们知道它的根源所在。它几乎总是由实验者对研究假设持有先入为主的预期导致的。

一些经典案例提醒了我们实验者效应的隐蔽性。回想一下聪明的汉斯（Clever Hans），这匹会算数的马的故事。每当被要求对给定数字进行加、减、乘、除运算时，汉斯会用蹄子敲出正确答案。心理学家 Oskar Pfungst 证实了，汉斯其实并不懂数学，而只是简单地从其训练者那里捕捉到了无意识的动作信号，当敲击到正确次数时便停止。当问到他的训练者不知道答案的数学问题时，汉斯的表现就会直接崩塌。

这不仅限于马。1963 年，心理学家 Lucian Cordaro 和 James Ison[⊖]通过让两组大学生观察并统计涡虫（一种扁形虫）的头部转动和身体收缩动作次数的实验，展示了研究者效应的存在。一组学生被告知目标行为发生得不频繁，而另一组则被告知会频繁发生。尽管每组的涡虫实际上是完全相同的，并且没有例外情况的出现（涡虫经常出现目标行为）。果不其然，预期目标行为发生频率较高的组报告的计数结果比预期频率较低的组高得多——这一结果完全由研究者的预期所导致。

Robert Rosenthal 对实验者效应的广泛研究[⊖]（一项跨越 30 年的调查，包括动物和人类行为研究）表明，70% 的实验者效应会使结果偏向研究者的假设。

实验者效应在 UX 和市场研究中也十分常见，我们将其转而称为"研究者效应"，因为大多数 UX 研究方法实际上并不是传统意义上的实验。实地考察、焦点小组、访谈和可用性测试等都容易受到研究者效应的影响，原因在于研究者本身持有预期，这些研究形式又涉及社会互动，且实现完全客观是很困难的。

3.8.1 双盲研究

科学界有一个针对研究者效应的强力解药：双盲研究。

在双盲研究中，无论是参与者还是研究者（或参与主持、观察、记录或数据分析的任何人），都不会知道研究假设，也不清楚参与者被分配到了哪个条件组，或者哪个设计是前期的哪个是后期的，哪个产品是我们的哪个是竞品等等。双盲研究能够有效消除最具问题的研究者效应，并在临床试验和揭穿伪科学主张中得到了有效应用。

我们能将双盲研究应用于 UX 研究吗？不幸的是，尽管在理论上可行，但在实际操作中进行双盲研究极具挑战性，而且这种方法在 UX 研究中十分罕见。一个 UX 研究者通常每天都与开发团队一起工作，并且在指导设计方面扮演重要角色。在任何评估活动中，UX 研究者都不可能对研究条件一无所知或没有任何预期。即便是引入外部的 UX 研究者，也不能完全解决问题，因为这个人至少需要足够熟悉设计或产品才能进行有效的研究。而且，双盲研究的要求还覆盖了数据的记录、分析、解释和结果报告的全过程。在大多数情

⊖ Cordaro, L. & Ison, J.R. (1963). "Psychology of the scientist: X. Observer bias in classical conditioning of the planarian." *Psychological Reports*, 13(3): 787–789.

⊖ Rosenthal, R. (1966). *Experimenter Effects in Behavioral Research*. New York: Appleton-Century-Crofts.

况下，实施双盲研究会将一个快速的 UX 研究转变为一项重大的秘密行动。

尽管双盲研究被视为黄金标准，但如果我们不能采用它，还有其他什么方法可以预防研究者效应呢？第一步，我们需要在项目团队中提高对研究者效应存在及其可能带来的严重后果的认识。第二步，既然我们无法完全消除这些效应，就需要寻找控制它们的方法。

以下是一些研究者如何影响他们自己研究结果的方式，以及我们在这些情况下如何控制偏向的一些想法。

3.8.2 与参与者互动中的偏向

这些称作"聪明的汉斯"偏向，源于研究者与参与者在研究前后无意识的沟通。这些来自口头、非口头的提示及手势的线索，在 UX 研究期间影响了参与者的思考或行为，当它们系统性地倾向于某一特定结果时，便变得具有破坏性。例如，Philip 曾观察过一项研究，主持人在介绍竞争对手的设计时保持了中立态度，但在谈及她负责的设计时却不自觉地前倾并点头。

实际上，研究中可能潜入无数种偏向行为，从明目张胆地说出"希望你对我们的产品只说好话"（这不是我们编的，我们真的听到一个研究者这么说），到参与者点击正确按钮时研究者露出不经意的微笑。其他可能产生影响的行为还包括研究者的情绪和态度、语气、皱眉、叹气、紧张、放松、在椅子上挪动、挑眉和做鬼脸，甚至连记笔记也可能引入偏向（"哦，天哪，他们刚在笔记本上写了些什么，我一定做错了"）。这还没考虑到带有引导性和暗示性的问题，或安慰性话语比如"你今天不是唯一一个做错的人"，或略带主观色彩地转述参与者的话，或者让自己的观点悄悄渗透到对话中等行为带来的偏向效应。

我们无法消除所有这些偏向因素：它们太普遍了，如果我们试图监控到这种微观行为的层面，最终将变得如同机器人一般行事。那么解决方案是什么呢？由于无法实施双盲研究，以下是一些会有帮助的技巧：

- 标准化一切：包括研究程序、问题、主持人脚本等。对每位参与者在每种条件下都按照相同的程序进行研究，将任务场景呈现在卡片上供参与者大声阅读，严格遵循主持人脚本讲话。
- 让第二位研究者监控第一位研究者：监控是否出现了"程序偏离"。
- 避开参与者的视线：在总结性可用性测试中，如果可能，在任务进行期间离开房间。

- 练习：进行模拟研究，专注于控制偏向行为。
- 回顾自己进行研究的视频录像：批判性地分析自己的表现，并请同事帮助指出可能的系统性偏向行为和无意间发出的信号。

3.8.3　记录、解释和报告结果时的偏向

研究者效应可以通过多种方式"污染"一项研究，包括：

- 系统性的数据记录错误。
- 过分重视参与者的行为或反应。
- 记录下你以为的参与者的意思，而非他们实际所说的话。
- 试图边进行测试边解释数据。
- 粗心大意导致记录错误。
- 注意力不集中。
- 跟不上参与者的思路。
- 进行抄写和数据录入时出错。

数据的后续解释同样容易受到确认偏向（confirmation bias）的影响，这是一种倾向于优先考虑符合已有假设的证据，而忽略不符合的证据的偏向。即便是经验丰富的研究人员也可能陷入这种认知误区。

对正面结果的偏向也会影响报告撰写和研究展示。在科学界中，也存在类似的追求成功的压力，导致研究人员不太可能发表负面的结果，即便提交了，被接收的可能性也比正面结果小。在消费者研究中，我们见过明显的负面结果在最终研究报告中被荒谬地转化为正面描述，例如："20 人中有 5 人非常喜欢这个新概念。"研究者这样做会冒着损害自身信誉的风险。商业利益至关重要，不要冒险被研究者营造的"感觉良好"的假象误导。

这听起来可能不寻常，但你不应过度关心研究结果会是如何。你唯一应关心的是研究设计和数据是否足够坚实，是否能够经得起最为严格的审查。让结果自然地呈现就可以，保证一个美好结局不是你的工作。

我们发现以下几个检查点非常有帮助：

- 在研究开始前制定一套数据记录方案。使用适量的数据编码来为事件分类，练习使用这些编码，并在正式测试方案中记录下来。

- 尽可能地记录客观数据：例如任务完成率和完成任务所需的时间。

- 在研究开始前确定通过 / 失败的标准，不要等到事后再确定。

- 你可能无法拥有一位能"盲测"的 UX 研究者，但可以有能"盲记"的数据记录员。至少安排两个数据录入员（或记录员），这样可以通过他们的记录来互相核对数据。

- 逐字记录参与者的原话，而不是你对他们话语的解读。

- 避免在研究过程中解释数据。

- 仔细核对你的数据编码、数据输入及任何统计分析结果。

- 邀请做研究的同事阅读你的最终报告或演示文稿，并提出批判性反馈。

3.8.4　资助偏向

对资助研究的公司存在偏向很常见。以制药行业为例，由行业资助的试验报告，其呈现正面结果的可能性大约是负面结果的 4 倍[⊖]；而由制药公司资助的研究结果往往更倾向于对赞助商有利[⊖]。

Philip 最近目睹了一个明显的资助偏向的例子，其动机可能是源于对好结果的错误渴望。当时他被邀请评审一个项目，该项目中一个第三方"独立"研究机构正在对一款新家电进行长期的家庭试验。他震惊地发现，研究机构的负责人自己竟然成了一名测试参与者，并且在 3 个月的时间里，她对该产品的每一项问卷调查中的每一个条目都给予了最高的五星好评。这位研究者急于取悦客户，显然忽视了家庭试验的真正目的：找出问题，以便在产品上市前进行改进。

公司内部的压力往往源自一个不断升级的集体信念，即项目不可能失败（否则我们为什么还要继续做呢？），这种压力创造了一个不允许任何负面结果出现的工作环境。这种压力很大程度上来源于测试或研究安排得太晚，如果能够早点儿并且频繁地进行研究和测试，同时让所有利益相关者密切参与，就可以在事态发展到无可挽回的地步之前，纠正方向并降低风险。

如果可能的话，使用双盲研究可以有效地在资助方和研究团队之间设立一道"防火墙"，使得参与和报告研究的人不知道资助方是谁。然而，正如我们所注意到的，在 UX

⊖ Goldacre, B. (2013). "Trial sans error: How pharma-funded research cherrypicks positive results."

⊖ Lexchin, J., Bero, L.A., Djulbegovic, B. & Clark, O. (2003). "Pharmaceutical industry sponsorship and research outcome and quality: Systematic review." https://www.ncbi.nlm.nih.gov/pmc/articles/PMC156458/.

研究中这几乎是不可能实现的。有时候，你只能坚持自己的研究数据，咬紧牙关面对坏结果，不管有没有赞助商。然而你可能会对你得到的反应感到惊讶。Philip 曾经不得不呈现一些负面的 UX 研究数据，他知道这些数据将对一个价值 2800 万美元的项目造成致命打击。令他惊讶的是，房间里的气氛明显有一种如释重负的感觉，这些数据成了公司下决心停止浪费更多资金的决定性证据。

3.8.5 为什么你需要修正偏向盲点

偏向就像一个特洛伊木马，隐藏在我们的 UX 研究工具箱里，悄无声息地绕过我们的防线，从内部发挥作用。每个人心中都有一个我们难以察觉的偏向盲点，我们往往更难发现自己的偏向，而更容易指出他人的偏向。波士顿大学市场营销学的副教授 Carey Morewedge 指出[⊖]："人们似乎根本没意识到自己的偏向有多严重。不论是优秀的决策者还是糟糕的决策者，每个人都觉得自己的偏向比周围的人少。这种对偏向盲点的易感性似乎无处不在，而且与个人的智力、自尊，以及做出公正判断和决策的真实能力无关。"

不同于学术界，他们的研究需要经过严格的同行评审，查找方法上的缺陷，如果不符合标准，结果会被驳回。大多数 UX 和市场研究很少受到如此严密的审查。事情进展太快，大部分情况下，只有最引人注目的发现才能被利益相关者看见，而且这些发现通常是基于对研究结果的盲目信任。决策很快就做完了，项目就这样继续向前推进了。

然而，错误的研究结果可能会让一家公司损失数百万美元。在缺乏双盲研究的情况下，你对抗研究者偏向的最强大的武器可能就是认识到偏向的存在。

用户体验思维

- 想想在 UX 研究从规划到执行再到根据结果采取行动的不同阶段。每个阶段可能渗透进来的偏向都是什么？其中某些阶段是否比其他阶段更容易受到研究者偏向的影响？
- 考虑这样一种情况，开发团队成员正在观察你的研究。如果他们在会议后与你讨论他们的观察，这是否会影响你对事件的回忆？还是这种互动有助于揭示你可能忽略的观察结果？

⊖ Rea, S. (2015, June). "Researchers find everyone has a bias blind spot." https://www.cmu.edu/news/stories/archives/2015/june/bias-blind-spot.html.

- 你认为 UX 研究者进行设计实验的方式是否符合科学家期望的"受控"实验的标准？为什么符合，或者为什么不符合？ UX 研究是一门科学吗？ UX 研究是否需要采用科学方法才能提供价值？
- 我们说进行完全双盲的 UX 研究几乎是不可能的，但是如果使用远程无主持的可用性工具，是否能做到接近双盲的研究？
- 每当你与人打交道时，往往会对某些人产生比其他人更强的共鸣。在你的研究中，有些参与者可能比其他人更讨人喜欢、更善于表达或更需要一个好的解决方案。如何防止这种情况影响你对研究结果的解释和报告？

3.9 面对难以应付的可用性测试参与者

进行可用性测试的研究者普遍会担忧一件事，即他们迟早会遇到一些难以应付的参与者。那么，这些难缠的人是谁，我们如何防止他们带来困扰呢？

Jane 已经准备好了一切。她预定了一整天的实验室，检查了录音软件，确保能够获取清晰的会议录音用于后续回放。她身边还有一位开发者，如果智能家居原型出现故障需要重启，他能够远程操作服务器。她甚至还记得为单向镜另一边的客户准备咖啡和小食。还有什么能出错的呢？

参与者在外头等候，Jane 请他进入实验室。但回想起来，就在这一刻，她有了一种事情可能不会按计划进行的预感。当参与者看到智能家居控制器时，他显得有些迟疑和困惑。Jane 以为这只是测试时自然的紧张，于是请他坐下，然后开始了她惯用的开场白——"我们不是在测试你。"——并将第一个任务卡连同控制器递给了他。

参与者翻来覆去地检查控制器，停顿了一下，然后看向 Jane，"这个……怎么开机？"，他问道。

Jane 露出了诧异的表情，"我以为你有一个这样的设备。"她提醒道。之前的筛选过程中明确询问过这个问题。

"哦，不是的，"他解释道，"实际上我个人是没有的，但我在店里试用过。你帮我开一下，我就知道怎么操作了。"

尽管实验室是隔音的，Jane 还是确信她听到观察室另一侧的人吃惊地倒吸了一口气。

3.9.1 难以应付的参与者分类

Jane 的遭遇可能看起来有点儿极端，但 David 在他观察的一个测试中也遇到过类似情况的发生（为保护当事人，我们改了名字）。测试参与者有时可能因为被激励措施诱惑，而说些半真半假的话。或者他们可能只是出于好奇，想亲眼看看消费者研究究竟是怎样进行的。有时，一些过分积极的招募人员为了达到目标人数，可能会放宽招募标准。

那么，有哪些其他难以应付的参与者呢？我们询问了一些 UX 领域的同事，收集了他们过去遇到的各类棘手的可用性测试参与者。结合这些反馈和自身的经验，我们将他们分为以下几类：

- 本不该被招募的参与者。
- 无法正确出声思考的参与者。
- 不愿对设计提出批评的参与者。
- 焦虑的参与者。
- 其他难以应付的参与者。

让我们依次看看这些类型的参与者。

本不该被招募的参与者

这一组难以应付的参与者可能会：

- 自称是经常上网的用户，实际上却几乎不会使用网页浏览器或鼠标。
- 谎称自己拥有某种设备（例如特定品牌的智能手机）。
- 对你正在测试的品牌持有偏见，只是想借机吐槽他们之前接受的不满意的服务。
- 尝试以参与消费者研究来谋生（他们是所谓的"职业测试参与者"）。
- 对隐私极度敏感，拒绝让你录制他们的面部、声音或在屏幕上的操作行为。

无法正确出声思考的参与者

这一组难以应付的参与者可能会：

- 说话太少。
- 把屏幕上的每一个字都大声朗读出来，却无法告诉你他们为什么点击某个链接。
- 将测试当作访谈，倾向于讨论而非实际地完成任务。
- 漫无边际地闲聊，完全偏离主题，在你听完他们的话前，拒绝回到任务上来。

- 自诩为专家级用户，乐于展示他们有多少知识："我一直不喜欢将弹出菜单作为一种交互设计手段。"

不愿对设计提出批评的参与者

这一组难以应付的参与者可能会：

- 明显对产品某些方面不满，但出于礼貌或友好不愿明言。
- 把测试视作对他们自身能力的考验，急切地想给你提供"正确"的答案。
- 虽然未能完成任务，但在后测问卷中给予产品最高分。

焦虑的参与者

这一组难以应付的参与者可能会：

- 极度紧张。
- 需要持续的安慰和鼓励，会频繁询问"我这样做对吗？"。
- 在执行简单操作（比如点击链接）前，表现得过于小心翼翼。

其他难以应付的参与者

这一组难以应付的参与者可能会：

- 爽约或迟到，导致你的测试时间超时。
- 显得漠不关心，拒绝积极参与测试（随便点击几下就结束了）。
- 仅因为是新产品就对其进行诋毁（他们偏好旧系统，反对任何变革）。
- 卫生状况差（如同我们的一位同事形容的那样，"长期不用香皂且臭气熏天"）。

3.9.2 寻找解决方案：从参与者的视角思考测试

在具体讨论针对各种难以应付的参与者类型的解决方案之前，我们建议采用一种通用的方法来应对可用性测试中的挑战：从参与者的视角思考测试。

那些我们认为"难以应付"的参与者，很少有人在测试当天早上醒来时临时决定当天自己要成为一个难相处的人。想象一下那些你成为"难以应付"的人的时刻——也许是接到一个骚扰电话，或是排队等待了太久，或是在餐厅退掉一道菜时——你可能也被视为难以应付的人（而且别人很可能正在想办法应对你）。

现实情况往往复杂得多，总是会出现某些让人感到尴尬的情境。虽然我们会惯于将人们的行为归咎于他们自身，但造成这种尴尬的情境并非他们的本意。以下几个例子或许能解释我们之前提到的一些行为：

- 参与者可能因为测试环境而感到焦虑，他们可能觉得录制设备有侵扰性，或担心测试是某种精心策划的骗局。
- 或许是软件使用难度太大，让参与者感到自己很蠢。
- 可能我们为参与者设置的任务不切实际，参与者不明白该做什么。
- 参与者生活中可能正遭遇了困境（比如在来参加测试前刚收到一份需要支付的账单）。
- 招募者可能招募不当，参与者缺乏参与测试所需的专业知识。
- 主持人出于某种原因感到焦虑，这种情绪被转移到了参与者身上。

我们将问题归咎于人还是情境，这至关重要。如果归咎于人，那么我们几乎对此无能为力，无法采取措施改善情况，因为这是他们的本性。但是，我们可以控制情境。

根据你所面临的具体情况，以下几条指南可能对你有所帮助。

3.9.3 应对本不该被招募的参与者

我们永远无法完全避免那些习惯性撒谎或伪造信息的参与者，但通过恰当的招募手段及管理参与者的期望可以有效控制这一情况。在招募阶段，设计一个重点关注行为而非人口统计学信息的筛选问卷。我们在第 2 章中更深入地讨论了这一点（参见 2.5 节），基本的技巧为以下几点。如果你需要区分参与者技术熟练度的"高""低"，不要仅仅询问他们上网的频率。一个人的"经常"可能是另一个人的"有时"。相反，应让他们根据从低到高技术熟练度的行为陈述进行自我判断。例如，问他们："以下哪个陈述最符合你与技术的关系？"提供的选项包括：

- "我尽可能避免使用技术，并依赖他人的帮助。"
- "我使用技术，并仍在学习如何更好地将其融入我的生活。"
- "我对技术感到满意，并且我已经掌握了基础知识。"
- "我喜欢技术，遇到问题时大多能自己解决。"
- "我热爱技术，人们遇到技术难题时会求助于我。"

同样，你的筛选问卷应询问参与者"你上一次参加焦点小组或可用性测试是什么时候？"并拒绝那些在近 6 个月内参加过的人。

为防止"设备造假",让招募人员告知参与者需要带上他们声称拥有的移动设备(即便测试中会使用其他设备),确保参与者明白他们的参与(及激励)是以此为前提的。同时,明确告知他们会有研究过程的录制,避免他们到场时对摄像头感到意外。如果担心在招募阶段没有明确这些要求,那么在发送研究参与指南时再强调一遍。

如果遇到仅想借机发泄的参与者,应提供机会让他们畅所欲言,承诺会将反馈传达给相关人员(如果可能的话),然后继续进行测试。

如果上述所有方法都失败了,可以考虑停止可用性测试,改用其他方式——例如,将其转变成一次访谈。把这一情境当成了解这类用户的机会,毕竟收集你不会使用的数据是毫无意义的。

3.9.4　应对无法正确出声思考的参与者

既然我们的原则是控制局面,那么最好的方法就是从源头上防止这种情况发生。

你可以有意识地通过两个步骤来实现这一目标。首先,一开始就向参与者提供明确的出声思考的指令。比如说:"在使用产品时,请将你的思考过程大声说出来。我的意思是,我希望你能告诉我,你在使用产品时都想了些什么。举个例子,我希望你能说出你正在尝试完成什么任务,你在寻找什么,以及你所做的任何决策。如果你遇到障碍或感到迷茫,我也希望能听到这些。"

其次,让参与者在正式开始测试之前先练习这种表达方式。例如,让他们尝试描述如何通过手机发送一条信息,如何更换订书机的订书钉,或者如何调整椅子的高度。确保他们能够正确地出声思考再开始测试(不要因为表现不佳而妥协)。

同样,在每项任务开始前,引导参与者大声读出任务说明,并用自己的话复述任务目标。这样做不仅强调了测试的任务导向性,还确保了参与者清楚自己的任务内容。

如果参与者在任务执行过程中出现问题,可以引导他们再次阅读任务卡上的任务说明。此时,可以使用这样的话术:"我们今天的时间有限,为了能够充分利用时间,我将帮你重新强调一遍当前的任务。"

3.9.5　应对不愿对设计提出批评的参与者

当参与者认为你参与了产品设计时,他们很少会愿意直言不讳地提出批评。因此,抓住一切机会强调你与开发团队之间的独立关系,哪怕这是一个善意的谎言。让参与者明白，你的角色是为开发团队提供真实的反馈，参与者对产品的任何评论都不会让你感到不快。

另一个有效的方法是通过赞赏参与者来激发他们的积极性。告诉他们，产品正是为了符合他们这样的用户的需求而设计，他们的直觉反应极其宝贵。

如果上述方法都未奏效，不妨唱唱反调，从而引导他们提出批评。一个精心设计的问法可以有效地为他们提供表达负面意见的空间。比如说："你已经提供了一些非常有价值的反馈。作为我工作的一部分，我需要向团队报告更加全面的观点，因此，如果我必须让你指出遇到的某个困难，那会是什么？"。

3.9.6　应对焦虑的参与者

面对测试情境，许多人都会感到焦虑，因此尽可能缓解这种压力是非常重要的。如果参与者特别焦虑，其实你在签到处见到他们时就能察觉到这一点。如果是这种情况，你可以采取一个不同的引入方式，也许是在签到处多聊一会儿，或者在前往可用性实验室前迅速为他冲一杯咖啡。另一个方法是消除测试的神秘感，比如，向参与者展示幕布后面（或单向镜另一侧）的真实情况，并将参与者介绍给观察者。当然，如果你的控制室里满是监控设备，看起来像美国航空航天局（NASA）的任务控制中心一样，那么这一步就可以省略了。

在测试过程中消除焦虑的一个有效方法是：从一个简单的任务开始，例如，让参与者进行网络搜索，或按照帮助性文档执行一些操作。你可能不会在分析中使用这个任务显示的结果，但它能帮助参与者渐入佳境，增强信心。

如果某个特定任务出现问题，那么停止这个任务，转而进行其他任务。你甚至可以考虑放弃预设的任务，让参与者自己定义与产品相关的任务。在这种任务中，询问参与者他们希望用产品完成什么，然后测试这一场景。参与者通常会觉得完成这类可用性测试任务更有动力（见 3.4 节）。

如果参与者的焦虑主要是集中在录制设备上（比如，参与者不停地瞥向摄像头），那么建议关闭所有录制设备，转而改用书面记录。

如果上述所有方法都不奏效，不妨休息 10 分钟。真诚地直面这个问题："你看起来很焦虑，有什么我可以帮忙的吗？"

3.9.7 应对其他难以应付的参与者

如果你遇到了这样的参与者，我们不确定你事先能做些什么来预防这个问题的出现。这些是难以应付的参与者中的硬骨头，他们可能的确是在那天早上醒来时，就决定成为这个尴尬小队的全职成员的。但要记住，这类参与者在可用性测试中是相当罕见的，你可能在整个职业生涯中都不会遇到他们。

针对这类参与者，唯一的解决方案可能是准备一个"候补参与者"（同意全天候场的人，以防你拒绝了一个参与者或有人爽约）。理所当然，候补参与者需要更高的激励措施。在进行关键的测试时，你甚至可以考虑重复招募，即为每个测试时间段招募两名参与者，然后让不那么合适的那位离开（你仍然需要给予他们激励）。

还有一种人是我们没有提及的特殊情况（因为我们自己没有遇到过这样的参与者），那就是那种你不希望单独与之共处一室的可怕的真正的疯子。如果你在签到处发现这样的人盯着你看，那么我们建议的做法是直接表明："实际上我们已经收集到了所需的所有数据。感谢您的到来，这是您的参与报酬，再见。"然后尽快离开。

大多数难以应付的可用性测试参与者实际上是在对我们设置的测试困境作出反应。通过在研究设置阶段细心规划，并在测试过程中化解潜在的问题，你会发现绝大多数参与者都能顺利完成测试。

用户体验思维

下面 5 个实例反映了你未来可能在自己的测试环节中遇到的场景。对于每个场景，首先想一想你会怎么处理。然后，思考如何从一开始就避免这种情况的发生。（如果你对这些情境感兴趣，可以在 Tedesco, D. 和 Tranquada, F. 的 *The Moderator's Survival Guide: Handling Common, Tricky, and Sticky Situations in User Research* 一书中找到更多例子。）

- 参与者在被招募时已了解到测试将被录制，但当他们到场并阅读了知情同意书后，说不想出现在摄像机前。

- 参与者到场时，你发现他们以为自己将参加一个有其他人参与的焦点小组讨论，他们问你其他人在哪里。

- 测试过程中，发现参与者很明显在过去与你的组织有过不愉快的经历。他们心怀不满，并希望向你倾诉。

- 你注意到，参与者花了很长时间盯着房间里的摄像头，并且不时地朝单向镜瞥去，双臂交叉，保持沉默。
- 测试过程中，参与者有一通手机来电。参与者看了看手机，并说："抱歉，是银行的电话，我得接一下。"随后他开始通话，而此时视频摄像机仍在录制。

3.10 通过情境访谈揭示用户目标

在 UX 研究领域，情境访谈被视为黄金标准。然而，有时 UX 研究人员可能需要在脱离情境的环境下进行访谈。如何设计面对面的访谈，以便最有效地帮助用户分享他们的故事呢？

最有价值的 UX 研究数据是情境化的：亲自访问用户，并在他们的实际使用情境中进行观察。但有时，进行情境访谈并不可行。例如，David 最近对一组法律行业的专业人士进行了研究，尽管他尽了最大努力，但由于客户需要保密的原因，很多人都不允许他靠近他们的桌子或工作区域。

当你在项目初期遇到这样的情况时，该如何对用户进行访谈，同时获取对用户需求的理解呢？

想一想在项目初期阶段你通常会收集哪些类型的数据。最有用的数据往往是丰富的描述（故事），讲述了用户使用产品的方式。情境的作用在于帮助人们讲述和记住他们的故事。一旦脱离了这个情境，分享故事就变得更加困难了：

- 参与者可能无法回忆起任何故事。
- 参与者可能开始讲述一个故事，但很快就讲不下去了。
- 故事可能过于平淡和琐碎。
- 访谈可能逐渐失去焦点，变成了意见讨论。

有没有办法可以帮助参与者回忆起他们的故事呢？

情境访谈是一种访谈方法，鼓励参与者回忆和分享他们经历中的具体事件、情境和片段。这种方法有一个特定的框架，在本节中将详细介绍。让我们通过这个框架来看看是否能够解决上述问题。

我们在介绍这个方法的每个阶段时，会将其应用于一个虚构的项目。设想我们正与一个组织合作，该组织正在开发一种名为"拼车"（Rideshare）的服务。该服务旨在有效利用车辆中的空座位。

3.10.1 阶段 0：准备工作

在这一阶段，你需要像对待任何其他访谈一样，准备一份访谈指南。这意味着你需要围绕拼车这一主题进行深入阅读，查看已经进行过的所有相关的 UX 研究成果，与利益相关者沟通，了解他们对这个正在开发中的项目的期望，并确定关键的参与者特征，然后招募参与访谈的人员。如果需要复习相关知识，不妨回顾前面的章节。

在招募阶段，建议让参与者讲一个有相关经历的故事，这样可以初步判断他们是否能为访谈提供有价值的内容。

3.10.2 阶段 1：介绍访谈原则

这个阶段的目标是向参与者解释访谈的目的：你希望他们讲述自己的故事。对我们的项目来说，你可以这样开场："在我们的访谈中，我会请你分享你在拼车过程中的经历。任何对你而言印象深刻的故事、情境和事件都是我所感兴趣的。"

访谈过程中，如果遇到一个只给出简短回答的参与者，你可能需要重申这一点。可以通过一些提示来引导他们重新聚焦，例如："我对你那次经历的故事很感兴趣""请以故事的形式详细告诉我那件事情的经过"，或"你能分享一下那次经历的故事吗？"

3.10.3 阶段 2：参与者对议题的认知及相关的经历

接下来，我们要从高层次上了解议题的整体概况，首先从参与者对议题含义的定义开始。一个很好的提问方式是："在你看来，拼车意味着什么？提到'拼车'这个词，你会想到什么？"

随后，继续询问参与者他们最初是如何接触到你正在研究的事物的。记住，这一系列提问的主要目标是鼓励参与者回忆起具体的情境：那些能够揭示他们目标的故事、轶事和经历。因此，合适的问题是："回想起来，你第一次接触拼车是什么情况？可以和我分享那个经历吗？"或者"你认为和拼车最相关的经历是什么？能描述一下那个场景吗？"

要特别注意第二个问题中的"相关"这个词。相关性应由参与者定义，而非访谈者。相比于你从他们列举的经历中选出一个你认为最有趣的经历，通过询问参与者他们认为的最相关的经历，更有可能触及潜在的用户需求。

3.10.4 阶段 3：议题在参与者日常生活中的意义

在访谈的这个阶段，我们的目标是鼓励参与者思考研究主题的意义和相关性，并帮助他们阐述这一主题是如何融入他们日常生活的。

这里可以提出一个有用的问题，"请回忆一下你昨天的活动，拼车在何时何地在其中发挥了作用？"

当参与者分享具体情境时，你应该通过恰当的问题探求更多细节。例如，如果参与者提到拼车是在通勤背景下发生的。你可以追问："回想一下你上下班的整个过程，拼车在其中起了什么作用？你能分享一下相关的体验吗？"如果参与者谈到拼车是作为和其他球迷一起去看体育赛事的交通方式，那么你可以继续追问："回想看足球比赛的整个经历，拼车在这个过程中扮演了什么角色？能分享一下相关的体验吗？"

3.10.5 阶段 4：聚焦研究议题的核心部分

在这个阶段，我们从笼统的主题（拼车）转向具体的技术（使用技术帮助人们共享乘车）。

对作为访谈者的你来说，这是一个具有挑战性的阶段，因为避免去验证一个特定的实施方案是非常重要的。尽管你的团队可能对这个项目最终成为一个移动应用有非常明确的设想，但作为 UX 研究者，你的任务是让参与者分享他们的故事，而不是为你的设计概念寻求认可。

因此，这样的问题会很有效："回想一下，你第一次约拼车时是怎样的经历？请分享那次的情境。"或"当你需要拼车时，你会怎么做？告诉我一个典型的情境。"

这些问题旨在引出人们使用的技术（如短信、邮件、网站），但如果没有引出，你可以更直接地询问："你是如何利用手机或笔记本电脑约拼车的？"

Uwe Flick 强调⊖，在这一阶段，你作为访谈者的任务是"开启通往参与者个人经历的大门"。这意味着你需要深入探寻，以构建一个完整详尽的故事叙述。

⊖ Flick, U. (2000). "Episodic interviewing". In *Qualitative Researching with Text, Image and Sound: A Practical Handbook* (pp. 75–92), P. Atkinson, N. W. Bauer and G. Gaskell (Eds). London: SAGE.

3.10.6　阶段 5：更广泛地讨论与研究议题相关的主题

经过前几个阶段，话题会变得越来越具体。此阶段我们会将视角拉远，引导参与者进行更宏观的思考。比如，可以提出这样的问题："在你看来，有什么方式可以简化拼车过程？"或者"你对拼车领域未来的发展有何期待？请通过一个故事让我清楚理解这种变化。"

这些问题旨在揭示参与者的观点与他们之前描述的个人经验之间的差异和矛盾，而非要求他们为你的产品提供设计方案。人们言行之间的差距往往就是设计的机遇。

3.10.7　阶段 6：评估与闲聊

在这一阶段，你总结访谈内容，并询问参与者是否还有什么重要的问题你未曾提及。这为参与者提供了一个机会，让他们可以补充在访谈主体部分可能没有回忆起的其他故事。

3.10.8　阶段 7：文档记录

访谈刚刚结束后，你需要立刻对主要的发现进行归纳总结。你可以借助索引卡片简要记录重点，或者用语音记录设备将突出的观察结果的口述录下来。特别是在访问多位参与者时，利用间隙，比如在咖啡店小憩或等待交通工具时进行口述总结。你通常可以在几分钟内完成对一次访谈的口述总结。

3.10.9　阶段 8：分析工作

分析这类定性访谈的结果与处理定量数据的方法截然不同。对于定量数据，我们通常依靠平均值和方差等统计量来概括数据特征，但对于故事型数据来说，试图去构建一个"平均故事"是没有用的。以下是我们处理此类定性数据的常规方法：

- 熟悉你的数据。将访谈内容转录成文本，并多次仔细阅读这些转录文稿。
- 识别重要故事："这里发生了什么特别的事？"
- 使用亲和性排序（affinity sorting）方法，将不同参与者分享的类似的故事进行分组。
- 解释数据："这一系列故事背后有什么深层意义？它们为什么重要？"
- 归纳总结。将你的数据总结成开发团队能够采取行动的形式。

我们在本书的第 4 章对分析这一主题进行了更深入的探讨。

情境访谈是一个专门的工具，你可能不会经常使用，但在特定情况下极其有用。当你无法在实际环境中直接观察用户行为时，它为你提供了理解用户需求的有效框架。通过聚焦于故事和实际案例，它能够生成丰富的数据，帮助研究者深刻理解用户的日常生活。

用户体验思维

- 在整本书中，我们不断强调收集行为数据的重要性。你对"行为数据"这个术语有什么理解？如果你的发现阶段包括对用户的访谈，你可以收集哪些类型的行为数据？

- 由于这种研究方法不需要在特定情境中进行，因此你可以选择任何对你和参与者来说方便的地方，比如咖啡馆或酒店大堂。你会如何向参与者介绍这项研究？你需要从场地方获得进行访谈的许可吗？哪些类型的公共空间可能不适合进行这种研究？你可以通过电话访谈的方式来进行这种研究吗？

- 你的参与者可能期待一个传统的问答活动，并对你想要引导他们讲述故事感到惊讶。在访谈前，你能对你的参与者说些什么来帮助他们为研究做准备？

- 我们引用了这种方法的发明者的话，她说访谈者角色的任务是"开启通往参与者个人经历的大门"。如果受访者不愿意透露太多个人信息，你将如何处理？

- 将情境访谈的 9 个阶段与你过去进行用户访谈的方式进行比较。你在自己的实践中已经执行了其中的某些阶段吗？哪些看起来特别有用？

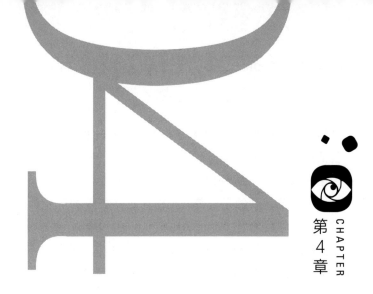

第 4 章

CHAPTER

分析用户体验研究

4.1 磨砺你的思维工具

大多数新产品在上市几个月内便会失败。我们将介绍 10 种关键的思维工具，它们能帮你标记正在进行的项目中可能存在的问题。这些工具能助你一臂之力，或者在某些情况下帮助你及时止损——放弃那些苦苦挣扎的项目。

1958 年，美国作家兼科幻及恐怖故事评论家 Theodore Sturgeon 提出了一个观点，他认为 90% 的东西（特别是科幻、电影、文学作品和消费产品）都是垃圾。

Sturgeon 的这一发现似乎切中了要害，因为现如今，开发不成功的产品已经成了常态而非例外。大家普遍认为，大约 90%（这个数字在 65% 至 95% 之间浮动，它取决于你读的是哪本书或哪篇文章）的新产品在上市的 6 个月内就会失败。这意味着，从概率上讲，你目前开发的那个产品、应用程序、设备、系统或者移动应用，失败的可能性远大于成功的可能性。

它们甚至可能最终被收入博物馆，只是可能并非你所希望的那种博物馆。想要一睹那90% 的失败品的风采，不妨前往密歇根州安娜堡的市场研究巨头 GfK 的办公室，那里是产品的"安息之地"。在这家失败产品博物馆里，你可以找到超过 10 万件失败的产品，其中包括伊卡璐的酸奶触感洗发水、吉列专为油性发质设计的产品、奔肌的阿司匹林、高露洁的速冻晚餐，当然还有水晶百事可乐。

你应该意识到的是，曾几何时，这些失败的产品都是大公司重点推进的项目，它们有着详细的项目规划、时间线和上市目标。围绕这些项目，充满热情的业务经理、项目经理、法律顾问、会计师、设计师及市场营销人员曾经齐聚一堂，为关键的任务决策辩论不休，每个人都深信他们正走在通往成功的道路上。然而，他们错了。

经济学家 Paul Ormerod 在他的著作《达尔文经济学：为什么会失败，怎样做能成功》（*Why Most Things Fail*）⊖中指出，"失败是企业生命的显著特征。"

对此，Theodore Sturgeon 可能只会点头表示，"我早就告诉过你了。"

4.1.1 啦啦队员、盲目的信念和永不消亡的想法

当了解到公司高层和员工普遍很清楚产品失败的原因时，还是有点儿令人惊讶的。这不是什么秘密，市场研究机构 GreenBook⊖列举了新产品失败的几个原因：

- 市场营销人员对市场环境评估不足。
- 错误的目标群体定位。
- 使用了薄弱的产品定位策略。
- 选择了次优的产品属性和收益配置。
- 实施了有问题的定价策略。
- 广告活动未能充分提升产品知名度。
- 市场蚕食导致公司利润下降。
- 对营销计划过于乐观，导致预测不切实际。
- 营销计划在现实中执行不力。
- 新产品被过早宣布"死亡"并被"埋葬"。

显然，这些因素都有可能导致失败，但还有更深层的问题存在。里昂第三大学的管理学教授 Isabelle Royer 在《哈佛商业评论》上发表的文章" Why Bad Projects Are So Hard

---

⊖ Ormerod, P. (2005). *Why Most Things Fail: Evolution, Extinction and Economics*. London, UK: Faber and Faber.

⊖ Copernicus Marketing Consulting and Research. (2010, June). "Top 10 reasons for new product failure."

to Kill"⊖中深入分析了这一问题。通过研究两家法国公司，Royer 发现问题不在于能力不足或管理不当，而在于"管理者们对他们项目最终成功的必然性有着热切而普遍的信念。"这种信念在组织中蔓延，并随着每个人像啦啦队员一样为项目加油助威而获得动力。这孕育了一个"集体信念"，只允许正面的谈话、正面的数据和正面的结果，这种做法让开发团队对可能的风险和负面反馈视而不见。

但就是这种不加质疑的信念——Royer 所说的盲目的信念——在科学家和批判性思维者眼中是完全不能接受的。在科学领域，没有任何东西是仅基于信念或盲目的信念而被接受的。一切——每一个论断或假设——都需要基于证据，而每一个主张和数据点都将会受到质疑。事实上，一个假设在科学中必须是原则上可证伪的，否则，它会被直接驳回。

科学是一种自我修正的方法，旨在揭示事物的真相。但最根本的，科学是一种思考方法。在科学家的训练中，无论他们的专业领域是什么，都会获得一系列的技巧或"思维工具"，这些工具经过使用而不断得到磨砺。

这就引出了一个有趣的问题。采用科学家的思考方式，而不是像啦啦队员一样思考，能否帮助团队和个人挑战有问题的产品创意、淘汰糟糕的项目，同时验证那些有潜力的好的产品创意？

我们相信这是可行的。来看看这个工具箱吧。

4.1.2　像科学家一样思考

卡尔·萨根（Carl Sagan），一位科学家、天文学家、天体物理学家、宇宙学家、作家及科学传播者，在他的著作《魔鬼出没的世界：科学，照亮黑暗的蜡烛》（*The Demon-Haunted World: Science as a Candle in the Dark*）⊖中，提出了一套批判性思维工具——他将其称为"谎言鉴别工具箱"。运用这些"怀疑性思维工具"中的一部分或全部，能有效揭示错误、思维缺陷、虚假断言、恶作剧、欺诈、伪科学、诡计、骗局、神话、迷信、神秘主义、魔术、赤裸裸的谎言及一般的胡说八道。在科学领域，这样的思维工具不仅构成了实验设计的基石，还用于挑战和测试假设——包括科学家自己的假设——以及驳斥虚假的主张。

⊖ Royer, I. (2003, February). "Why bad projects are so hard to kill." *Harvard Business Review*, 81: 48–56.

⊖ Sagan, C. (1997). *The Demon-Haunted World: Science as a Candle in the Dark*. Westminster, MD: Ballantine Books.

在产品设计和开发的过程中，我们也可以借助这些工具来强化某一想法的支持论据，或者揭露不成立的假设，或者识别那些应当被终止的项目，并最终确保关键的继续 / 终止（go/no-go）决策是基于可验证的证据。

以下是萨根的谎言鉴别工具箱，其中萨根的思考工具以楷体呈现。

4.1.3　验证事实

只要有可能，事实都必须经过独立的验证。

这一点要求提供证据。不要轻信产品规定或设计决策，也不要假定人们知道他们在做什么，或假设别人会检验事实。做一个怀疑论者。

我们这里的讨论并非鼓励负面思想或愤世嫉俗，也不是推崇成为固执己见或爱唱反调的人。持有谨慎的怀疑态度是件正面的事，它防止我们过于轻信他人。问问自己：驱动这个决策的是什么？有什么证据支持 X、Y 或 Z 的情况是真实的？

支持设计或营销决策的证据可能来源于市场研究、可用性测试或实地考察的结果，也可能是客户经理对某个产品或功能的客户需求记录，或是客服热线上常见的问题。某个方向的发展决策是基于经济或趋势数据的商业选择。不管证据的形式如何，都需要确认其来源、有效性和可靠性。如果你的信息来源是二手资料调研，请尽量追溯至原始资料来源。

此外，我们每个人都应该问自己一个问题："我上一次根据实际可验证的证据，而非仅凭直觉、我自己或他人的观点，或者基于政治辩论的结果，来做出某个具体的设计、营销方案或（这里填入你的专业）决策是什么时候？"或者，"我上一次仔细验证某事的事实是什么时候？"

4.1.4　鼓励辩论

鼓励知识渊博的各种观点的支持者们对已有的证据展开实质性的辩论。

团队应共同讨论证据。这些证据是基于实证的吗？数据是如何收集的？研究方法是否经得住严格审查？各个独立的证据源是否支持相同的决策？证据的解读是否准确无误？由此产生的决策是否在逻辑上是基于证据得出的？注意，辩论证据并不等同于讨论个人观点和喜好——必须真的有一些证据作为讨论的基础。

4.1.5 权威也可能是错的

权威论点的分量没有那么重要。权威们以往已经犯了不少错误，他们将来仍然会犯错。说得更确切一点儿，科学没有权威，最多有一些专家而已。

在产品设计或营销的会议上，不要摆架子。相反，应当给出数据支撑。数据胜过意见，不管是谁的意见。如果团队中没有人拥有数据，那么应该利用自己的职位去授权某人完成必要的工作，以获得所需的数据。

4.1.6 提出不止一种想法

如果想要解释某个东西，要尽可能地考虑各种不同的解释方式。然后，设计测试方法来系统性地证伪每一种可能的其他解释。通过检验的假设，也就是在"多个可行假设"中经受住了"自然选择式"考验的那个假设，相对于那些只不过是在最初的一念之间赢得你好感的想法而言，是正确答案的可能性要大得多。

尝试构想所有可能解决用户问题或满足用户需求的方法。将它们以故事板的形式草绘出来，或者用低保真的纸质原型或纸板模型来模拟，看看哪些想法最有效。你应选择保留哪个想法？进行实验。尝试把它们全部推翻。不要试图证明它们是对的，而是尝试证明它们是错的，让数据来决定，这就是科学的工作方式。不要仅仅询问人们是否喜欢你的设计，这是一种逃避方式，对公司百害而无一利。相反，应设计研究来精准识别哪个想法最能抵御所有质疑。

4.1.7 保持开放的态度

尽量避免过分执着于一种假设，仅仅因为那个假设是你自己提出来的，这只是在寻求真知的路上的一站。问问自己，你为什么喜欢那个想法，公正客观地将它与其他的可能性假设进行比较，看看你能否找到理由来拒绝它。你不这么做，别人也会这么做的。

对改变方向保持开放的态度（精益 UX 的实践者将其称为"转型"）。你可能会觉得这很奇怪，但如果一个假设被证明是错误的，科学家实际上会感到高兴。这意味着他们推动了科学的进步，为人类知识体系增添了新的内容，提升了我们对这个世界的理解。为了项目的利益，随时准备改变方向。犯错是可以的，这是我们发展专业知识的方式。

4.1.8　定量测量

进行量化。如果你要解释的事物具有某些测量标准或一些相关的具体数值，不管它是什么，都会更有利于将你的假说和其他与之竞争的假说区分开来。模糊的、定性的东西往往可以有多种解释。当然，我们不得不面对的许多定性假说中也蕴含着一些需要探寻的真理，但找到它们是一种更具有挑战性的工作。

尽可能地设计实验来收集定量数据，而不仅限于定性数据。注意，萨根提到的"定量"与"定性"这些术语是指应收集的数据类型（即精确的数值数据与可以有多种解释的语言数据）。他并没有像一些 UX 研究人员和利益相关者那样，使用这些术语来指代具有大量或少量参与者的研究设计。

4.1.9　测试链条中的每个环节

如果有一个论证的链条，那么链条中的每一个环节（包括前提）都必须是正确的，而不能仅仅是大部分环节正确。

论证的每一部分都必须能经得起审查。同理，一个想法或产品概念的每一个元素都必须发挥作用，或者需要找出薄弱环节并加以强化。在产品开发过程中，我们还可以把这种思维应用到另一种链条形式上。在一个典型的产品开发周期内，开发活动的不同阶段（或敏捷开发中的冲刺阶段）就像链条上的环节一样相互连接，通过阶段性的关卡或检查点实现连接，这些关卡用于对进度和质量进行检查。阶段性关卡是运用思维工具和提出疑虑的机会。尽早应用这些工具可以帮助确认或调整项目方向。即使在项目后期再应用它们，仍然能够避免公司因项目启动失败而面临的尴尬和成本损失。

4.1.10　应用奥卡姆剃刀原理

这个便利的经验法则敦促我们，当我们面对两个同样能合理解释数据的假设时，选择更简单的那一个。

奥卡姆（William of Ockham）是一位活跃在 13 世纪末至 14 世纪初的方济各会修士、逻辑学家和哲学家。他以一句格言（他的剃刀隐喻，Occam's Razor）而闻名，他主张削减或剃掉不必要的假设。他所言："如无必要，勿增实体。"（Numquam ponenda est pluralitas sine necessitate），换句话说，在所有可选的解释或解决方案中，选择更简单、更经济的那一个。

更进一步说，设计力求简洁。不要让你的产品——或你这样做的理由——变得比它需要的更复杂。在这里，提前向任何在下一次团队讨论功能蔓延时用拉丁语引用奥卡姆剃刀原理的人表示敬意。

4.1.11 测试假设

不断地质疑这个假设能否——至少在理论上——被证伪。无法测试、无法证伪的假设是没有多大价值的。

在产品构思和开发的过程中，我们遇到完全无法测试和证伪的假设的情况极为罕见。然而，我们可能会遇到出于各种其他原因而无法进行测试或证伪的想法、断言或论点。有时——尤其在大公司中——某个项目启动的原因和逻辑对团队成员来说可能都是个谜；有时这个决定仅仅是从公司高层传达下来的命令，因此不容置疑；有时我们开发一个新产品，仅仅是因为竞争对手也在开发一个类似产品。从某种意义上说，这些决策是不可测试的，但它们仍应被质疑。竞争对手为什么要开发该产品？他们掌握了哪些我们不知道的信息？我们怎样才能确定他们的决策是正确的？

其他时候，某个想法或假设可能基于与我们认为"不可测试"的问题、没有意义的问题，或者无法期望参与者能合理回答的问题相关的数据，例如："你认为 10 年后洗衣服会是什么样的？"或"你购买这款产品的可能性有多大？"

始终确保你的想法是可测试的，并且你的研究问题能够得到有效的答案。

4.1.12 进行实验

依赖经过精心设计和控制的实验是关键。我们仅仅通过思考是学不到太多东西的。

萨根通过倡导进行实验来完善他的谎言鉴别工具箱。这不仅仅是一个泛泛的"做一些研究"的建议，而是指明应进行精心设计的实验，目的是在多个相互竞争的想法、解决方案、解释或假设中做出选择（这是现代产品设计的一个关键原则）。这意味着要设置控制条件、消除误差来源、避免偏向，以及在可能的情况下，实施双盲研究。

4.1.13　开始使用思维工具

开发团队投入了大量的时间和精力去讨论如何正确地构建产品，然而在是否构建了正确的产品上的讨论却少得多。Royer 教授所描述的这种现象是相当普遍的。大多数项目（不是所有的）都会在某个时刻达到一个临界点，然后像失控的火车一样势不可挡地加速，以至于产品经理再也无法转变方向或停止这股势头。

但值得注意的是，多数开发团队中确实存在怀疑者，这些人可能对项目的方向有所担忧。有的人天生愿意表达自己的看法，有的人可能只在背后小声嘀咕，还有的人可能因为不知道如何对一个想法提出批评或挑战一个论点而缺乏表达的信心。

萨根的谎言鉴别工具箱提供了必要的思维工具。下次当你参加项目启动会或者阅读与项目相关的研究报告时，尝试运用这些工具。并且在向他人呈现你的想法和论点之前，别忘了用这套工具来对它们进行评估。

我们或许不能改变 Sturgeon 观点反映的结果（90% 的东西都是垃圾），但通过在设计生命周期的早期阶段（理想情况下是在构想和概念形成的阶段）应用这些思维工具，并结合实验来测试初期模型，我们就能够提高产品成功上市并成为那成功的 10% 的概率，而不是落入……嗯，你知道的，其他地方。

用户体验思维

- 你可能想先精通少数几个思维工具。哪些工具最适合你的实际情况？有没有某个工具特别能引起你的共鸣？
- 如果你在团队中应用这些批判性思维工具，预计会有怎样的反响？思考你可能遭遇的阻力的类型及其应对策略，并确保最终大家还能做朋友。
- 萨根的谎言鉴别工具箱提供了一个结构化的思考问题框架，但我们在其中并没有看到任何关于创造力、直觉或设计思维的内容。这是为什么？你认为萨根的方法会限制还是激发创造力？这些不同的方法——我们可以将它们视为设计的艺术与科学——它们是如何相互补充的？
- 如何使用奥卡姆剃刀原理防止功能蔓延？组织一次团队练习，将其应用于当前的设计概念。在不牺牲原始愿景的前提下，你能"剃掉"多少内容？
- 萨根的谎言鉴别工具箱中包含了 10 个教你如何成为怀疑者的思维工具。制作一份信用卡大小的工具清单，放在钱包里或保存在手机中。在下一次项目会议中，

> 随着会议的进行查看这份清单，思考哪些工具可以有效挑战会议中提出的各种决策或主张。

4.2 UX 研究与证据强度

"证据强度"这一概念在所有研究领域都扮演着重要角色，但在 UX 研究领域中却鲜少被提及。我们将深入探讨它对于 UX 研究的意义，并建议根据研究方法所产生的数据强度对其进行分类。

Philip 曾对一个项目经理说，在可用性测试中不存在所谓的问题。以下是真实发生的故事。

几年前，当他在一家大型公司为一项可用性测试准备测试计划时，项目经理打电话过来，询问他是否可以快点儿发送过来可用性测试的问题列表，因为负责的团队希望对其进行审核。

"可用性测试中不存在问题。"他回答道。

"什么意思，没有问题？"项目经理一时被弄得有些困惑，惊讶地反问，"怎么可能没有问题？那你究竟怎样才能确定人们是否喜欢这个新设计？"

"但我并不想知道他们是否喜欢它，"Philip 指出，他承认自己的回答可能有点儿过于暴躁了。"我的目的是要看他们是否可以使用它。我这里有的是任务列表，而不是问题列表。"

我们可以就"可用性测试中是否真的没有问题"这个话题争论很久。但提及这个故事的原因是，它引出了一个对 UX 研究者极有价值的经验法则。

4.2.1 好的和坏的 UX 研究数据

将"你怎么看？"这类问题加入 UX 研究中这一请求暴露出一个事实，一些利益相关者不仅不理解可用性测试的真正目的，而且还错误地认为所有用户反馈都必然有价值。这说明他们没有意识到好数据与坏数据的区别，并因此相信所有用户反馈都是有用的。

然而，并非所有反馈都是有用的。有的反馈有价值，有的则可能毫无用处。

类似地，还有强数据和弱数据。这一点在所有研究领域都是成立的，无论是开发新药、探索新行星、侦查犯罪案件还是评估软件界面。

UX 研究关注的是观察用户的行动，而非询问他们的看法。这是因为，意见作为数据几乎没有价值。每有 10 个人喜欢你的设计，就会有 10 个人不喜欢，还有另外 10 个人可能完全无所谓。意见不是证据。

另一方面，行为就是证据。这就是为什么侦探更愿意抓到某人的犯罪"现行"，而不是依靠传闻和假设。因此，UX 研究中一个经常被重复的建议是："关注人们做了什么，而不是他们说了什么。"虽然这几乎成了 UX 领域的一句老生常谈，但它仍是开启关于证据强度这一讨论的好起点。证据强度的概念强调，有些数据能提供强证据，有些只能提供中等强度的证据，而有些则是弱证据。无论如何，我们必须避免基于弱证据来推进产品开发。

4.2.2 UX 研究中的证据

证据是我们用来支持论点和推理的依据。当我们就特定设计参数、产品特性、决定何时退出设计 – 测试迭代循环、做出继续或终止的决策，以及对是否推出新的产品、服务或网站做出决策时，证据为我们提供了可信度。证据是我们向开发团队展示的内容，也是我们用来解决分歧和争议的工具，证据帮助我们避免基于直觉做出仓促决策。基于好数据的证据能支持我们的推理，数据构成了研究和调查的基础。

虽然 UX 研究有时看似是"方法优先"的（"我们需要进行可用性测试""我想进行情境探究研究""让我们来做卡片分类"），但专注于潜在研究问题的 UX 研究者思考的是"数据优先"："为了在这个议题上提供令人信服且强有力的证据，我需要收集哪种数据？"随后才是选择合适的研究方法。

4.2.3 什么是强证据

强证据来源于有效且可靠的数据。

有效数据是指他们确实测量了预期要测量的内容。在可用性测试中，有效数据测量的是任务完成率和效率，而非美学吸引力或个人偏好。可靠数据指的是，如果你或其他人用相同的测量方法但用不同的测试参与者复现研究，能够获得一致的结果。不论方法如何，研究数据必须是有效且可靠的，否则就应当丢弃这些数据。

在 UX 研究中，强数据来源于基于任务的研究，来自专注可观察用户行为的研究，这些数据客观无偏向——能够直接捕捉到用户的"现行"。强数据具有一定的置信水平，并能确保即便是进行进一步的研究也不太可能动摇我们对于研究结果的信心。

以下是一个根据证据强度对方法进行的简要分类——更准确地说，是根据这些方法产生的数据类型对其进行分类。它假设在所有情况下，方法都经过了良好的设计和执行。这不是一个详尽的列表，但它包括了 UX 研究者在以用户为中心的设计生命周期中可能会考虑的方法。

4.2.4 UX 研究强证据示例

强证据通常涉及目标用户执行的任务和设计的概念，或与正在调查的议题相关的任务或活动。这包括来自以下来源的数据：

- 情境研究（包括实地考察及其他民族志方法，记录用户当前完成任务和实现目标的行为）。
- 形成性和总结性可用性测试，真实用户在这里通过使用界面或产品来完成实际任务。
- 网站或搜索分析，以及以任何形式自动收集的使用数据。
- A/B 测试或多变量测试。
- 受控实验。
- 任务分析。
- 行为研究的二次研究，包括基于元分析和同行评审文章的研究，以及之前详细描述了研究方法的 UX 报告。

4.2.5 中等强度的 UX 研究证据示例

此类别的数据应来源于至少涵盖任务执行的研究——不论是由用户还是可用性专家执行，或者涉及实际行为的自述。这些方法往往是"强证据"类别方法的铺垫。之所以将它们归入此类别，是因为这类数据通常存在更高的可变性或不确定性。包括以下方法所得的数据：

- 启发式评估。
- 认知走查。
- 完成实际任务后的可用性专家反馈。
- 访谈或任何形式的行为自述，比如"待完成的工作"。

- 用户旅程地图。
- 日记研究。
- 卡片分类。
- 眼动跟踪。
- 在咖啡馆、图书馆等场所进行的即兴"游击"研究。

4.2.6　UX 研究弱证据示例

基于弱数据的决策可能导致设计缺陷、错误的市场决策，或虚假的产品宣传，让企业蒙受数百万美元的经济损失。因此，显而易见的问题是：为什么你会设计一个研究去收集这样的弱数据呢？

你不会，至少不应该。

这类方法得到的数据不应被纳入 UX 研究。它们要么存在严重缺陷，要么与猜测无异。当面对将 UX 研究预算用于此类方法或者捐给慈善机构的选择时，请选择后者。UX 研究弱证据来源于：

- 各种形式的伪可用性测试：比如，那些询问用户最喜欢哪种设计的测试，或过分依赖访谈收集数据的测试。
- 无主持的出声思考测试，这种测试允许用户表现得像专家评审员一样，而实际上并未执行任务。
- 只是"走走过场"的可用性评价，即使是专家进行的。
- 焦点小组。
- 调查问卷（当用于询问用户行为时）。
- 直觉、权威引用或个人经历。
- 来自朋友、家人、同事、上司、公司管理层和高管的观点。

4.2.7　如何判断一项研究或报告中 UX 研究证据的强度

首先提出以下问题：

- 为什么我应该相信你的论断？
- 你的证据质量如何？

- 我能否信赖这些结论？

这些问题并不刁钻，任何呈现研究结果的人都应该能给出回答。

在进行研究时，你可以问自己：

- 我是在观察用户如何实际操作（例如，使用原型完成任务），而不是在听他们说什么（例如，他们对设计的看法）吗？
- 参与访谈的人是在推测他们未来可能的行为吗？还是在讲述过去真实发生在他们身上的事件？

本节开头，我们承诺提供一个经验法则，以上就是。当评估 UX 研究证据的强度时，使用这句话作为你的口头禅：行为数据是强的，观点数据是弱的。

用户体验思维

- 回顾一下你或你的同事最近采用的 UX 或市场研究方法。你会将收集到的数据归类到哪个强度等级？
- 除了用于澄清或深入理解用户行为的问题外，还有没有什么情况，基于可用性的问题列表实际上可能是有用的？它可能包括哪些问题？这样一个问题列表有什么优缺点？
- 你是否认同我们提出的研究方法分类？请逐一考虑每种方法产生的数据，并判断你是否认同我们将其归为强、中等或弱证据。尝试将更多的研究方法加入分类中。
- 以任务为基础的研究通常能提供强数据，但数据质量还是取决于研究设计的优劣。哪些设计缺陷可能会导致以任务为基础的研究产生弱数据或误导性数据？
- 偶尔，同事可能会问 UX 研究人员，是否可以在可用性测试结束时"附加"几个直接的问题——把他们的议题"搭载"到这个研究上。作为 UX 研究人员，如果被问到这个问题，你会有什么感受？你有什么理由同意或反对这个请求？

4.3　敏捷用户画像

用户画像在开发团队中的接受程度参差不齐，一些人会质疑其价值。一个典型的批评是，虽然用户画像的描述在表面上看起来很优雅，但缺乏实质内容。还有一种批评是，用户画像的描述过于"定型"，难以根据新的数据进行更新。采用一种轻量级的用户画像描述方式，如 2.5D 草图，既可以解决这些问题，又能保留传统用户画像的优势。

当我们与开发团队讨论 UX 研究时，他们中没有一个人说可用性测试是个坏主意。有些人会告诉我们，由于缺乏资金或兴趣，他们没有进行可用性测试，但所有人都认可它具有明显的表面效度。

工具箱中的每一种 UX 研究方法几乎都得到了类似的认可……只有一个例外：用户画像。

用户画像就像马麦酱（Marmite）[⊖]。有的开发团队非常钟爱它们，毫不犹豫地全身心投入使用。但也有团队对此持保留态度，他们说，用户画像过于绝对，我们的用户群体太大，无法仅通过几个用户画像来概括；用户画像太肤浅了；我们尝试过用户画像，然后发现并不奏效。最近更多的是："当我们可以直接与用户对话时，为什么还要浪费时间制作用户画像呢？"

在讨论可能的改良方案之前，有必要简要回顾一下用户画像的历史、它们为什么会获得不好的声誉，以及它们真正的价值所在。

4.3.1　用户画像简史

用户画像的概念由 Alan Cooper 提出，并在他的著作《交互设计之路》（*The Inmates Are Running the Asylum*）[⊜]中首次得到详细阐述。Cooper 将它们作为概括不同用户群体关键属性的一种方式。他指出，创建用户画像的目的是避免为一个"弹性"用户（一个会随着开发团队的心血来潮而变形和扩展的设计目标）进行设计。他写道："为这种'弹性'的用户设计，实际上赋予了开发者按自己的意愿编码的自由，而对'用户'的考虑仅仅停留在口头表达上。真实的用户是不具有弹性的。"

4.3.2　什么是用户画像

在 *The Persona Lifecycle*[⊜]一书中，Pruitt 和 Adlin 将用户画像描述为"基于对真实人

⊖　一种由酵母提取物制成的涂抹式酱料，人们要么极度喜爱它，要么强烈排斥它。

⊜　Cooper, A. (1999). *The Inmates Are Running the Asylum: Why High-Tech Products Drive Us Crazy and How to Restore the Sanity*. Indianapolis, IN: SAMS.

⊜　Pruitt, J. & Adlin, T. (2006). *The Persona Lifecycle: Keeping People in Mind throughout Product Design*. San Francisco, CA: Morgan Kaufmann.

群的深入理解和高度具体的数据构建出的虚构人物的详尽描述"。用户画像活动最典型的
成果是用户画像描述：一页纸的用户原型描述，描述了用户画像的目标、动机和行为。为
了帮助开发团队与用户产生共鸣，通常会包括用户画像的照片、一些背景故事，以及概述
用户核心需求的引语。

用户画像随后催生了一个产业。在 Cooper 的书发布之后，网站文章、期刊、会议专
题，以及更多的相关书籍都围绕用户画像陆续涌现。

为什么？是什么驱动了大家对这种方法的热情？

要理解用户画像为何如此受欢迎，我们需要知道，当时很多开发团队从未直接接触
过用户。有些团队甚至不清楚他们的用户究竟是谁。在这种背景下，用户画像就像是天降
的恩赐。由某个机构的研究团队——通常是一个外部机构，而不是内部团队——去寻找用
户，用对设计有帮助的方式描述他们，并将这些用户以完整人物的形式呈现给开发团队。
研究团队扮演了翻译官的角色，充当中间人帮助开发者与用户建立联系。正如一支维多利
亚时代的探险队访问异国部落，研究团队进入神秘的领域，带回了图片和文物——用户画
像——令所有人惊叹。

4.3.3 是什么让用户画像不再受欢迎

有 3 个变化让开发团队对用户画像有效性的看法变得模糊不清。

第一，由于敏捷开发的兴起，"开发"团队转变为"设计"团队。与用户的互动变得
更加常态化，这对 UX 研究来说是好事，但对传统用户画像而言却是坏消息。传统的用户
画像会显得过于完整、固定，团队明白，在设计的早期阶段形成完整、详尽的用户描述是
不现实的。相反，他们需要的是能引发讨论的起始点。用敏捷开发的术语来说，他们希望
获得对用户需求的"共识"，并对任何试图将需求固化的方法持怀疑态度。

第二，用户画像变成了滑稽模仿的象征。团队从图库中选取了照片，展示了人们使
用……财务软件时快乐的生活场景。将用户画像的描述印在解压玩具、啤酒杯、糖果包装
和真人大小的素描图上[⊖]。即便是最保守的用户画像也往往被制作成光鲜亮丽的小册子，这
种做法暗示了 UX 研究赋予了用户一种不切实际的确定性和完整性。但最关键的是，随着
团队对用户的认识加深，这些制品形式的用户画像难以进行更新。

⊖ Pruitt, J. & Adlin, T. (2006). *The Persona Lifecycle: Keeping People in Mind throughout Product Design*. San Francisco, CA: Morgan Kaufmann.

第三，在另一条平行赛道上，市场营销团队发现了用户画像，并对其情有独钟。他们创建的用户画像版本代表了细分市场。因为使用了"用户画像"这一神奇术语，所以开发团队被劝说不要开发自己的用户画像，但他们没意识到一个细分市场可能包含多个用户画像。更加讽刺的是，市场营销团队创建用户画像的主要目的是推销产品，而设计团队创建用户画像的目的是揭示与产品相关的用户行为。开发团队发现自己无法使用市场营销团队创建的用户画像进行设计决策，因此认为用户画像变得没那么有用了。（这个问题还源于市场营销人员似乎喜欢给用户画像起诸如"交际花布伦达"或"价值猎人瓦莱丽"这样荒唐的名字，将细致的研究简化为单一概念。这种做法轻视了研究的价值，让设计师们一边翻白眼一边摇头。）

4.3.4　原始数据不是用户画像

如果我们拒绝使用用户画像，就有可能会同时将精华连同糟粕一起丢弃。这是因为我们只留下了对个别用户的了解，而这些用户可能并不具有代表性。你会定期与用户接触，并不意味着你真正了解你的用户是谁。让我们来解释一下。

用户画像的一个巨大的好处是，它能够帮助我们把握全局，而不会被繁杂的原始数据分散注意力。在进行 UX 研究时，我们是从原始数据入手的，但这些数据往往是复杂无序的。每个个体都有自己的特质，有些特质并不适用于类似的其他用户。如果我们不对数据进行综合分析，就有可能被那些抱怨声最大的用户、对我们最有帮助的用户，或那些需求有趣但特殊的用户所误导。数据分析的作用在于消除这些不规则之处。

团队能定期与用户接触自然是极好的，但即便你拒绝使用用户画像，也依然有必要退一步，全面解读你的数据，思考你的目标受众中有哪些不同的用户类型。否则，你就会落入 Alan Cooper 所说的"弹性"用户陷阱。

4.3.5　旧瓶装新酒

让我们带你绕个路。

1982 年，David Marr⊖提出了一个关于人类视觉的计算模型，其中一个关键组成部分

⊖　Marr, D. (1982). *Vision: A Computational Investigation into the Human Representation and Processing of Visual Information.* New York: Henry Holt and Co.

是 2.5D 草图的概念。简而言之，这个概念试图说明我们的视觉系统由于无法获取一个物体所有面的信息，因此会自动补全这些信息空白。一个经常被提及的例子是，当你看到一个背对你的人时，你会自然而然地假设他们的正面也存在，如果他们转过身却没有面孔，你会非常震惊。2.5D 草图正是我们的视觉系统基于合理的假设，使用数据积极构建世界的一个隐喻。

我们可以将这一隐喻应用于用户画像描述。毕竟，开发团队实际上是基于合理的假设，用数据积极构建对用户的理解。因此，我们可以创建一个 2.5D 草图，而不是一个固定不变的正式用户画像描述。这种方法提醒我们，我们永远无法完全了解用户的所有面，我们所拥有的只是一个近似值。这是一种启动讨论的方式，它帮助我们达成对受众的共识。"草图"这个词也提醒我们，我们追求的不是过于华丽的东西，媒介（看起来像是未完成的）本身就是信息。我们寻求的是轻量级、易于弃用且敏捷的用户画像描述。

Jared Spool 的观点[⊖]很好地捕捉了这一思想："用户画像之于用户画像描述，犹如假期之于纪念相册。"重要的是 UX 研究的过程，而非最终产物的外观。

最好的讨论启动点应当足够灵活，可以轻松调整。它们看起来不应该像被浇筑在混凝土中。以下是我们采用的一种符合这些标准的方法。

4.3.6　创建你的 2.5D 草图

做好准备。你需要几张大号挂图纸、一些记号笔和一包便笺纸。组织一次会议，并确保团队成员参与。

首先，团队需要就迄今为止进行的 UX 研究达成共识。（这一步非常关键：进行 UX 研究是必需的，你不能凭空脑补一个用户画像。）利用会议的这一环节来就你们的目标受众中的不同用户群体达成共识。

下一步，要在一张挂图纸上创作一个或多个 2.5D 草图。将挂图纸横向放置，并分成 4 个象限。（参见图 4.1 中的示例。）

- 左上象限标上该用户类型的名字。画出一个草图，展示这类用户在场景中进行与你的产品相关的某些思考。

⊖ Spool, J. (2008, January). "Personas are NOT a document." https://www.uie.com/brainsparks/2008/01/24/personas-are-not-a-document/.

- 左下象限标为"事实"。使用便笺纸列出你确认的关于该用户类型的事实（如性别、年龄、职位），每张便笺纸写一条事实。

- 右上象限标为"行为"。该用户类型希望用产品做什么？他们目前有哪些与产品使用相关的行为？每张便笺纸写一个行为。

- 右下象限标为"需求和目标"。用户在使用产品时想要怎样的感受？用户最终想通过产品实现什么？该用户类型的深层驱动力和动机是什么？每张便笺纸写一个需求 / 目标。

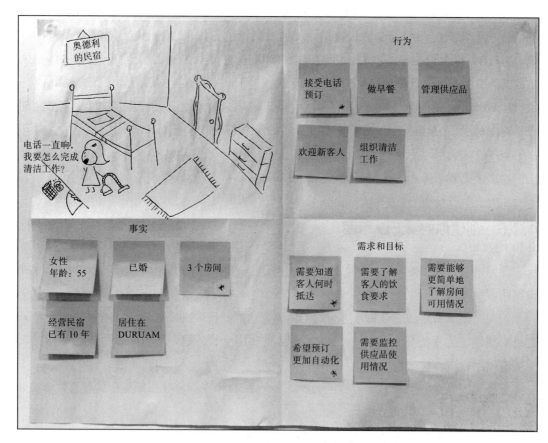

图 4.1　2.5D 角色草图示例

团队共同完成你的 2.5D 草图，并对每个象限的便笺纸进行优先级排序。进行讨论，争取达成共识。

最关键的是，不要带走这张草图，然后花费几小时将这张草图打磨成一个高完成度的用户画像。相反，把时间花在与用户的交流上。随后，找一个墙面，把你的 2.5D 草图贴上去，并根据新收集到的信息进行更新。

用户体验思维

- Pruitt 和 Adlin 将用户画像定义为"基于对真实人群的深入理解和高度具体的数据构建出的虚构人物的详尽描述。"而 Jared Spool 则表示"用户画像之于用户画像描述，犹如假期之于纪念相册"。这两种表述是否矛盾，或者你能调和它们吗？
- 如果要说服一个过去拒绝使用用户画像的开发团队尝试 2.5D 草图，你会怎么做？你又会如何鼓励一个从未使用过用户画像的开发团队进行尝试？
- 我们认为，一份光鲜亮丽的用户画像描述可能会误导开发团队，因为它暗示了 UX 研究"已完成"。但是，有些受众是否期望一个光鲜亮丽的交付成果？例如，向公司中的高级利益相关者展示 2.5D 草图是否合适？如果不合适，你将如何调整我们的方法以满足不同受众的需求？
- 包含姓名和典型用户照片的用户画像会间接指明该画像代表的性别，以及某种程度上的阶级和地位。某些系统（比如公共服务）的目标是服务于所有人群。我们是否应该避免在用户画像中加入这些人口统计学数据呢？如果我们这样做，这可能会如何影响开发团队与用户产生共鸣的能力？
- 阅读本节后，你认为那些对用户画像持批评态度的人有他们的道理吗？还是说，他们的批评仅限于对待那些糟糕的用户画像描述上？

4.4　如何对可用性问题进行优先级排序

一个典型的可用性测试可能会揭示出 100 个可用性问题。你如何对这些问题进行优先级排序，以便让开发团队知道哪些问题最严重？针对任何一个可用性问题，仅通过询问 3 个简单的问题，我们就能按严重性将其分为低、中、严重、紧急 4 个等级之一。

进行可用性测试就像是从消防栓中直接饮水：你将被以可用性问题形式出现的数据淹没，这些数据需要你进行整理、优先级排序并解决。虽然直接依据个人判断来确定问题的

严重程度很有诱惑力，但当开发者质疑你的决定时，这会造成麻烦："你是怎么将这个问题评定为'紧急'的？我看它更像是个等级为'中'的问题。"

设立一个判断问题严重性的标准流程，意味着你在分配严重级别时能够保持一致，同时也为你的决策提供了必要的透明度，方便他人进行验证。

实际上，仅通过 3 个问题，我们就能对任何可用性问题的严重性进行分类。

4.4.1　问题的影响有多大

影响任务完成率的问题（尤其是对于经常发生或关键的任务）比仅影响用户满意度的问题更为严重。例如，如果你新设计的设备上的"开 – 关"按钮难以操作，这就是一个高影响度的问题。

4.4.2　问题影响了多少用户

影响多个用户的问题比只影响少数几个用户的问题更为严重。例如，在一次可用性测试中，如果所有参与者都遇到了同样的问题，这个问题无疑比只有一个人遇到的问题要严重得多。

4.4.3　用户是否会反复被同一个问题困扰

持续存在的问题——也就是用户不断遇到的问题——更为严重，因为它们对任务完成时间以及用户满意度造成了更大的负面影响。

需要注意的是，"持续"意味着问题频繁发生，用户在整个界面中——多个页面上都遇到了相同的问题。比如，一个网站的超链接没有下划线标示，这导致用户只能通过在页面上"扫雷"来试探哪里是链接。这种问题是持续的，因为即便用户知道问题的解决办法，每次使用时仍要面对这一问题。将问题的持续性分为局部持续性和全局持续性：它是仅影响系统的某一个部分，还是波及了多个部分？

将这 3 个问题整合入一个决策树中，我们可以据此定义 4 个不同的可用性问题严重级别（见图 4.2）。

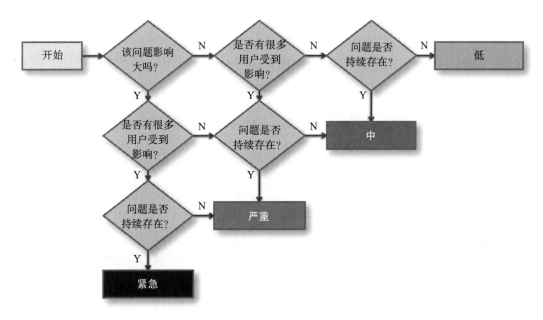

图 4.2　用于对可用性问题严重级别分类的决策树

4.4.4　你应该如何理解严重级别

- 紧急：这个可用性问题会导致一些用户不愿或无法完成某项常规任务，需要紧急修复。
- 严重：这个可用性问题会大幅减慢一些用户完成一个常规任务的速度，可能会迫使用户寻找其他替代方法，应尽快修复。
- 中：这个可用性问题会让一些用户感到沮丧或恼火，但不会直接影响任务的完成，可以在下一次常规更新时解决。
- 低：这是一个质量问题，比如视觉美观问题或拼写错误。注意：虽然单独看这些问题可能微不足道，但过多的"低"等级问题会逐渐侵蚀用户对品牌的信任，对品牌形象产生负面影响。

4.4.5　走出直觉

如果你现在还在依靠直觉来对可用性问题的优先级进行排序，那么有可能会被开发人员或管理者当成骗子，因为他们会要求你对决策进行合理化解释。相反，通过使用这个决策树工具，你能够提出更可靠的发现。

用户体验思维

- 在你把这种方法介绍给开发团队前，不妨先扮演一下反对者的角色，针对我们提出的 3 个问题及其严重级别进行质疑。举个例子，设想一个小样本参与者的可用性测试。每个参与者都遇到的问题无疑比只有一个人遇到的问题更严重。但是，两个人遇到的问题真的比只有一个人遇到的问题更严重吗？如果某个仅有一个人遇到的问题暗示了可能需要深入探讨的更深层次的问题（比如，一个挑战产品核心概念的问题），这意味着什么？这对可用性问题的优先级排序有什么启示？
- 尽管我们的决策树可以相对快速地创建半客观的严重级别衡量标准，但将此模型应用于可用性测试中发现的每个问题是否现实？是否存在其他更快捷的方法来对可用性问题做优先级排序，同时还能保持一定客观性？
- 决策树去除了确定可用性问题严重级别时的大部分主观因素，这使得那些固执的团队成员更难忽视严重和紧急的可用性问题。在定义影响时，关于完成率的问题如何帮助团队成员认识到关注用户任务的重要性？
- 要判断这种方法是否适合你，最好的办法就是亲自试一试。用这 3 个问题来评估你当前（或最近的）研究中的可用性测试发现。如果你最近没有进行可用性测试，尝试用这种方法来对你在现实生活中遇到的可用性问题（例如，停车场缴费机或自助服务终端的问题）进行优先级排序。然后请一位同事也进行同样的评估，看看你们对问题严重级别的判断是否一致。
- 想象一下，你第一次对一个新产品进行可用性测试，结果非常不理想。你发现了 100 多个可用性问题，其中超过一半被评为严重或紧急级别（根据决策树）。鉴于这些问题无法全部解决，你会报告所有严重或紧急的问题吗？如果不，你又该如何决定与开发团队分享哪些严重或紧急问题呢？

4.5 构建洞见、可测试的假设和解决方案

可用性测试为我们提供了一系列关于用户如何与产品或服务交互的观察结果。但它并不直接提供解决方案。要想得出实用的解决方案，我们首先需要通过深入洞察来识别问题的根源，然后制定出可测试的假设来解决这些问题。

你可能听过这样一种言论："可用性测试并不能提升可用性。"这是因为虽然可用性测试擅长帮我们发现问题，但它对于如何解决这些问题给出的指导却不多。为了得出一个解决方案，我们需要进一步执行以下 3 个步骤：

- 产生洞见：是什么根本问题导致了我们的观察结果？
- 形成假设：我们认为是什么原因造成了这个根本问题？
- 构建解决方案：我们能做出什么最简单的改变以解决这个根本问题？

4.5.1 以数据为起点

可用性测试的成果体现为一系列观察结果。一个观察结果是对测试过程中看到或听到的某个事物的客观描述。观察结果不是你对问题背后原因的解释，也不是你认为问题可以被如何解决的看法。

一个观察结果可以是一个直接引语、一个用户目标、一个用户操作行为、一个痛点或任何让你感到意外的事情。以下是几个例子：

- 直接引语："我不明白这个'订阅'按钮代表什么。这会是定期付款吗？"
- 用户目标：规划午餐时间的送货路线时，他希望中午时能在面包店或超市附近。
- 用户操作行为：在发起一个新的报销申请时，她会检索并使用之前的申请作为模板。
- 痛点：因为电池续航问题，连续工作超过 30 分钟变得较为困难。

相比之下，"我们需要把'订阅'标签改成'注册'"就不是一个观察结果。这是一种设计上的解决方案，它基于我们对问题背后原因的推断（可能是错误的）。我们稍后会讨论解决方案，但目前的任务是确保数据保持"干净"，即将注意力集中于客观的观察。

4.5.2 产生洞见：问题的本质是什么

一个可用性测试能够产生大量的观察结果。因此，我们的首要任务是减小这个数字。

我们的第一步是剔除重复的观察结果：那些在两个或更多参与者中重复出现的相同观察结果。在删除这些重复项之前，记录下这个观察结果发生在多少参与者中，因为这对于后续的优先级排序非常有帮助。

接下来，排除那些不重要或不相关的观察结果（虽然你可能会想稍后再回头审查这些结果）。例如："用户表示她倾向于在家里使用这个网站，因为那里更安静。"这是一个有趣的信息点，但它对我们识别可用性的优势或劣势没有帮助。

这些步骤可以缩减你最初的观察结果列表，但你可能仍然需要对 100 个左右的观察结果进行排序。为了深入分析，你需要创建一个亲和图：即将观察结果放入逻辑分组中。

让开发团队参与进来可以大大加快确定逻辑分组所需的时间。将每个观察结果写在便笺纸上，并邀请团队成员在白板上进行亲和性排序。这也能让团队成员（他们可能只观察了一两个场次）全面了解你在测试中收集数据的范围。

如何构成一个"逻辑分组"取决于你，但作为经验法则，如果你有 100 个观察结果，你不应该划分出 100 个分组。我们通常会得到 10 到 15 个分组。比如，我们可能有一个关于"术语"的观察结果组，另有一个关于导致用户陷入困境的具体 UI 元素的观察结果组，还有一个是关于系统导航问题的观察结果组。

分组完成后，就开始创建洞见。一个洞见捕捉了你从这一组观察结果中学到的东西。每个洞见都应该以观点性的句子形式表达，把它想象成报纸上的标题或报告中的结论。

洞见陈述应该具有挑衅性，故意引起强烈的反应。一个洞见可能是，"用户不喜欢搜索功能在显示结果时删除搜索词的做法。"另一个可能是，"用户对事物的称呼与我们使用的不同。"第三个可能是，"用户对工作流程感到困惑，他们希望能回退操作。"

创建洞见陈述是一个提醒，作为 UX 研究人员，你的角色就是不断地刺激开发团队。Harry Brignull 强调[⊖]，"一个渴望取悦设计团队的研究人员是没有价值的。"你永远不应该让开发团队对产品的用户体验沾沾自喜，强烈措辞的洞见陈述有助于让团队认清还有待完成的工作。

此时，应当退后一步，看看你的亲和图。让团队通过计点投票（dot vote）[⊖]来确定高优先级的问题：这些是任何设计修改中都需要首先解决的问题。试图解决所有问题是不明智的，因此先确定排序前三的问题，然后着手解决这些问题。

4.5.3 形成假设：是什么原因导致了问题

有时候，当你看着排序前三的那几个洞见时，解决办法可能非常明显。举个例子，面对如"用户难以阅读多个界面上的浅灰色文字"这样的洞见，解决之道显而易见。然而，

⊖ Brignull, H. (2016, July). "The thing that makes user research unique."

⊖ 这种非正式的优先级排序方式在团队中应用效果良好。如果你需要一种更正式的方法来对可用性问题进行优先级排序，请参考本书 4.4 节中介绍的方法。

这种情况并不常见。我们分析得到的大多数洞见背后可能存在多种根本原因。

比如说，我们最近对一个应用进行了可用性测试，该应用模仿了谷歌的 Material Design 指南。这个应用在用户界面的右上角设置了 3 个垂直排列的点。点击这些点会展开一个"更多操作"的菜单。如果你用过 Chrome 浏览器，你可能对这类控件很熟悉（如图 4.3 所示）。我们的可用性测试中的一个洞见是，用户并没有与应用内的这个导航菜单进行交互。

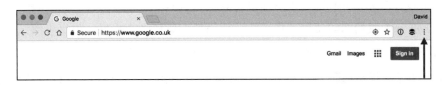

图 4.3　我们的可用性测试中的一个洞见是，用户没有与应用内的这个导航菜单交互。这背后的原因
　　　　可能是什么呢

这里有一些假设，可能可以解释这一观察结果：

- 人们没意识到这是个可操作控件。他们将其误认作品牌标志或是一种视觉设计。
- 这个控件不够显眼。它位于屏幕的最右侧，人们从左向右阅读，很少看那个位置。
- 人们虽然注意到了这个控件，但误以为它用于其他功能，比如展开页面。它看起来并不像是一个菜单控件。
- 人们并不需要这个菜单：他们已经能通过现有的导航选项完成要做的一切操作。

我们不确定哪一个假设是正确的，甚至不确定是否有正确的假设。我们可能会基于直觉认为某个假设比其他的可能性更大，但在没有数据支持的情况下，这仅仅是直觉。那么如何将假设转换成可测试的设计修改呢？

4.5.4　构建解决方案：我们能做出什么最简单的改变以解决问题

在 Steve Krug 的著作《设计优化：可用性提升秘籍》（*Rocket Surgery Made Easy*）[⊖]中，他主张在解决可用性问题时，应尝试做尽可能少的改动。他提倡一种"细微调整"的方法，

⊖　Krug, S. (2009). *Rocket Surgery Made Easy: The Do-It-Yourself Guide to Finding and Fixing Usability Problems*. Berkeley, CA: New Riders.

即问自己："为了防止用户遇到我们所观察到的问题，我们能做出的最小且最简单的改变是什么？"

我们喜欢这种方法，因为它避免了大规模的重新设计，而且是非常适合大多数 Scrum 团队采用的快速迭代开发方法。其核心思想在于，总有一些你可以做的事情来减轻可用性问题对用户的影响。

这种方法的另一个优势在于，通常你可以在几天之内修复一个问题，相较于进行一次完整的重新设计所需的几周或几个月而言，效率大为提高。

表 4.1 展示了我们如何使用这种方法，从最初的假设列表出发，提出可测试的设计思路。值得注意的是，每个假设都将引导我们做出不同的设计调整。

表 4.1　基于可用性测试洞见"用户未与导航菜单进行交互"产生的假设及可测试设计思路

假设	为避免用户遇到此问题的最简单改动
人们没意识到这是个可操作控件。他们将其误认作品牌标志或是一种视觉设计	增强其可点击性，比如为其添加外框和阴影效果
这个控件不够显眼。它位于屏幕的最右侧。人们从左向右阅读，很少看那个位置	将控件移到屏幕的左侧
人们虽然注意到了这个控件，但误以为它用于其他功能，比如展开页面。它看起来并不像是一个菜单控件	用"菜单"等文字替换这 3 个点
人们并不需要这个菜单：他们已经能通过现有的导航选项完成要做的一切操作	引导用户执行需要使用菜单的任务，或从主界面中移除某些选项并再次进行测试

4.5.5　作为 UX 研究者，你是开发团队不可或缺的一名成员

UX 研究者有时会犹豫是否要采取上述这些步骤，认为"设计"不属于他们的职责范围。有不少 UX 研究者告诉我们，他们只被告知将测试的观察结果报告给开发团队，而不需要提出改进建议。不提出解决方案的风险在于，这会让人觉得你的用处只是一个批评者，而不是解决问题的合作者。相反地，提出切实可行的解决方案不仅能增加你的信誉，还能帮助你成为被认可的设计伙伴。

尽管你的职位名称中可能没有"设计"二字，但作为 UX 研究者，你与交互设计师、视觉设计师及前端开发者一样，都是开发团队的一部分。这是因为，你所拥有的洞见，是只有亲自观察过用户在使用产品时的困惑才能获得的独特视角。

开发团队往往意识到设计存在某些问题。但他们不知道该如何进行下一步，或者被困于一个不够理想的解决方案，或者他们只从工程或视觉设计的角度考虑问题，又或者他们可能面临着实施一个解决方案会引发更严重问题的风险。运用你对用户的了解，来引导团

队发掘那些真正能解决问题的创意想法。

> **用户体验思维**
>
> - 为了找出可用性问题的解决方案,我们认为你首先需要产生设计洞见,然后形成可以解释用户行为的可测试的假设。为什么不能仅通过观察可用性测试就直接提出解决方案呢?
> - 是什么使得一个设计假设"可测试"?如果有一个潜在的改动列表(如表 4.1 所示),你将如何决定首先测试哪个改动?
> - 我们认为,作为一名 UX 研究者,你对用户行为有特殊的洞见,因为你通过观察可用性测试中的参与者而产生共鸣。但这种方法是否有可能产生反效果?是否存在因过分关注某些参与者(例如,那些抱怨最多的,或我们发现最有趣的)而导致对某些洞见给予过多优先权的风险?
> - 考虑到 Harry Brignull 的观点,一个急于讨好开发团队的研究者并没有价值。过于强硬地维护你的(UX 的)立场是否存在风险?如何利用可用性测试的数据来帮助你找到过于强硬与过于妥协之间的微妙平衡?
> - 通过观察测试参与者,你既能了解用户如何遇到可用性问题,又能理解他们为什么会遇到这些问题,这使你能够很好地预见重新设计过程中任何可能引入的新的可用性问题。如果你发现自己被开发团队排除在外,无法参与到设计改进中,你应如何陈述这个论点,以说服他们让你参与其中?

4.6 如何使用 UX 指标管理设计项目

UX 指标是一系列标准,用于帮助评估你的设计是否满足用户需求和业务需求。基于实验室的测试方法在收集 UX 数据方面往往既费时又费钱,无法成为大多数设计项目的一部分,尤其是采用敏捷开发方法的项目。然而,得益于在线可用性测试工具的使用,现在高效率、低成本地进行 UX 的常规基准测试已成为可能。

我们都认同,打造"好"的 UX 至关重要,但在设计项目火热进行时,你如何判断自己是否正朝着正确的方向前进呢?

虽然传统的实验室可用性测试是一个发现并解决可用性问题的好方法，但它不是用来跟踪设计项目长期进展的最好方式。一个 5 名参与者样本量的可用性测试——在实验室可用性测试中是典型的——可以快速进行但参与者数量过少，难以提供足够的可靠数据支持关键的业务决策。

你可以通过增加参与者数量来提高数据的可靠性，但这样会拖慢开发进程，因为团队需要等待你的测试结果。这包括招募与安排参与者、预留实验室空间、进行测试和数据分析等步骤，而且还会大量消耗项目经理口袋里的预算。

因此，Jakob Nielsen 曾指出："测量成本高昂，是对有限的可用性资源的一种浪费。"[⊖] 但这为那些管理设计和开发项目的人带来了难题。

如果项目经理不能进行测量，就无法进行监控，进而可用性测试就会被忽略。这也是许多可用性测试被推迟到开发末期的一个原因——但那时，要做出实质性的改动以提升 UX 就为时已晚了。

肯定有更好的解决方案。

确实是有的。我们可以采用远程可用性测试工具进行 UX 指标测试，从而满足项目经理、预算负责人及统计分析师的需求。有了这些工具，我们能在项目周期内多次进行可用性测试，而且会发现其成本低于在设计后期进行一次大规模的实验室测试。

不过，我们似乎讨论得太快了。首先，让我们了解收集 UX 指标的好处。然后，再探讨如何构建在你的项目中可以稳健使用的测量方法。最后，我们将回到如何收集数据的问题上。

4.6.1 为什么 UX 指标很重要

UX 指标提供了一种帮助你判断当前设计是否满足用户（及业务）需求的方法。在实践中，我们通过测量用户在一系列测试任务上的表现来描述 UX。

UX 指标的作用包括：

- 做出设计决策：有了明确的 UX 指标作为指导，你可以更快速、一致且理性地做出有关产品特性、功能和资源配置的决策。UX 指标有效避免了功能蔓延，帮助团队抵御分散注意力的事项，使团队集中精力关注用户和业务的核心需求。

⊖　Nielsen, J. (2001, January). "Usability metrics." https://www.nngroup.com/articles/usability-metrics/.

- 跟踪进度：UX 指标提供了一种客观的方法，以监控敏捷开发项目的进展情况，并帮助你判断系统是否已经准备好从一个冲刺阶段进入到下一个冲刺阶段。在传统的瀑布开发方法中，UX 指标同样可以帮助你判断设计是否已经准备好进入下一个生命周期阶段了。

- 与项目团队和高级管理层沟通：UX 指标为沟通项目目标进展搭建了一个框架。

4.6.2 构建 UX 指标

构建有效的 UX 指标需要遵循以下 5 个步骤：

- 确定关键任务。
- 创建用户故事。
- 明确定义任务成功的标准及其测量方法。
- 为标准设定评分。
- 在开发过程中持续监控进度。

让我们通过一个实际的例子来看看这些步骤。

确定关键任务

UX 指标需要聚焦于系统中最关键的用户旅程。通常情况下，即便是极为复杂的系统，关键任务的数量也只是少数的。这并不是说系统仅支持这些任务，它只是意味着这些任务对企业和用户而言是必不可少的。因此，依据这些任务来跟踪进度是十分合理的。

有很多方法可以帮助我们识别系统中的关键任务。例如，对于一个网站，你可以这样做：

- 研究竞争对手的网站：类似的网站上通常支持哪些任务？
- 查看访问量最高的前 20 个页面：大多数人都在做什么？
- 分析热门搜索关键词：人们希望在你的网站中找到什么？
- 咨询客户支持人员：最常见的帮助请求是什么？
- 通过头脑风暴列出一个潜在的（长）任务列表，并通过用户调查问卷确定前五名。
- 在网站上进行拦截式调查（"你今天访问网站的原因是？"）

例如，假设我们正在开发一个汽车卫星导航系统，最初的长任务清单可能包括：

- 制定行程。
- 获取实时交通信息。
- 查找备选路线。
- 规划出行路线。
- 高级车道引导。
- 更换提示语音。
- 导航回家。
- 添加一个收藏地点。
- 设置语音指令。
- 更改地图颜色。
- 语音播报街道名。
- 调节显示亮度。

我们寻找的是那些大多数人或所有人在大多数或全部时间里都会执行的任务。这有助于对任务列表进行优先级排序，从而筛选出一小部分关键任务。例如，这些任务可能是：

- 规划出行路线。
- 导航回家。
- 查找备选路线。
- 添加一个收藏地点。

创建用户故事

我们的下一步任务是创建一个用户故事来思考任务的具体场景。

用户故事是敏捷开发中的关键组成部分，即便你不采用敏捷方法，也能从用户故事中获益。用户故事遵循一个特定格式：

"作为一个用户，我想要_____，以便我能够_____"。

这些故事通常被记录在索引卡片上，因此你会听到敏捷团队中的成员经常提及"故事卡片"。

我们倾向于编写用户亲自"讲述"的故事，这样做可以确保场景设置得更加接地气。这意味着，我们不再仅考虑泛泛的用户群体（比如使用卫星导航系统的"度假者"或"销售代表"等用户），而是具体到某个特定用户的需求和目标。例如，在"查找备选路线"这个任务中，我们可能会这样写：

Justin 说："我想要找到一条备选路线，以便我能避开高速公路。"

Justin 是一位 50 岁的用户，他偶尔会使用卫星导航，对技术不太熟悉。

明确定义任务成功的标准及其测量方法

在这一步，需要明确定义这项任务成功的标准是什么。而我们之前的努力，即确定关键任务和创建用户故事，就显得尤为重要了。

如果没有进行这些前期的准备工作，你在尝试界定良好的 UX 时，很可能会不自觉地给出一些泛泛的描述，比如"易于使用""令人愉悦"或"能快速学习"。虽然这些设计目标本身无可非议，但它们太过抽象，不足以具体衡量用户体验。

然而，凭借在关键任务和用户故事上的前期投入，现在我们能够为这些特定任务确定成功的定义了。例如，现在可以针对特定任务的指标来进行讨论，如任务完成率、完成任务所需的时间及总体满意度。对我们的实际例子来说，可能将成功定义为，通过可用性测试测量，能够成功地规划一条避开高速公路的路线的人数比例。

请注意，尽管我们为了简化讨论而聚焦于单一的 UX 指标，但在一个典型的系统中通常会包含多个 UX 指标。这些指标将涵盖系统中每个关键任务的表现。

为标准设定评分

在这一步，你需要决定用于 UX 指标的确切标准，这要求有一些可供比较的基准。这些基准可以是竞争对手的系统，也可以是前一个产品的表现。没有这些基准数据，你无法判断当前的设计是否优于之前的设计。

如果你的系统确实是独一无二的，那么尝试考虑那个终极的商业指标：营收。你期望通过这个产品带来多少收入？（比如）成功率从 70% 提升到 80% 可能会带来多大的收入差异？

在设定这些指标时，考虑"目标"值和"最低"值是非常有帮助的。比如说，如果竞争对手的系统得分为 70%，我们可能会把目标值设定为 80%，而把可接受的最低值设为 70%。

在开发过程中持续监控进度

最后一步是在开发过程中持续监控进度，但我们需要避免进行有大规模样本的、实验室环境下的昂贵的可用性测试。

对于跟踪测量，远程在线可用性测试非常理想，因为它们既经济又易于设置。例如，在项目初期，一个简单的基于网页的可用性测试（如对一个屏幕截图进行的"首次点击"测试）可能就足够了。我们过去曾经使用过一家提供此类远程测试服务的公司。

你会发现，一个测试可以在不到一个小时内设置好，而且通常在一天或更短时间内就能得到结果——这实际上比召开一个讨论设计的团队会议更快（附带的好处是任何设计改变的结果都将基于数据而非观点）。在这样的测试中，样本大小超过 100 个是容易实现的，并将确保你收集的数据具有普遍性。（请务必在测试开始前设置一个简短的筛选问卷，以确保参与者确实是你正在测试的产品的实际用户。）

当你的系统逐步完善时，你可以使用其他远程测试工具来监控进度，例如进行基准测试，让参与者使用功能更丰富的设计完成一个端到端的任务。重要的是要尽早并频繁地进行测试，理想情况下在每次冲刺阶段内进行，以此来测量进度。

对于你的监控报告，我们再次考虑一种轻量级的解决方案，尽量减少文档工作，因此一个简单的表格（见表 4.2）或图形（如第 5 章的 5.7 节《创建 UX 仪表盘》中所示）就很合适。

表 4.2　UX 指标示例

关键任务	用户故事	任务成功的定义	标准	截至冲刺 3 的状态
规划出行路线	Justin 说："我想要找到一条备选路线，以便我能避开高速公路。"	通过可用性测试测量，能够成功地规划一条避开高速公路的路线的人数比例	最低：70% 目标：80%	73%（低于目标）

这就是基于指标的测试的优势：它告诉我们可用性是"什么"（what）。

但要想了解如何将分数提升至 80%，我们需要理解参与者为什么（why）会遇到困难。这引出了重要的最后一点。

4.6.3　基于指标的可用性测试与基于实验室的可用性测试

基于指标的可用性测试并不是传统实验室测试的替代品，它们回答的是不同的问题。正如 A/B 测试能够证明某一设计方案优于另一方案，但无法解释为什么一样。同样，通常很难找出参与者在基于指标的测试中失败的原因。虽然你可以通过后测问卷向在线参与者询问原因，但这样做的效果有限，因为人们往往不擅长分析自己的行为（参见第 1 章中的 1.5 节）。

根据我们与使用各种开发方法的多家公司合作的经验，最成功的团队会使用大样本、无主持的可用性测试来捕捉是"什么"，并结合小样本的可用性测试来理解"为什么"。

直到现在，与实验室测试相比，基于指标的测试在以用户为中心的设计项目中只扮演了一个小角色。但是，随着廉价、快速且可靠的在线工具不断涌现，这一趋势无疑将会发生转变。

用户体验思维

- Nielsen 的观察结果指出，"测量成本高昂，是对有限的可用性资源的一种浪费。"揭示了 UX 研究者经常面临的两个潜在限制因素：预算有限和缺乏足够的 UX 工作人员。设想你现在接管了一个预算有限且经验不足的 UX 小团队。你将如何权衡进行总结性测试（测量可用性）与形成性测试（寻找可用性问题）的利弊？你会追求什么样的平衡，又会用什么论据来支持你的决策？
- 远程无主持的可用性测试有哪些可能的缺点？
- UX 指标如何帮助你的开发团队避免功能蔓延？
- 有一种情况并不罕见，如果 UX 指标不达标，开发团队可能会在看到结果后修改他们的最低接受标准。你如何防止利益相关者通过"改变规则"来合理化他们的设计改进方式？
- 虽然确定关键任务和用户故事很重要，但新产品的功能往往是由市场营销部门决定的，或是基于之前的产品版本或竞品而来，这些功能被当作既成事实交给开发团队。如果计划的产品功能不支持你基于研究得出的关键任务列表，你将如何应对这种情况？

4.7　证明任何设计变更合理性的两个指标

在可用性测试中常见的两个指标——成功率和任务完成时间——是证明几乎每一个潜在设计变更益处的关键数据。这些数据可以转化为管理层能够理解的语言——预期经济效益。

长久以来，我们都明白可用性的提升可以对企业的盈利产生巨大影响，那么是什么阻止了可用性专业人员实际去测量他们工作的投资回报率呢？

是因为他们认为可用性的提升带来的益处是不言而喻的，所以无须进行任何测量吗？

如果是这样，他们实际上是在冒险。开发团队可能不会赞同这种"显而易见"的观点。项目经理可能会提出反对意见，认为这样的提升难以实施，需要推迟到下一个版本进行，或者认为"用户满意度"不如卖出去更多产品来得重要。

或者是因为他们怕麻烦？也许是因为认为计算投资回报率并不是给经理推销可用性的唯一方法。

这样，他们就错失了一个本身具有无与伦比的说服力的证明机会，去证明设计变更可以为公司创收或节省开支。

或者仅仅因为人们认为这样的计算太复杂了？

事实上，使用可用性测试中的两个常见指标，用纸和笔就可以轻松进行计算。

4.7.1 当提高 5% 的完成率价值 700 万美元时

在任何网站的可用性测量中，成功率都是最重要的衡量指标，它代表有多少用户能够完成指定任务。

设想你对某网站进行了一次大样本的基准可用性测试。你发现有 70% 的参与者成功完成了任务。通过对网站进行设计变更，我们有望提升这一比例。可用性的提升通常能显著提高成功率，但为了更好地讨论，假设我们认为仅可以将成功率提高 5%，使其达到75%。大部分可用性专业人员都会打赌说至少能实现这样的提升。

5% 的提升价值多少钱

我们可以用下面的公式做个简单的计算：

$$销售额 = 成功率 \times 潜在销售额$$

- "销售额"是网站的实际营业额。
- "成功率"是我们打算提升的数值。
- "潜在销售额"是假设每位用户都能完成任务时，我们能够实现的销售额。

现在，我们需要知道网站的销售额。假设是 1 亿美元每年（对大多数真正的企业而言，这是个保守的数字，一家顶尖的商业街连锁店每周的营业额就能达到 1 亿美元。Jared Spool 还曾描述过一个商业网站的设计变更，每年可以为公司带来 3 亿美元的收入。⊖）

所以在当前，70% 的用户能成功结账，网站的销售额为 1 亿美元。也就是说：

$$100\ 000\ 000\ 美元 = 70\% \times 潜在销售额。$$

因此，潜在销售额 = 100 000 000 美元 /70% ≈ 142 857 143 美元。

我们认为可以将成功率提升到 75%，因此：

- 销售额 = 成功率 × 潜在销售额。
- 销售额 = 75% × 142 857 143 美元。

⊖ Spool, J.M. (2009, January). "The $300 million button." https://articles.uie.com/three_hund_million_button/.

计算结果为 107 142 857 美元。这个数字与我们原先的 1 亿美元相比,差额超过了 700 万美元。这就是我们通过提升 5% 的成功率所能带来的价值。

4.7.2　当减少 15 秒的任务完成时间价值 130 万美元时

对内部网络来说,完成任务所需的时间是一个重要的衡量指标,它代表人们完成一项任务需要多久。

以使用人员目录查找同事为例,这是大多数内部网络用户几乎每天都要做的事情,很多时候一天之内会重复多次。减少这项任务的完成时间能节约多少成本呢?

设想我们已经测试了一个员工在内部网络的人员目录找到某人的电子邮箱地址,并开始写一封在"收件人:"栏中有该人名字的邮件所需的时间为 45 秒。我们认为,通过在搜索结果旁边展示可点击的电子邮件地址,可以将这个时间缩短到 30 秒。

15 秒带来的财务收益有多大

为了精确计算,我们需要知道员工每天执行这项任务的频次。让我们保守地假设员工平均每个工作日执行这项任务一次,如果你的公司有 100 000 名员工每天都执行此任务,且他们的平均工资为 15 美元每时(同样是一个保守的数字),我们可以得出:

- 当前任务所需时间 = 45 秒 = 45/60 分 = 45/(60 × 60) 时 = 0.0125 时。
- 每名员工每天的任务成本 = 0.0125 时 × 15 美元 / 时 = 0.1875 美元。
- 全体员工每天的任务成本 = 0.1875 美元 × 100 000 = 18 750 美元。
- 大部分人一年工作大约 220 天,因此年度成本 = 18 750 美元 × 220 天 = 4 125 000 美元。

现在让我们计算一下,如果将任务时间从 45 秒减少到 30 秒,成本会是多少。按照上述同样的计算方法,我们得出:

- 新的任务所需时间 = 30 秒 = 30/60 分 = 30/(60 × 60) 时 ≈ 0.0083 时。
- 每名员工每天的任务成本 = 0.0083 时 × 15 美元 = 0.125 美元。
- 全体员工每天的任务成本 = 0.125 美元 × 100 000 = 12 500 美元。
- 新的年度成本 = 12 500 美元 × 220 天 = 2 750 000 美元。

前后数字的差额超过了 130 万美元。

4.7.3　轻松实现设计变更的方法

只要你有从执行得当、大样本的可用性测试中获得的可靠的可用性指标，这类计算就非常简单。但在计算你自己的数据时，记住这个黄金法则：宁可保守一些。例如，如果你不确定所有员工都会使用内部网络的人员目录，那就把使用者数量减少到一个更有说服力的数字。

实际上，几乎所有可用性的提升都会间接地改善公司的经济效益——但为了确保你的声音被听到，你需要收集数据并计算。

> **用户体验思维**
>
> - 使用我们讨论过的两个指标计算你当前（或最近的）项目的 UX 研究的经济效益。如果你还没有实际的财务数据，使用最佳估计值（best estimate）。
> - 确定你的公司内谁能提供未来的计算所需要的真实财务数据。向他们介绍自己并分享我们讨论过的案例。获取他们对这种方法的反馈，并获取你可以使用的成本 / 时间 / 员工数量数据。
> - 我们仅讨论了两个基于用户表现标准的指标，你可以用来计算 UX 研究的经济效益。查看你们公司自己的开发流程，同样能够发现可通过 UX 研究改善的低效之处。列出两到三种可以帮助你改善开发周期且能节约成本的 UX 研究方法，并思考量化这些方法的最佳衡量指标。
> - 你将如何使用这类分析来争取对你的 UX 团队更大的投资？
> - 在计算 UX 研究的经济效益时，为什么偏向保守的估计尤为重要？

4.8　你的网络问卷调查可能远不如你想的那么可靠

考虑到问卷调查通常包括数百位参与者，很多开发团队往往认为调查结果比小样本的可用性测试、用户访谈和实地考察的结果更有价值。然而，大部分网络问卷调查的结果都会受到覆盖误差（coverage error）和无响应误差（non-response error）的影响。这意味着，问卷调查结果就像大多数 UX 研究结果一样，需要与其他数据源进行三角验证。

在一项学术研究里[⊖]，一些研究者让参与者检验亚马逊上的产品。研究者们试图回答一

⊖　Powell, D., Yu, J., DeWolf, M. & Holyoak, K.J. (2017). "The love of large numbers: A popularity bias in consumer choice." *Psychological Science*, 28(10):1432–1442.

个非常具体的问题：人们如何利用评论和评分信息来选择产品？

在一个实验中，研究者要求参与者选择他们会购买两款手机壳中的哪一款。这两款手机壳的平均评分相同（中等水平），但是其中一款的评论数量明显多于另一款。

根据这个实验的设定，参与者理应选择评论数量较少的那款手机壳。理由是，在只有少数几条评论的情况下，平均评分更有可能仅是统计上的偶发现象。参与者不应该选择评论数量大的产品，因为这只会让人更确定该产品确实质量很差。

事实出人意料，参与者选择了他们不该选的选项。人们倾向于选择评论数量更多的产品，而不是评论较少的那个。研究者推测，这是因为人们把评论数量视作产品受欢迎程度的指标——并且他们的选择受到了群体心理的影响。有趣的是，文章的作者给他们的论文起名为《大数字之恋：消费者选择中的一种流行偏向》。

在 UX 研究领域，这种对大数字的偏爱是常见的现象。这也是为什么人们更倾向于相信一个有 10 000 人参与的调查结果，而不是仅有 5 个人参与的可用性测试结果。毕竟，庞大的样本量难道不是必定会使数据更加稳健和可信吗？事实上，正如 Caroline Jarrett 所指出的那样，向一个人提出正确的问题远胜于向 10 000 人提出错误的问题[⊖]。

网络问卷调查的问题在于两个显而易见的误差来源，以及两个不那么明显的误差来源。

4.8.1　网络问卷调查中的两个显而易见的误差来源

提出错误的问题

大多数研究者都清楚提出正确问题的重要性。因为许多问卷调查的失败都是因为参与者无法理解问题，或者他们的理解与研究者的意图不同，或者他们对问题没有答案（且研究者没有提供"其他"或"不适用"的选项）。还有一些问卷调查，研究者提出的问题与调查目的不匹配，从而使调查的有效性受到质疑。

抽样误差

抽样误差是第二个问卷调查中明显的误差来源。进行抽样时，我们从总体中选取一部分人，希望他们的观点能代表整个群体。

比如，假设有一百万用户，我们想知道他们对于付费订阅软件和一次性买断软件的看法。我们可以从中抽取一个样本，而不是询问所有的一百万人。值得注意的是，即使样本量仅为 384，我们也能达到仅 5% 的误差范围。因此，如果我们样本中有 60% 的人表示

⊖　Jarrett, C. (2016, April). "The survey octopus - getting valid data from surveys."

他们更倾向于一次性买断软件而非订阅，我们就可以自信地说，实际比例在 55% 到 65% 之间[一]。

通过增加样本量可以减少抽样误差。在前面的例子中，如果我们将样本量增至 1066，那么误差范围将降至 3%。最终，当样本量与人口总量相等时（也就是说，你进行了一次普查），就不再存在任何抽样误差了。

虽然大多数委托进行网络问卷调查的人都了解抽样误差，但由于通常会有成千上万的人参与调查，人们往往认为他们数据中的误差微乎其微。

遗憾的是，情况并非如此。因为只有当你随机抽取样本时，抽样才是有效的。"随机"意味着你的总体中每个人都有同等的可能性被选中。例如，你可能在你的一百万人口中每隔一千人抽取一个，并持续"纠缠"他们，直到获得回应。

要理解为什么我们难以获得一个真正随机的样本，需要进一步探讨两种不那么容易理解的误差类型：覆盖误差和无响应误差。

4.8.2　网络问卷调查中的两个不那么明显的误差来源

覆盖误差

当你选择的研究方法无意中排除了某些人群时，就会出现覆盖误差。例如，通过固定电话号码目录抽取受访者进行的电话调查就会自动排除那些只使用移动电话的人（以及那些完全没有电话的人）。

同样，网络问卷调查也会排除那些无法访问互联网的人群，比如社会经济弱势群体、无家可归者，以及那些不使用数字技术的人（目前在英国约占总人口的 6%[二]，在美国约占总人口的 7%[三]）。

但是，如果你只对那些今天访问你网站的人感兴趣呢，那么你就不会遇到覆盖误差了吗？这取决于你提问的方式。通常，为了防止同一用户被调查邀请重复打扰，网站会给每个受调查的用户分配一个 cookie。以一个提供火车时刻信息的网站为例，频繁旅行的用户可能比不常旅行的用户更多地使用该网站，这意味着许多频繁旅行的用户因为已经被分配

[一]　你可以在此处阅读有关样本大小的更多信息：SurveyMonkey. "Sample size calculator." https://www.surveymonkey.co.uk/mp/sample-size-calculator/.

[二]　Ofcom (2022). "Adults' media use and attitudes report."

[三]　Pew Research Center (2021, April). "7% of Americans don't use the internet. Who are they?"

了 cookie，而被排除在抽样框架之外。相比之下，首次使用该网站的不常旅行的用户则会被纳入抽样框架。这种做法因为偏向于不常旅行的用户而产生了覆盖误差。

无响应误差

要理解无响应误差，设想我们设计了一个问卷调查，目的是测量人们对互联网的使用体验。假设当人们访问一个网页时，调查邀请会以弹窗的形式出现。可能的情况是，互联网的高阶用户已经安装了阻止弹窗的软件。而那些允许弹窗的高阶用户，相比新手用户，他们能更熟练地找到"不，谢谢"的链接（通常以较小字号、低对比度的字体显示）。相反，互联网的新手用户可能认为他们需要接受弹窗才能继续浏览。这些因素会使样本产生偏向，因为有经验的互联网用户参与的可能性较小。

这不是覆盖误差，因为无论是高阶用户还是新手用户，被纳入抽样框架的可能性是相同的。这是无响应误差：未响应者（高阶互联网用户）与响应者对于研究问题的影响在程度上存在差异。无响应误差是网络问卷调查中的一个严重误差来源。这是因为研究者倾向于向所有人发送调查问卷，这样做非常容易：获取一百万个样本并不比获取一千个样本花费得更多（只是需要更长一点儿的时间）。但想象一下，你向一百万人发送调查问卷，发现有 10 000 人（1%）回应（这里我们假设得比较乐观：从一个弹窗调查中获得的响应率更有可能是 0.1%）。尽管抽样误差可能很小，但你有如此大的无响应误差（99%），这是一个严重的误差来源。响应的人可能并不代表整体人群：他们可能喜欢参加问卷调查，或他们可能对你的品牌有好感，或仅仅是被弹窗的暗黑模式（dark pattern）$^{\ominus}$吸引了。

4.8.3　UX 研究者该做什么

你可以通过多种方式来控制这两个不那么明显的误差来源。

首先，你应该开始构建合理的样本。与其期待让每个人都参与，从而得到一个好的响应率，不如从用户群体中抽取约 1500 人，目标是达到大约 70% 的响应率（这样可以得到接近 1066 个样本——这对一百万的人口数量来说是一个神奇的数字）。虽然 70% 的响应率仍可能导致无响应误差，但从选定样本获得的 70% 响应率肯定优于从全体用户中获得的 10% 响应率。请记住，关键是从人群中随机选取。

其次，控制覆盖误差的策略是确保人群中每个人都有同等的可能性被邀请参与调查：

$\ominus$　暗黑模式指在设计中通过虚假消息或误导性操作来实现让用户做出不符合其期望或利益的决定的方法或方案。——译者注

这意味着不能依赖 cookie 来排除频繁访问者。

第三，为了控制无响应误差，寻找鼓励更多被抽样个体参与调查的方法：

- 告诉人们调查结果的用途及对他们的益处。
- 提供有吸引力的激励措施。
- 尽量减少提问数量，并确保问题易于回答。
- 使用社会认同（"已有超 60% 的人响应！"）、互惠原则（"希望你发现我们的内容有用。这是你可以为我们做的事情。"）和稀缺性（"只剩 5 天时间来表达你的观点！"）等说服手段。
- 通过电子邮件、电话甚至邮寄信件跟进未响应者，让他们意识到你确实对他们的回答感兴趣。

4.8.4　对抗"大数字之恋"

如果这听起来像是一项艰巨的工作，你确实是对的。做好一项问卷调查，远不止是购买调查工具并向用户群发邮件那么简单。

不过，还有另外一种方法。

在许多 UX 研究的问题上，我们可以接受一定程度的误差。并不是每一次都需要追求统计学上的显著性。很多时候，我们更关心的是大致的趋势。因此，一个简单的替代方法是，接受你的样本并不完全代表你的整体用户群。然后，将你的问卷调查结果作为一个指标，与其他 UX 研究数据，如实地考察、用户访谈和可用性测试等产生的数据，进行三角验证。

这种方法还有一个额外的好处。它能帮助你避免陷入一个误区，即错误地认为样本量越大，调查结果就越可靠。

用户体验思维

- 我们之前遇到过一项来自一家美国大公司的问卷调查，该调查要求客户做出 596 次单独的回应才算完成！除了参与者可能会中途放弃外，问题过多的调查会带来哪些数据质量的风险呢？在线问卷调查中，合理的问题数量是多少呢？你是如何得出这个数字的？

- 很多公司的高层管理人员都"患有"我们文中所讨论的"大数字之恋"。因此，这些公司往往更青睐那些肤浅的、大样本的、定量的调查数据，而不是来自实地考察和可用性测试的深入的、小样本的、定性的数据。你会如何用文中提出的观点，来提高定性研究的地位？

- 当对研究数据进行三角验证后，其效果是最好的。定量数据能告诉我们人们在做什么，而定性数据则揭示人们为什么这么做。你会如何将问卷调查的数据与实地考察或可用性测试的数据结合起来，让这些方法论互补？

- 想必你以前也参与过至少一次的在线问卷调查。回想那次经历，是什么驱使你参与调查的？你当时有多大的动力去完成它？你是否认为自己的回答会带来影响或产生任何变化？你是否被要求无偿完成这项调查？如果有金钱激励，你是否会更加认真地考虑自己的答案，投入更多时间在调查上呢？

- 进一步了解一下你所在公司对问卷调查的使用情况。你们公司面向客户的部门是如何设计和实施在线问卷调查的？利益相关者更偏爱问卷调查而不是其他研究方法吗？他们对调查结果的信任程度有多高？

说服人们根据用户体验研究结果采取行动

5.1 推广 UX 研究

UX 专业人士经常抱怨开发团队没有根据 UX 研究的结果采取行动。但这个问题研究者自身也要承担一部分责任：因为研究报告往往过于冗长、反馈太晚，而且没能有效吸引团队去关注这些数据。用户旅程地图（User journey maps）、照片民族志（Photo-ethnographies）、亲和图（Affinity diagramming）、屏幕截图取证（Screenshot forensics）和走廊宣传（Hallway evangelism）这五种方法，为我们提供了解决这些问题的替代方案。

Jill 花了几周时间跟踪研究她的用户。她进行了实地考察、用户访谈，并主持了可用性测试。通过观察人们日常如何使用类似产品，她感到自己真正理解了用户在实现目标时遇到的困难。

面对大量待分析和呈现的数据，Jill 安排了整整一周时间来准备报告。她不仅分析了数据，还记录下了用户的反馈，并通过故事的方式呈现了用户的生活方式。当她将报告附在电子邮件上，并点击发送按钮时，自豪地认为自己完成了一项出色的工作。任何旁观者都会同意：这确实是一份优秀的报告。

在随后的一周里，她等待着评论的到来。但只收到了一个回复："谢谢你的报告，Jill，"首席开发工程师在邮件中说，"我会尽快给你回复。"

但是，他的回复一直没有来。

5.1.1 问题

在敏捷开发的世界里，开发团队既没有时间也缺乏阅读研究报告的意愿，尤其在这种情况下：这些报告涵盖的材料在 3 个月前可能很有用，但现在这个项目已经进入了下一个冲刺阶段，很可能已经是另一个项目的样子了。UX 研究者常常误解这种行为，错误地认为开发团队对 UX 研究不感兴趣。实际上，开发团队非常渴望获得有关用户的实用知识。问题在于，我们现在处于一个需要及时（just-in-time）UX 研究的时代，而 3 个月前的研究成果已经不再及时。

Jill 可以采取什么不同的做法？

5.1.2 基本原则

我们将描述五种技术，用于让敏捷团队理解 UX 研究的结果：两种用户需求研究技术，三种可用性测试技术。但在描述这些技术之前，有一个向开发团队展示结果时必须铭记的基本原则：UX 研究是一项团队活动。

向开发团队展示 UX 研究结果的整个理念，是基于这样一个假设：开发团队没有亲身经历 UX 研究。但如果开发团队成员在研究进行时就在场呢？

Jared Spool 曾指出⊖，最高效的开发团队每 6 周会有 2 小时直接接触用户的时间。那么，如果团队共同规划研究（以确保它能解答正确的问题）、观察研究过程并分析数据，情况会如何呢？在这种情况下，制作报告就变得不那么重要了，因为开发团队已经直接见证了研究过程。

这可能听起来很理想化，但实现起来并不像你想得那么难。你可以通过创建并维护一个简单的仪表盘（dashboard）来鼓励开发团队的这种行为，帮助团队认识到这一需求。图 5.1 展示了 David 最近参与的一个项目中的仪表盘示例。

⊖ Spool, J.M. (2011, March). "Fast path to a great UX-increased exposure hours." https://articles.uie.com/user_exposure_hours/.

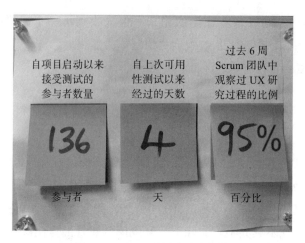

图 5.1　一个 UX 研究仪表盘示例

图 5.1 右侧的数字（95%）显示了过去 6 周内观察了 UX 研究过程的团队成员比例。这确保了成员们获得了足够的用户接触时间。

其他指标则显示了自项目启动以来接受测试的用户数量（这确保了对用户的持续关注）和自上次可用性测试以来经过的天数（这确保了项目持续采用迭代设计）。

但如果你处在 Jill 的位置上，无论出于什么原因，你没能让开发团队参与到研究中呢？此时，最好的替代方案是让团队基于真实数据而不是他们认为用户想要的东西展开讨论。开发人员喜欢解决问题，这是他们最擅长的。在缺乏数据的情况下，敏捷团队会解决团队共识中形成的问题。为避免这种情况，应该让团队成员直接接触原始数据，并参与到数据分析中来。

这正是我们五种技术要发挥作用的地方。

5.1.3　让设计团队参与到用户需求研究中的两种技术

在本小节中，我们将回顾两种方法，使开发团队参与到对用户需求研究数据的理解中（比如通过实地考察和用户访谈获取的信息）。这两种方法是用户旅程地图和照片民族志。

用户旅程地图

用户旅程地图展现了用户在整个"过程"中从开始到结束的步骤。"过程"指的是人们为了达成目标所进行的有意义的活动，因此这个方法很适合用来描述实地考察的结果。

创建你自己的用户旅程地图，第一步要从收集你在实地考察中记录的观察结果开始，每个观察结果用一张便笺纸表示（见图 5.2）。

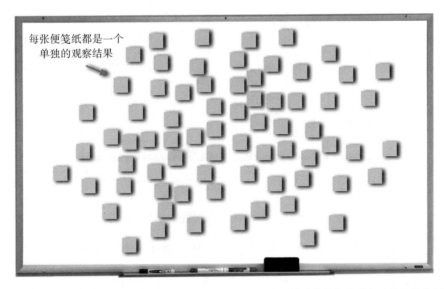

图 5.2　一个白板上贴着许多便笺纸。每张便笺纸上都包含了一项来自情境调查或实地考察的观察结果

接下来，进行团队协作，将这些观察结果按照用户执行的常见任务进行分类（见图 5.3）。

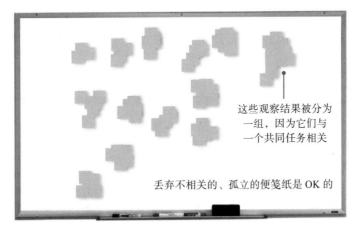

图 5.3　这里展示了同一个白板，但现在带有观察结果的便笺纸已经被分成了 13 个组，每个组都与一
　　　　个共同任务相关

下一步，为每个任务分配一个简写名称。这个名称不需要是用户描述这些任务时使用
的术语，因为这只是你个人的简称（见图 5.4）。

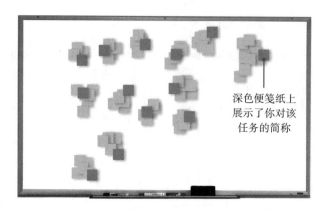

图 5.4　每个分组现在都用一张深色便笺纸标记上了一个组标题。这个组标题只是对该任务的简称

现在，将任务排列成一系列纵列，展示在 UX 过程的早期和后期发生的任务（见图 5.5）。

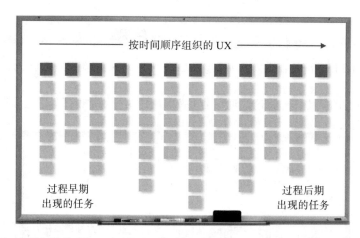

图 5.5　此时，便笺纸被排列成一系列纵列，按照从过程中较早出现的任务到较晚出现的任务的顺序
　　　　进行排列。每列顶部放置了深色便笺纸（带有任务标题），与该任务相关的所有便笺纸都放置
　　　　在它下面

作为一个可选步骤，你可能会考虑将某些任务组合到一起，形成合理的阶段。在这个
例子中，一个网上交易的过程被划分为"发现""调查""准备""申请"和"使用"几个阶
段（见图 5.6）。

到这一步，我们已经得到了一个关于用户体验的总体视图，可以用它来把握全局。这
足以帮助团队构建对 UX 研究的共识。但作为一个可选的下一步，你可以要求团队通过计
点投票来标注那些研究表明特别棘手的用户体验区域。

在这一节里，我们只是初步介绍了用户旅程地图的制作方法。我们将在 5.2 节中对此进行更深入的探讨。

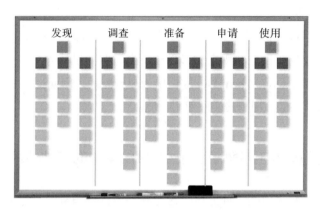

图 5.6　UX 被划分为 5 个连续的区域，如"发现""调查"等。每个较大的区域包含一个或多个子任务

照片民族志

每当与刚结束实地考察回来的人交谈时，我们常听到的第一条反馈是：用户环境与研究者预期的有很大不同。我们对用户的使用环境都有一定的假设，而实地考察的一大好处就是它往往会挑战这些假设。

与开发团队分享这些体验的一个方式是录制环境视频。这是一种被研究者广泛推荐的技术，但经验告诉我们，这实施起来相当有难度。即使参与者没有被研究人员提出要拍摄工作环境或家中环境的建议吓到，我们也总是要填写一份冗长的表格来获得组织或建筑管理者的拍摄许可。不管是什么原因，我们从亲身的体验中发现，（在可用性实验室外）录制参与者的视频常常伴随着各种问题。

如果你的目标是让开发团队了解用户环境的样貌，那么有一个更简单且效果相当的方法：拍摄用户使用环境的照片。

你应该拍摄三种类型的照片：

- 展示整体使用环境的照片，如建筑外观和整个办公室的照片。
- 展示环境中参与者与周边其他人和物体的照片。
- 参与者与环境中特定物品互动的特写照片。

害羞的研究者在请求拍摄某人的照片时会感到不自在。这里的诀窍是：让你的行为看起来自然些。正如我们在 3.3 节中提到的，当第一次见到采访对象时，我们会说明，"今天我需要用我的手机拍些照片，以便能够与开发团队的其他成员分享这次访谈体验。这是我需要拍摄的内容的列表。请看一下这个列表，如果有内容因为任何原因不适合拍摄，只需要在上面画一条线，我将确保不会拍摄这些内容。"

照片能提供大量额外的洞见。不要成为那个因为害羞而不拍照的研究者。考察返回后，将你拍摄的照片打印出来，用它们来创建一个"照片民族志"，这是一种展示用户在其自然环境中的情绪板（mood board）。人们乐于观看照片，因此这是一个简单而有效的方式，能让你的团队深入了解用户的实际使用环境。

5.1.4　让设计团队参与到理解可用性测试结果中的三种技术

在本小节中，我们将回顾三种方法，促使开发团队参与到可用性测试结果的理解中。这些方法包括亲和图、屏幕截图取证和走廊宣传。

亲和图

绘制亲和图的过程与制作用户旅程地图类似。不同之处在于，你不是在尝试构建完整用户体验的画面，而是使用这种技术将可用性测试中不同参与者遇到的问题进行分组。

这种技术最有效的实施方案之一是鼓励开发团队观察可用性测试过程，并要求每个观察者在便笺纸上记录下测试进行中出现的可用性问题。随着测试的进行，白板会逐渐被观察结果填满。当天测试结束时，观察者们会集体进行一次亲和性排序，共同识别出关键的可用性问题。

这种方法存在的一个问题是，可用性测试可能持续一整天。这意味着人们不愿意留下来进行傍晚的分析工作。鉴于达成共识的重要性，值得考虑进行过程更短的测试，或者为了确保有充足的分析时间，甚至可以牺牲掉一天中最后一个参与者的测试。如果亲和性排序活动能在下午 3 点而非 5 点进行，开发团队参与的可能性会大大增加。

屏幕截图取证

但那些无法现场参加可用性测试的人员怎么办？你该如何迅速有效地反馈测试结果给他们，同时避免陷入冗长的 PowerPoint 演示中呢？

这里介绍一种快速有效的技术，我们称之为"屏幕截图取证"（见图 5.7）。

对于可用性测试中的每个任务，获取每一步的屏幕截图。这些截图被垂直排列并贴在公告板或墙面上，其中第一张截图放在板子顶部，第二张截图放在它下面，依次类推。截图右侧，依据四个类别放置便笺纸：

- 用户语录和行为：这些是你在可用性测试中得到的关键观察结果：测试参与者说的或做的事。
- 发现：这些是你基于数据得出的结论和解释。
- 问题：这些是可用性测试结果中发现的，需要开发团队或业务部门回答的问题。
- 动作：这些是需要实现的具体设计或业务流程变更。

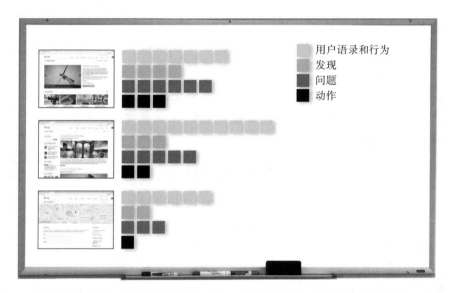

图 5.7　屏幕截图取证。这个例子展示了任务中前三个屏幕的截图。每张屏幕截图的右侧，通过一系列不同颜色的便笺纸展示了用户语录和行为、发现、问题及动作

这种产物作为一个信息展示工具，确保了开发团队每位成员都能了解可用性测试中发生了什么。

走廊宣传

我们可以通过信息展示工具的概念来进一步建立走廊宣传的技术，特别适用于你已从发现阶段获得大量结论性数据的情况。

这个方法是将 UX 研究的关键要点总结并制作成海报，大幅打印后挂在室内的某处墙面上。这样的海报可以是信息图的形式，简要地概述你的关键研究：比如描绘关于你的用户的 5 大事实、来自可用性测试的 5 项发现、或人们如何在实际环境中使用你的产品的 5 种方式。这里用到的数字 5 并没有什么特殊含义：只是不要用你的数据去淹没人们。

设计好海报后，就需要选择一个合适的走廊进行展示，最好是人流量大的地方（比如

通往食堂的路上）。Leah Buley⊖在她的《用户体验多面手》（*The User Experience Team of One*）中提出了一个建议，那就是将海报贴在卫生间门的内侧，这肯定会俘获观众的心！

5.1.5 总结

如果你发现自己处于 Jill 的境地，首先要思考如何让开发团队参与到研究本身中来。Jill 错在陷入了 Caroline Jarrett 所说的 UX 研究者的谬误：

UX 研究者的谬误是："我的工作是了解用户。"而真相是："我的工作是帮助我的团队了解用户。"

记住：没有比让开发团队亲眼观察用户完成任务更有说服力的演示了。

随后，通过用户旅程地图、照片民族志、亲和图、屏幕截图取证及走廊宣传等方法，让开发团队参与到数据分析中来⊖。

用户体验思维

- 精简的研究摘要是促进研究成果在组织内传播的有效手段。但是，过度简化是否有可能降低研究的价值，仅将其转化为简单的口号，或忽视了细节之处？你如何降低这种风险？

- 每当你将数字作为衡量指标时（如图 5.1 所示），人们就有可能为了追求数字的提升，而忽视了这些数字背后真正的意义。哪些与 UX 研究相关的衡量指标更难以"操纵"？

- 在本节描述的五种技术中，你认为哪一种最适合你的开发团队？为了能够将其应用到你当前的项目中，需要做些什么？

- 如果你所在的组织中，一位高级别利益相关者坚持要求你提供长篇报告或其他耗时的交付物"以保持审查跟踪"，你将如何处理？你会如何鼓励你的组织采用更精简的报告方式？

- 照片民族志技术可能会暴露研究参与者的身份，因为照片将展示他们的家庭或工作环境。你如何调整这种 UX 研究技术，以保护参与者的隐私，同时仍能帮开发团队与用户产生共鸣？

⊖ Buley, L. (2013). The User Experience Team of One: A Research and Design Survival Guide. Rosenfeld Media.

⊖ 这些精益的报告方法并不适用于所有情况。某些产品，比如医疗设备，确实需要文件记录（称为"可用性工程文件"），以符合医疗设备标准，如 ISO/IEC 62366：医疗器械——第 1 部分：可用性工程在医疗器械中的应用。

5.2　如何创建用户旅程地图

用户旅程地图详细描述了人们在实现目标过程中的整体用户体验。它是设计出真正具有创新性解决方案的起点。

有些人对"可用性"与"用户体验"之间的差别感到困惑。如果你遇到这种情况，就向他们介绍用户旅程地图。目前来说，我们还没有看到有更好的方式来阐明这两者的区别。

用户旅程地图为我们提供了一个整体用户体验的全局视角。它清楚地表明，用户试图实现的目标远超出我们的应用、网站或服务能实现的范畴。这种理解有助于我们的团队跳出仅关注功能的思维模式，转而以用户目标来思考问题。

同时，用户旅程地图还帮我们识别出用户体验中的做得好的部分和我们可以改进的不足之处。

让我们以 Microsoft Word 的邮件合并功能为例。

让我们绘制出某人使用这个功能的用户体验。想象一下，是 David 在使用这个功能。他使用邮件合并来打印他的圣诞贺卡信封的地址标签。（没有什么比收到一个带有预印地址标签的圣诞卡更能表达"我在乎你"了。）

一起来看看用户体验。我们写下了 David 在准备、打印和使用标签时的动作。大约包含 14 个步骤：

- 1 月初，在回收圣诞贺卡进行循环利用之前，David 记录下所有寄卡人的信息。因为下一个圣诞节，David 只想给那些今年给他寄过贺卡的人邮寄圣诞贺卡。
- 他在 Mac 的地址簿中特意创建了一个"圣诞贺卡"分组。
- 时间快进到 12 月，David 打开地址簿，并将这个分组的联系人导出成一个文件。
- 他在文具店找到了一些便宜的标签。
- 他打开 Microsoft Word，启动邮件合并功能，这需要他选择与所购标签相匹配的标签类型。
- 他使用之前导出的文件导入地址。
- 然后他需要确保各字段匹配正确（例如，他需要确认每个联系人的名字和姓氏以及他们的邮政编码）。
- David 在 Word 中设计标签布局。

- 下一步，他预览打印效果，确认可以正常打印。
- 然后他打印标签。
- 接下来，David 倒上一些热红酒，听着 Nat King Cole 的圣诞专辑，写下卡片上的祝福。
- 下一步，他将标签贴在信封上。
- 他在信封上贴好邮票。
- 最后，他将贺卡投递出去。

可以看出，写圣诞贺卡的用户体验远不止于创建标签。尽管微软的技术专家们可能将"创建标签"本身视为一个目标，但它永远不会成为用户过程的起点和终点。用户体验还包括了创建联系人列表和邮寄卡片。

让我们看看如何根据这些数据创建一个用户旅程地图。

我们的第一步是将每个步骤写在便笺纸上（见图 5.8）。

图 5.8　每个步骤都被写在便笺纸上

下一步，我们需要将这些步骤进行分组，让它们显得更有逻辑性。比如，David 记录下谁给他寄了贺卡、创建"圣诞贺卡"分组和导出该分组的动作，可以被看作一个共同的步骤组（尽管它们的发生时间几乎相隔了一年）。在我们的分析中，共创建了 5 个组别，如图 5.9 所示。

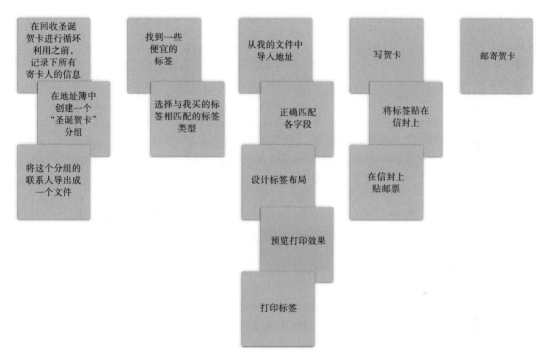

图 5.9 动作被合理地进行分组

现在，我们为这些组贴上标签。例如，David 写卡片、给信封贴上标签和在信封上贴邮票的动作，都被归入了"准备贺卡"组（见图 5.10）。

稍作停顿，观察图 5.10 中的高层次分组，比如"更新联系人"和"获取标签"。这些关键任务代表了用户需要通过你的系统实现的重要目标。通过为系统定义关键任务，你正在开始识别并消除这些关键用户旅程中的可用性障碍。

让我们来分析一下关键任务，并识别出那些运转良好的动作——那些快乐时刻——以及哪些动作需要改进（见图 5.11）。例如，寻找价格便宜的标签通常是个轻松的过程，但你在 Microsoft Word 中选取与自己买的标签相匹配的标签类型可能会遇到困难。有时候，所需的标签类型并不存在，这时你必须自定义一个标签（需要测量标签的具体尺寸）。

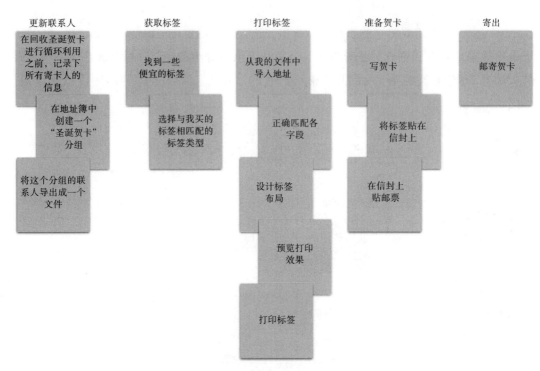

图 5.10　为每个分组设置标签

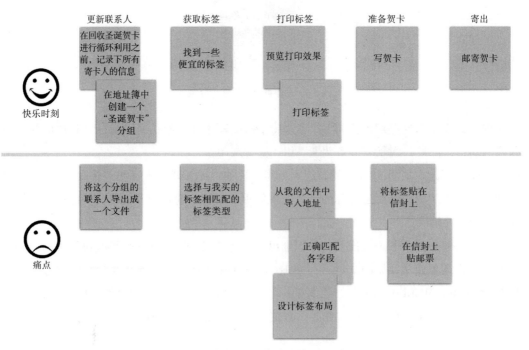

图 5.11　动作被分为"快乐时刻"和"痛点"

　　我们还能发现在这些步骤中人们会遇到哪些问题（见图 5.12 ～图 5.14）。例如，在"更新联系人"这一步骤中，David 需要让自己回忆起如何在 Mac 地址簿中创建一个联系人群组，以及如何以正确的格式把联系人导出到 Word 中。

　　同样，在"获取标签"这一步骤中，他需要在 Word 中指定他要用的标签类型。那么，你在哪里能找到标签类型呢？

　　而在"打印标签"的步骤中，他遇到了很多问题，例如："我应该怎样导入联系人？"以及"标签放入打印机的正确朝向是什么？"

　　我们同样可以参考用户旅程地图来寻找设计机会（见图 5.15 ～图 5.17）。通过分析用户在这个步骤中遇到的问题类型和痛点，能够提出一些设计上的洞见来帮助用户。比如，既然 David 不确定如何从地址簿中导出信息，为什么不考虑直接将用户的地址簿与标签打印系统连接起来？

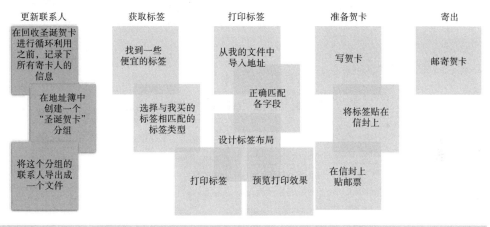

图 5.12　用户在"更新联系人"步骤中的问题

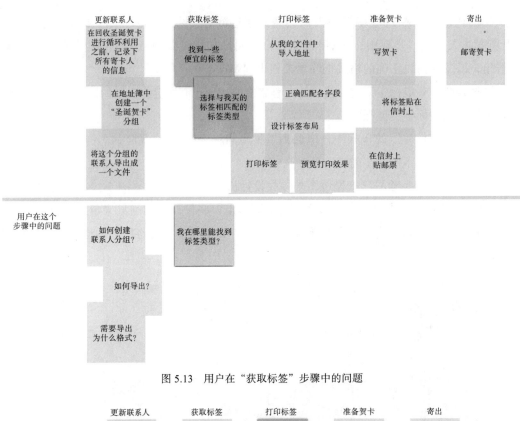

图 5.13　用户在"获取标签"步骤中的问题

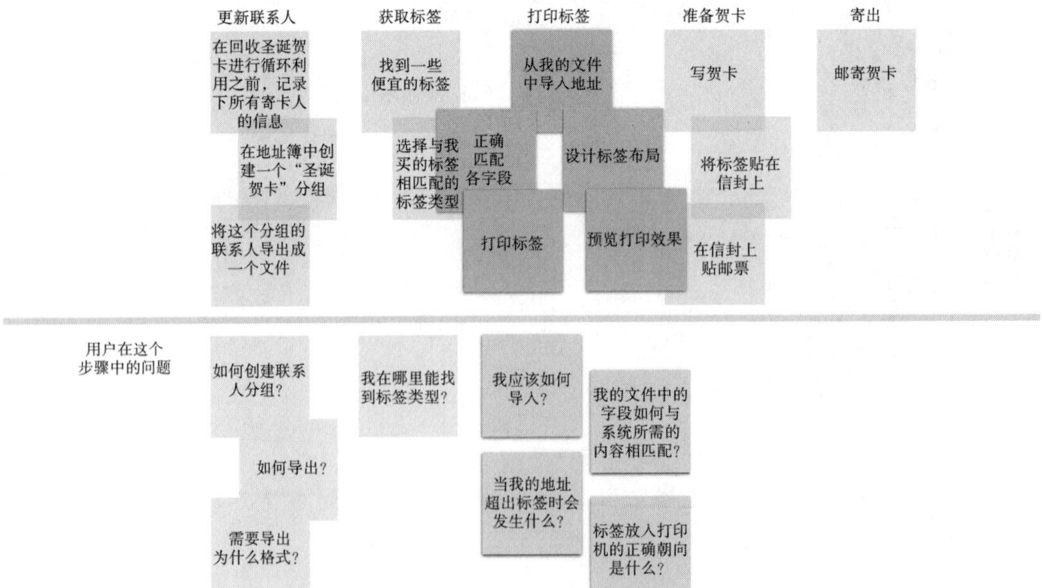

图 5.14　用户在"打印标签"步骤中的问题

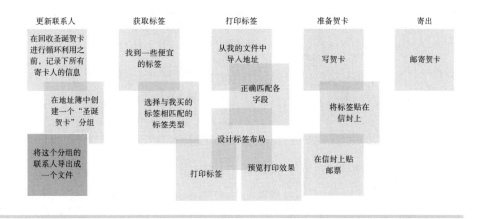

图 5.15　"更新联系人"步骤的设计机会

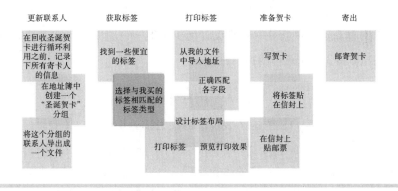

图 5.16　"获取标签"步骤的设计机会

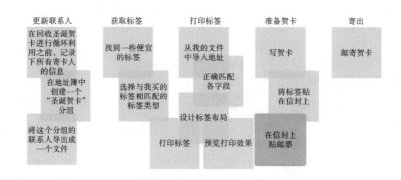

图 5.17 "准备贺卡"步骤的设计机会

考虑到既然 David 对于如何确定标签类型感到困惑，我们是否可以利用网络摄像头扫描标签并进行识别（也许是通过扫描条形码或者标签纸的照片来进行识别）？

再比如，对于给信封贴邮票这项烦琐的工作，我们能否可以将打印邮资戳记（postage frank）作为标签的一部分，从而彻底省去这一步骤？

通过用户旅程地图，我们构建了一个全面的用户体验视角，这有助于我们识别在整个过程中的创新点。创新——识别设计解决方案——是 UX 研究者技能中非常重要的一部分，我们将在 5.3 节中进一步深入探讨。

用户体验思维

- 邮件合并的用户旅程地图展现了一次跨越一年的用户体验。反观你的产品，一次典型的用户体验周期会持续多久？是否可以轻松确定这个周期的起点和终点？
- 即使你能够描绘出用户的体验旅程，也并不意味着能够改变它。如果你发现了用户旅程中的一个痛点，但这部分旅程的控制权属于你的组织中的另一个团队，你将如何应对？
- 在创建用户旅程地图时，关键的一步是找出痛点。你期望这些痛点是显而易见的，还是你需要应用一些标准来界定什么是痛点？如果这些痛点很明显，为何之前没有人解决它们？如果你需要设定标准，你会采用什么标准？
- 我们曾看到有些用户旅程地图使用了虚构的图表来展示用户体验随时间的波动。

这样的表示方法是否适合你的开发团队，或者他们会要求你解释这些虚构数据点的来源吗？

■ 绘制你自己使用某个产品或服务的用户旅程地图是练习这一技能的好方法，正如我们在邮件合并案例中所做的那样。设想你是一个正在重新设计航空旅行体验的团队中的成员。绘制一张描述你最近一次的机场体验的用户旅程地图。请记住，你的"体验"可能在抵达机场之前就已经开始了。

5.3　生成可用性问题的解决方案

人们常说，可用性专业人士擅长发现问题，但不太擅长提出创造性的解决方案。本节介绍了一种名为 SCAMPER 的创新技术，它将帮助你轻松地激发出数十种设计解决方案，以应对所识别出的任何可用性问题。

对于用户界面的不足之处，总是不乏愿意出言评判的人。然而，仅凭设计上的见解并不能使其成为用户体验的专业人士。区分真正优秀从业者的是，他们能够针对发现的问题提出设计解决方案。

有多种方法可以识别可用性问题，例如专家评审和可用性测试。但据我们所知，并没有一种标准方法来引导我们提出改进建议。为此，我们可以求助于一种特别的创新技术，它能帮助你针对发现的问题提出众多设计解决方案。

5.3.1　激发设计思路

SCAMPER 是一个问题清单，通过自问这些问题，你可以激发设计思路。我们在 Michael Michalko 的《米哈尔科商业创意全攻略》（*Thinkertoys*）⊖一书中首次接触到这种创意技术。其核心思想是，在一个过程或想法的每一步都提出问题，看看这些问题是否能激发新的设计思路。Michalko 在书中写道，提问"就像是用锤子在挑战上敲打，寻找空洞之处。"

SCAMPER 代表了下列技术的首字母缩写：

⊖ Michalko, M. (2006). *Thinkertoys: A Handbook of Creative-Thinking Techniques* (2nd ed.). Berkeley, CA: Ten Speed Press.

- 替代（Substitute）某物。
- 将其与其他事物结合（Combine）。
- 对其进行调整（Adapt）。
- 修改（Modify）、放大（Magnify）或缩小（Minify）它。
- 将其用于其他用途（Put it to some other use）。
- 消除（Eliminate）某物。
- 反转（Reverse）或重新排列（Rearrange）它。

尽管这些提问可以用来针对任何问题激发创意，但我们想展示如何将这些技术应用于解决可用性问题上。

5.3.2　替代某物

这些问题的目的是通过替换设计中的某些东西来激发新的设计思路。你可以这样表达你的可用性改进建议："如果不用……界面可以……"

在"敲打"设计问题时，你可以提出如下问题："有什么可以被替代？""我们能使用另一种方法吗？"以及"我们能用什么其他的 UI 控件来替代当前的这个？"

比如，设想有这样一个可用性问题：你观察到在一个需要参与者更改其账户信息的任务中，只有少数人会点击设计师设置的名为"更新"的导航链接。回忆那些"替代"的问题，我们可能会建议用更有意义的词来替换"更新"，比如"我的账户"。或者可以替换该方法，并提出修改地址应该在完成下一个订单时进行。又或者是改变导航项的位置，把"更新"按钮放到页面主体的位置。

5.3.3　将其与其他事物结合

这些问题的目的是通过合并设计中的事物来激发新的设计思路。你可以这样表达可用性改进建议："界面可以将……和……组合起来，以达到……"

为了在设计中合并事物，你可以问自己："我们能创建一个组合吗？""我们可以合并 UI 控件或标签吗？"以及"有什么其他控件可以与这个合并？"

比如，设想我们观察到这样一个可用性问题：在填写保险申请表时，用户在一个包含多个称谓（如先生、小姐、博士等）的长列表中进行选择时遇到困难。回忆那些"合并"

的问题，我们可能建议提供一个简化的称谓列表：比如仅提供几个选项，并通过单选按钮让用户选择。或者我们可以把称谓、名字和姓氏的字段合并为一个字段，标签为"你希望被如何称呼？"

5.3.4　对其进行调整

这些问题的目的是通过调整设计中的事物来激发新的想法。你可以这样表达你的可用性改进建议："开发团队可以通过这种方式调整……以……"

为了激发关于调整设计的思路，你可以问："我们能调整什么来作为解决方案？""我们可以模仿什么？"以及"有哪些其他过程可以进行调整？"

举个例子，假设我们发现了这样一个可用性问题：参与者不愿在博客帖子上添加评论，因为他们不想在该网站注册账号。回忆那些"调整"的问题，我们可能会建议调整界面，允许用户使用社交媒体账号登录并评论。或者我们可以将其视为传统报纸的"读者来信"版面，允许用户通过电子邮件提交评论。

5.3.5　修改、放大或缩小它

这些问题的目的是通过改变设计中的事物来激发新的想法，比如放大或缩小它们。你可以这样表达你的可用性改进建议："开发团队可以通过这种方式改变……以……"

一些好的问题包括"有什么可以改进得更好？""有什么可以被放大、扩大或延伸的？"以及"我们能否让它变得更小或更简洁？"

比如，设想我们观察到这样一个可用性问题：在一个带有查找地址按钮的表单上，一些参与者没能注意到这个按钮，而是手动填写了所有信息。回顾"修改、放大或缩小"的问题时，我们可能会建议放大查找地址按钮或改变其颜色，以便更明显地提示用户操作。或者，我们可能建议隐藏地址栏，仅在用户点击查找地址按钮后再显示。

5.3.6　将其用于其他用途

这些问题的目的是通过改变设计中事物的功能来激发新的设计思路。你可以这样表达你的可用性改进建议："界面可以通过……以这种方式……重复使用……"

为了激发关于将事物用于其他用途的想法，你可以考虑问："这个还能有什么别的用处？""还有其他扩展方式吗？"以及"如果我们对它进行修改，还能有其他用途吗？"

比如，设想我们观察到这样一个可用性问题：注册表单的字段中有占位符文本，但占位符文本只是重复了标签（如"输入名字"）。回顾"将其用于其他用途"的问题，我们可能会建议修改占位符文本，使其提供更实用的信息，或者将文本移到字段外部，确保它能够永久显示在屏幕上，而不会被用户输入的内容覆盖。

5.3.7　消除某物

这些问题的目的是通过从设计中消除某些事物来激发新的设计思路。你可以这样提出你的可用性改进建议："设计可以通过……的方式消除……"

要激发关于从设计中消除事物的想法，你可以考虑问："我们能把它拆分、分解或者分离成不同的部分吗？""什么不是必需的？"以及"我们能否降低所需时间或精力的投入吗？"

通过消除来进行简化是可用性专业人士的基础操作，几乎不需要示例。但我们还是尝试举一个例子。想象我们观察到以下的可用性问题：用户似乎不愿意滚动页面。回忆"消除"的问题，我们可能会建议移除广告横幅，以允许更多面向任务的内容能够显示在首屏上方，或者移除在第一屏底部的横线，它就像一个"滚动停止器"。

5.3.8　反转或重新排列它

这些问题的目的是通过重新组织设计中的事物来激发新的想法。你可以这样提出你的可用性改进建议："开发团队可以重新排列……像这样……以便……"

要激发反转或重新排列设计中的事物的想法，你可以问："我们能采用另一种模式或布局吗？""我们能否改变顺序？"以及"我们能否调整进度或时间表？"

比如，设想我们观察到这样一个可用性问题：当用户尝试访问仅限注册用户访问的内容时，会弹出一个注册表单。这让用户感到意外，显然这似乎对用户体验造成了冲击。回顾那些"反转或重新排列"的问题，我们可能会想到一些改进方案，比如改变索取表单信息的顺序，甚至完全取消注册流程（即所谓的"延迟注册"）。

5.3.9　应用这些技术

当你下一次面对一个可用性问题而难以找到好的解决方案时，正是尝试这个技术的好时机。但即便是面对一个看似有明显解决方案的可用性问题，你也应该考虑使用它。在这种情况下，SCAMPER 方法同样有助于你，因为它能防止你仅局限在一个解决方案上。毕竟，设计界面的方式不止一种。

用户体验思维

- 我们在可用性测试中经常观察到的一个问题是，重要的控件被隐藏了（比如，它可能隐藏在某个标签里，或需要用户点击"更多选项"来查看）。利用 SCAMPER 技术，产出 5 个可能的设计解决方案来解决这个问题。
- 对于"你是如何能够拥有这么多好点子的？"这个问题，Linus Pauling 有一句名言[一]，"哦，我只是有很多想法，然后丢掉那些不好的。"为什么很多开发团队在提出一两个设计方案后就停止了呢？
- SCAMPER 技术可能会带来一些非常规的想法。与其将它们视为不切实际的想法，你如何提炼它们使之更加可行呢？
- 你如何将 SCAMPER 技术应用到工作的其他方面，比如用来激发思路以说服团队根据你的研究结果采取行动，或是说服利益相关者投资于 UX 研究？
- 你过去尝试过哪些助推创意的方法？你能否将这些方法调整一下，以帮助解决可用性问题呢？

5.4　将 UX 研究融入设计工作室方法论

设计工作室（Design Studio）是一种鼓励多学科交叉设计的绝佳方法论，但在实践中，团队的设计方案往往不以 UX 研究为支撑。我们可以通过将使用情境（包括用户、目标和环境）作为约束，确保每一个设计方案都融入了 UX 研究结果。这个方法的一个额外好处是，它能帮助团队针对设计问题提出更多的解决方案。

⊖　Scarc. (2008, October). "Clarifying three widespread quotes." https://paulingblog.wordpress.com/2008/10/28/clarifying-three-widespread-quotes/.

设计工作室是一个高强度的构思会议，开发团队通过它来探索针对某个问题的多种可能的设计解决方案。通过组织一个多学科的团队，设计工作室确保设计过程中各方面的声音都能被听见，而不是将设计任务交给某个天才设计师。

如果有机会参加一个组织得当的设计工作室，你首先会听到团队到目前为止所做的 UX 研究的总结汇报，团队会基于用户需求和业务限制达成共识。然后，你将独立或与伙伴一起，草拟出许多可能的设计方案（这里更看重方案的数量而不是质量）。大约 30 分钟后，你会把你的设计挂在墙上，并向团队展示，解释每一份草图是如何解决设计问题的。所有设计方案展示完毕后，团队将会在最有前景的想法上进行迭代，并重复草图绘制过程。

反正，至少理论上是这样的。

但是，观察了多个 Scrum 团队参加设计工作室的经验告诉我们，大多数最终形成的设计方案对于 UX 研究至多也只是口头上表示支持而已。

在某些情况下，这是因为团队成员干脆就忽视了研究成果。有时这是源于团队成员之前遇到过一些质量不高、无法转化为设计行动的研究，因此在听取研究简报时会选择听而不闻，甚至翻着白眼。

而在其他一些情况下，我们怀疑团队可能会被设计工作室紧张忙碌的氛围所影响，迫于压力需要迅速产出多个设计创意，于是就忘记了要让设计基于研究成果。

无论出于何种原因，我们发现团队成员经常回落到之前被否定的陈旧想法上，提出基于错误假设的设计概念，或是绘制出反映了他们个人偏好的设计概念草图。最终结果是，在一个管理不善的设计工作室中，即便在墙上挂满了用户画像，团队也可能很快就开始仅仅为自己而设计。

无论如何，最终的结果都是一样的：UX 研究对于设计思路的贡献微乎其微。

5.4.1　将 UX 研究融入设计理念

在我们最近共同举办的一个设计工作室中，我们决定尝试做一些改变。这次，我们的目标是确保将 UX 研究融入每一个设计想法之中，方法是把研究成果作为设计的一个限制条件来对待。

很多人认为，要想激发创造性的想法，应该摒弃所有的束缚限制，这种想法很诱人。

想象一下，如果你有无限的时间和金钱，那我们可以做任何事情！然而，这种想法是错误的：创造力往往在一定的限制条件下能被更好地激发。比如，当被要求设计一个没有任何限制条件的房子时，建筑师 Frank Gehry 曾表示[⊖]："我度过了一段痛苦的时光。我不得不经常看着镜子里的自己问，我是谁？我为什么要做这件事？这一切意味着什么？最好有一些具体问题需要解决。我认为我们要把这些限制条件转化为行动。"

5.4.2 UX 设计中最重要的限制条件

UX 设计中最重要的限制条件是使用情境：包括用户、目标及这些任务发生的环境。我们还可以添加其他的限制条件来促进我们的思维，比如情绪意图（emotional intent）、UI 设计模式、UX 设计原则、可用性目标或行为助推（behavioral nudge）。但只要每一个设计想法都根植于使用情境中，我们就能确保 UX 研究始终是设计想法的核心。

5.4.3 如何将其付诸实践

为了将这个方法付诸实践，我们借鉴了 Michael Michalko 在其创新思维类图书《米哈尔科商业创意全攻略》[⊖]中介绍的一个创意激发工具，称为"选择箱"（Selection Box）。以下是如何在你的设计工作室中应用这一方法的步骤。

步骤 1：找到一块白色空间

找到一块白板或一个墙面。如果有必要，可以把挂图纸贴在墙上。

在白板上划分出 5 列，并在前 3 列写上标签：用户、环境和目标。接着，为剩下的两列设定一些额外的限制条件。例如，在图 5.18 的示例中，我们添加了"设计模式"和"情感意图"作为额外的限制。

步骤 2：制作便笺纸网格

在每列下放置 5 张便笺纸。这些便笺纸将构成你的"选择箱"的基础框架（见图 5.19）。

步骤 3：确定限制条件

在这一步，你需要针对每个限制条件给出 5 个具体例子。比如，对于用户，你可以列

⊖ Say, M. (2013, July). "Creativity: How constraints drive genius."

⊖ Michalko, M. (2006). *Thinkertoys: A Handbook of Creative-Thinking Techniques* (2nd ed.). Berkeley, CA: Ten Speed Press.

出几种典型用户画像。在图 5.20 的示例中，我们使用了用户类型的例子，比如技术新手、中等水平用户等。对于环境，可以根据你的实地考察结果，列出用户所处的具体环境，如"办公室 / 台式计算机"或"通勤 / 手机"。关于目标，你应当列出用户的关键任务或用户需求。在图 5.20 的例子中，是对于一个网上银行服务可能会展示的内容。

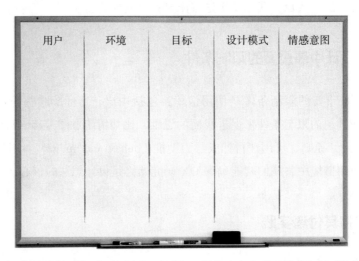

图 5.18　白板分为 5 列，分别标记为"用户""环境""目标""设计模式"和"情感意图"

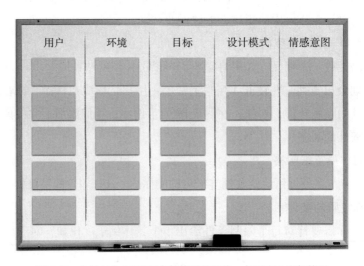

图 5.19　白板包含 25 张空白便笺纸的网格，每列有 5 张便笺纸

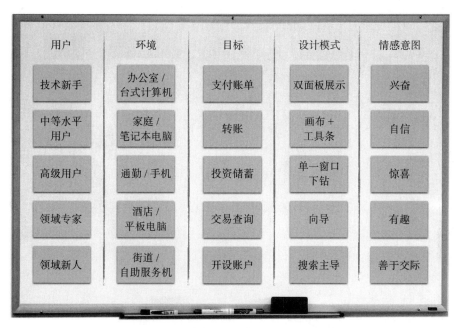

图 5.20　现在，每列中的每张便笺纸上都写有每个限制条件的示例

步骤 4：做出选择

此时，参与设计工作室的每个人或团队通过从每列中选出一个例子，来确定 5 个限制条件。在图 5.21 的示例中，设计师选择了一个在通勤时使用手机想要进行转账操作的技术新手。所采用的设计模式为向导，情感意图是让用户感到自信。基于这些限制条件，设计师可以迅速草绘出一个可能的设计方案。

如果我们的计算正确，总共有 5×5×5×5×5 种可能的组合方式，这说明有 3125 种可能的设计思路从这个矩阵中产生。这比 James Dyson[⊖]在开发无袋吸尘器时创造的 5127 个失败原型的一半还多！（区别在于 Dyson 花了 5 年时间，而你可以在一个下午就能完成。）

步骤 5：基于选择进行拓展

为了激发更多创意，对你选择的每个限制条件进行"极限放大"（turn it up to 11）[⊖]。例如，如果要将一个用户画像极限放大，你就可以选择这个画像的一个重要特征并将其极大化。在图 5.22 的示例中，一个技术新手被放大成一个从未使用过自动取款机（ATM）的人。

⊖　Sutton, B. (2009, February). "5127 failed prototypes: James Dyson and his vacuum cleaner."

⊖　"turn it up to 11" 出自《摇滚万岁》（This Is Spinal Tap），它是 1984 年著名的摇滚伪纪录片。片中展示了一个音响，其音量旋钮标记为从 0 到 11，而不是通常的 0 到 10。后被引申定义为"达到或者超过最大量或正常阈值"。——译者注

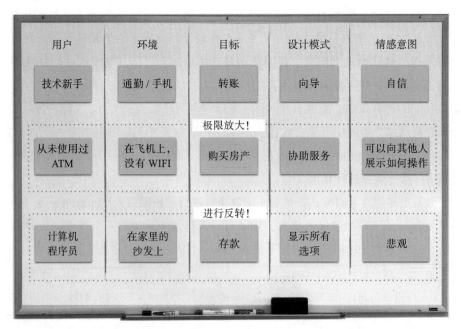

用户	环境	目标	设计模式	情感意图
技术新手	办公室 / 台式计算机	支付账单	双面板展示	兴奋
中等水平用户	家庭 / 笔记本电脑	转账	画布 + 工具条	自信
高级用户	通勤 / 手机	投资储蓄	单一窗口下钻	惊喜
领域专家	酒店 / 平板电脑	交易查询	向导	有趣
领域新人	街道 / 自助服务机	开设账户	搜索主导	善于交际

图 5.21　每列中会有一张便笺纸被强调出来。在这个例子中，突出显示的便笺纸是"技术新手""通勤 / 手机""转账""向导"和"自信"

用户	环境	目标	设计模式	情感意图
技术新手	通勤 / 手机	转账	向导	自信
		极限放大！		
从未使用过 ATM	在飞机上，没有 WIFI	购买房产	协助服务	可以向其他人展示如何操作
		进行反转！		
计算机程序员	在家里的沙发上	存款	显示所有选项	悲观

图 5.22　图 5.21 中每一个选定的限制条件都被"极限放大"并"反转"，以创造更多的设计想法

接下来，对每一个限制条件进行反转。比如，如果我们不采用向导设计模式，应该如何设计一个能够展示所有选项的系统呢？

如果你还在寻找更多灵感，可以回到步骤 3，并用其他限制条件替换后面的两列。

以下是一些我们认为很有用的替代限制条件：

- UX 设计原则：采用你自己项目的设计原则，或者借鉴别人的。
- 可用性目标：列出可用性目标，例如缩短任务完成时间、减少错误次数或提高易学性。
- 行为助推：考虑如何利用认知偏差（比如互惠原则、社会认同和框架效应）来达成你的目标。
- 业务约束：常见的包括上市时间、项目成本和产品质量等。

保持前 3 列聚焦于使用情境是至关重要的，因为这样做能确保你的研究发现可以融入每一个设计概念中。我们还发现，当设置 4 到 5 个限制条件时效果最佳：少于这个数量的限制条件可能讲述不出完整的故事，而多于这个数量则可能使其过于复杂。

这种方法至少有两大优点：

- 它能确保每一个设计想法都与一个特定的用户在特定的情境下完成特定的任务相关联。这保证了 UX 研究将被视为每个设计概念的一部分。
- 它助力团队产出大量的备选设计方案。通过从不同栏目中选取元素进行组合，人们会发现提出新颖想法要容易得多。

用户体验思维

- 我们认为设置限制条件更有助于激发创意，而不是阻碍创意的产生。如果你想验证这个观点，这里有一个快速设计练习活动。首先，为一个新的天气应用想一些设计思路。接着，考虑为一个面向摄影师设计的新天气应用提出想法，这些摄影师想要在 1 小时车程范围内找到适合拍摄日出或日落美景的地点。这个练习清楚地表明了约束条件如何帮助我们做出更好的设计。
- 正如我们所述，这种方法至少需要开发团队的一部分成员参与到设计工作室中。如果你被要求独立完成设计想法的生成，这种方法还行得通吗？
- 我们提到了一些替代限制条件，比如行为助推和业务限制等。在你的组织中，哪些限制条件会最契合？

- 如果开发团队成员不在同一地点也不在同一时区，你会如何调整这种方法以便与他们合作？
- 如果你认为设计工作室不适合你的开发团队，还有什么其他方式可以鼓励团队在设计决策时考虑你的 UX 研究成果？

5.5 应对 UX 研究中的常见反对意见

你是否听到过这样的声音？"市场研究需要成百上千的人，你怎么只用 5 个人就得出结论？""我们的产品是面向所有人的，所以完全可以把我们自己作为用户。""用户不知道他们想要什么。""连苹果公司都不做 UX 研究，那我们为什么要做呢？""我们的代理机构会完成所有这些工作的。"下面是如何成功应对每一种反对意见的策略。

当 David 在和一个希望进行可用性测试的潜在客户会面时，David 问道："能不能先让我了解一下你们的用户？"他希望将这些信息作为招募筛选的依据。

客户回答说："嗯，实际上我们的产品是面向所有人的，所以你不需要特意筛选用户。"

这是一个警示信号。就在 David 准备回应时，客户又补充道：

"无论如何，这对你来说应该是个好消息，因为你需要相当多的用户！"

David 摆出他最擅长的"事实上你会为此感到惊讶"的表情回应："通常情况下，我们发现只需要 5 个人就能获得大量有价值的洞见。"

客户笑了，"5 个人！我们的营销部门都是用成百上千的人呢。你真的期望只用这么少的人就能得到像样的结果？"

这次会议因而变得格外漫长。

5.5.1 施加一些 UX"魔法"在上面

你是否遭遇过这样的情形？由于 UX 是一个蓬勃发展的领域，我们越来越频繁地遇到一些人，他们希望在自己的用户界面施加一些 UX"魔法"，但却似乎不太了解 UX 的许多基本原则。这些人有时是组织中的高层管理者，有时他们也可能是产品经理。

这种类型的讨论存在的问题是，如果处理不当，你最终可能只是满足了内部或外部客户所要求的，而非他们实际所需要的。而当他们得到的不是想要的结果时，他们很可能不会再次寻求与你合作。

这里我们收集了一些常见的反对意见，以及一些策略，旨在帮助你巧妙地引导管理层——无论他们是你组织内部的还是外部的——去领悟真正的 UX。

5.5.2　市场研究需要成百上千的人，你怎么只用 5 个人就得出结论

市场研究是基于观点的，观点因人而异。对政治民意调查者来说，仅靠 5 个人的样本来预测选举结果显然是十分荒谬的。即便我们只考虑一个人，他们的观点也会随着时间、新闻中的内容、他们的其他经历及我们提问方式的不同而变化。

为了降低观点数据中固有的变异性，我们需要对庞大的人群进行抽样。打个比方，如果我们的产品有 10 000 名用户，想了解其中有多少人觉得这个产品是容易使用的，我们需要随机抽样 370 人，这样才能确保抽样误差被控制在 5% 以内。

相比之下，UX 研究是基于用户行为的。事实证明，每个个体的行为出奇的一致。比如，如果你观察 5 个人走向一扇门，其中 4 人尝试拉开门，而实际上门需要被推开。你就会知道设计出了什么问题。你不需要随机抽样 370 人来得出这个结论。你观察到门上有一个拉手，这可能是问题的原因。所以你把拉手更换为推板，再观察问题是否解决。

UX 研究者可以使用小样本，因为你寻找的是关于行为的洞见，而不是观点。

5.5.3　我们的产品是面向所有人的，所以完全可以把我们自己作为用户

这个问题包含了太多有缺陷的假设，你需要深吸一口气才能回答。

首先，我们有一个"面向所有人"的假设。即使产品理论上可以供所有人使用，并不意味着每个人都会这么做。

试图让产品满足所有人的需求往往会导致它实际上对任何人都不完全适用。即使你的产品将被广泛的各类用户使用，但专注于首先满足一小部分用户群体，将大大增加产品成功的可能性。

关于这一点，最好的证据来源于 Geoffrey Moore 的著作 *Crossing the Chasm*⊖，这是

⊖　Moore, G.A. (1991). *Crossing the Chasm: Marketing and Selling Technology Products to Mainstream Customers.* New York: Harper Business Essentials.

一本于 1991 年出版的营销类图书，如今在精益创业运动中获得了新生。Moore 指出，每当真正创新的高科技产品被首次推向市场时，最初会在技术爱好者和有远见的人中取得一些成功。但随后很可能会遭遇销售停滞甚至暴跌的"鸿沟"。高科技产品要想跨越这个"鸿沟"，必须首先被那些认为该产品完全满足其特定需求的小众客户所接受。这些小众客户群被 Moore 称为"滩头阵地"，这就是你应该首先满足的客户群体（比如，通过构建用户画像）。

第二个假设——你可以把自己当作你的用户——同样是有缺陷的。除了用于内部网络的特殊情况，公司内部员工很少会是你所设计产品的目标市场。几乎可以肯定真实的用户不会那么精通技术，对产品领域的了解也远不如内部员工，并且对产品的缺点也不会那么宽容。

这里有一个有趣的故事，展示了倾听和观察用户的价值。Leo Fender，美国发明家，他本人并不是一名吉他手。因此，当他在 20 世纪 50 年代开始制作吉他和放大器时，他求助于被称为"冲浪吉他之王"的 Dick Dale 来测试他的设计并帮助排除故障。

然而，Dale 的演奏方式超出了设备的极限，导致 Fender 的低功率放大器频繁损坏。尽管 Fender 不断对放大器进行修改，但 Dale 仍会将其玩坏。

经历了 50 个版本的放大器之后，Fender 决定亲自看看发生了什么。他与吉他设计师 Freddie Tavares 一同驱车前往加州巴尔博亚的 Rendezvous 舞厅，现场观看了一场 Dick Dale 的音乐会。

他们很快发现了问题所在：4000 名尖叫、呼喊、舞动的 Dick Dale 粉丝产生的噪音震耳欲聋，放大器根本无法与之抗衡。Leo 对 Freddie 大喊："好吧，现在我明白 Dick Dale 想要告诉我们什么了！"

之后，他们重新设计，最终创造了 Fender Showman 放大器。这款放大器峰值功率可达 100 瓦，后来更提升至 180 瓦，Dale 终于拥有了一款他无法"摧毁"的放大器。

这个故事不禁让我们思考，是否可以将 Leo Fender 视为 UX 研究的真正发明者。

当管理层要求你脱离用户进行设计时，这其实就像是要求你为别人买一本他们假期里可以愉快阅读的书。你喜欢某位作家，并不意味着别人也会喜欢阅读他的书。无论是通过花时间与他们相处还是提问，只有当你对那个人有所了解，才能挑选到合适的书。

5.5.4　用户不知道他们想要什么

你可能曾经听过某些人在会议上引用亨利·福特（Henry Ford）的那句名言："如果我问人们他们想要什么，他们可能会说要一匹跑得更快的马。"这句话往往还伴随着一种不屑一顾的态度，表明这是有力的证据，证明在设计初期听取用户的意见毫无价值。

如果你不介意被炒鱿鱼，完全可以反驳说根本没有任何证据证明亨利·福特确实说过这句话⊖。但如果你想保住工作并进行研究，那应该表示认同。"你说得对，"你可以这样回应，"用户不知道他们想要什么。所以，我们不仅仅是问他们想要什么，更需要将他们带入未来，通过观察他们使用我们的新概念产品的过程来进行学习。"

UX 研究的目的并不是要找出人们喜欢或不喜欢什么，也不是要求用户来设计你的界面。其核心在于观察用户在尝试使用你设计的产品时，遇到的困难是什么。

项目经理们的职责就是解决问题。他们总是忙于决定构建什么、如何构建，以及它应该具有什么新功能。这种做法在无意中会导致的后果是，有时无法从长远角度去考虑正在解决的问题。UX 从业者的一个任务就是帮助项目经理从长远角度思考问题。

5.5.5 连苹果公司都不做 UX 研究，那我们为什么要做呢

这个问题与上一个反对意见有着密切联系。史蒂夫·乔布斯（Steve Jobs）有一句名言⊖，苹果公司"不做市场研究"，Sir Jonathan Ive 也说过⊜，"我们不做焦点小组——那是设计师的职责。要求那些无法从当下的格局看到未来可能性的人去进行设计，是不公平的。"

当然，这里并没有提供什么新的观点。问题在于，人们常常将市场研究和 UX 研究混为一谈。苹果公司发现，像焦点小组这样的市场研究方法，并不是发现人们想要什么技术或他们将如何使用技术的有效方式。

但这并不代表苹果公司放弃了 UX 研究。乔布斯在 1985 年的一次采访中提到⊗，"我们的研究证明，使用鼠标比传统的浏览数据或应用程序的方式更快"，并且有大量证据表明，Mac 计算机在早期开发阶段就进行了可用性测试。

我们最喜欢的例子之一⊕源自苹果的用户界面团队。他们在为建筑师设计一款便携式计算机原型时，首先考虑的设计问题集中在设备尺寸和质量上。他们用砖头塞满一个比萨

⊖ Vlaskovits, P. (2011, August). "Henry Ford, innovation, and that 'faster horse' quote." https://hbr.org/2011/08/henry-ford-never-said-the-fast.

⊖ Morris, B. (2008, March). "Steve Jobs speaks out."

⊜ Prigg, M. (2012, March). "Sir Jonathan Ive: The iMan cometh."

⊗ Sheff, D. (1985, February). "Playboy interview: Steve Jobs."

⊕ Houde, S. & Hill, C. (1997). "What do prototypes prototype?" In *Handbook of Human-Computer Interaction* (2nd ed.), M. Helander, T. Landauer and P. Prabhu (Eds.). Amsterdam, The Netherlands: Elsevier Science.

饼盒子，使其质量与预期的计算机相当，然后让一位建筑师随身携带。接着，他们采用了 UX 研究的方法，观察建筑师如何携带这个"计算机"，记录他还携带了哪些物品，以及他执行了哪些任务。

5.5.6 我们的代理机构会完成所有这些工作的

这里提到的"代理机构"，是指那些为你的网站或产品提供设计及实施服务的公司。代理机构通常会提供一站式的设计服务，其中也包括 UX 研究。管理者们期待设计代理机构能在 UX 研究方面有所建树，这是可以理解的，因为这是他们花钱的目的之一。

当然，我们不想一概而论，有好的代理机构，也有不好的。但根据经验，这样的期待背后存在一些问题。

代理机构赚钱的方式不是通过让用户满意，而是来自取悦客户。当客户发现系统没有带来预期的商业收益时，代理机构早已兑现了支票。

客户往往误以为自己很了解用户。代理商有时会参与其中，并且可能会被客户对用户的看法所影响，而不是进行自己的研究。告诉客户他们错了是很难的——要求他们出资进行研究以证明这一点更难。

客户通常不愿意为设计的多次迭代支付费用，他们认为代理机构应该一次就做到位。同理，很少有客户愿意支付后续研究的费用，来验证最终设计确实比它替换掉的那个更好。

5.5.7 做好准备

上述 5 个反对意见并未穷尽所有可能，我们还遇到过其他的反对意见和误解，包括：

- "我们希望你只花一个或两个小时给出一些快速反馈，而不是对用户进行测试。"
- "我们可以进行在线问卷调查，询问人们使用产品的方式。这样我们能以更低的成本接触到更多的人，而无须进行实地考察（这样我们可以把波兰和德国也包括在内，而无须旅行）。"
- "我们的市场研究人员已经去过用户的家并进行了访谈，因此我们自己就能开展情境调查。"
- "我们已经进行过 UX 研究了：我们最近邀请了 5 位老师，向他们展示了我们的产品，并让他们进行了讨论。"

- "我们不能让可用性需求决定产品美学设计。"

关于 UX 研究存在许多误解，因此一些项目经理仍没有完全接纳它。为何不尝试准备一套自己的答案来应对这类反对意见，并开始更好地教育你的客户呢？

用户体验思维

- 我们发现应对 UX 研究反对意见的一种被动攻击方式是，将每一条反对意见记录在一本名为"客户说过的蠢话"（也许你可以想到更响亮的标题）的笔记本（无论是纸质的还是电子的）中。在安静的时刻，我们会翻看这本笔记本，针对每个反对意见写下一个有说服力的论据来反驳它。为何不立即开始制作自己的笔记本，并开始编辑这些反对意见以及你的回答呢？

- 本章讨论的是如何说服团队根据你的研究结果采取行动。你认为逻辑论证（像我们在这里提出的那样）是说服团队采取行动的最佳方式吗？你如何才能以感性的方式打动他们呢？

- 如果你在一家代理机构工作，当客户不愿为设计的多次迭代支付费用，并期待一次就做对，你会如何应对？

- 在本节的最后部分，我们列出了一些额外的反对意见和误解。选取你之前听过的其中一个，并准备一个恰当的回应。

- 苹果公司的例子让 UX 研究的论证变得更容易还是更困难了？为什么？

5.6 UX 汇报会议

UX 汇报会议有时被视为项目收尾的一种方式，这是错误的，汇报会议的作用远不只是为项目画上句号。但是现在，要办一次成功的汇报会议远比搞砸它更难。我们列出了一些专业人士的经验，以使 UX 汇报会议更加有效。

某人进行汇报时，可以向他询问已经完成的任务或经历。UX 汇报同样包括这个环节，因为它为开发团队成员提供了一个机会，向你询问关于你所做工作的细节。但如果这就是你在汇报会议上所完成的全部工作，那么你既没有推动项目前进，也没有帮助开发团队进步——这是一个被错失的机会。

一个有效的 UX 汇报会议的目标远超过简单地澄清人们的疑问。为了证明开展 UX 研究是有价值的，你的研究结果必须能够与产品设计过程相结合——而汇报会议正是确保这种结合发生的关键时刻。从 UX 研究的汇报中，开发团队学到的内容必须能够以某种形式带来变化：

- 对产品或服务设计的改变。
- 对设计过程本身的改变。
- 改变开发团队（以及整个组织）对用户的看法。
- 改变人们对 UX 价值的态度。

因此，如果你认为 UX 汇报会议只是结束工作的一种方式，那么就辜负了客户和开发团队。经验丰富的研究人员明白，汇报会议是一个绝佳的机会，可以解答开发团队在研究结束时最关键的问题："我们接下来做什么？"

Philip 最近进行了两次 UX 汇报会议。第一次会议与其说是一次有效的会议，不如说更像是一场混乱的枪战（Gunfight at the O.K. Corral）[⊖]。而第二次会议则进行得非常顺利。

更令人惊讶的是，这两次会议都是与同一客户进行的。

5.6.1 汇报 1：搞砸了

作为一名 UX 研究者，有时你会发现自己不得不迎合开发团队的某些请求，即便你内心深处明白这些请求与你的判断相违背。你可能会发现自己赞同了一个本该受到质疑的计划。有时候，即使你这么做了，项目还是能够勉强算是顺利完成，你也能继续你的研究工作。但有时候，情况会变糟。

情况确实变糟了。

面对客户在进度和预算上的双重压力，研究过程不得不做出妥协。这导致没有任何一个开发团队成员参与观察这次的研究过程。事实上，Philip 在该公司的主要联系人（我们就叫他"Alan"——他的真名是 Jeff），出于某种只有他自己知道的原因，构建了一个将 Philip 与开发团队隔开的无形壁垒。

⊖ Gunfight at the O.K. Corral 是指 1881 年发生在美国亚利桑那州的著名枪战，这场枪战是美国西部开拓时期最著名的对决之一，常被用来形容混乱和无法控制的情况。——译者注

这导致设计师和工程师对这次研究几乎一无所知——直到他们被邀请参加 UX 汇报会议。不用多说，你已经能预见这不会有什么好结果。

简而言之，Philip 在这次会议中遭遇了所有可能的障碍。（我们不禁要说，这确实不容易。）

- 会议上没有人（除了 Alan 之外）知道 Philip 是谁。
- 没有人读过报告（Alan 只是在开会前几分钟才发出来）。
- 开发团队只能通过电话连线参加。
- 主要决策者没有出现。
- 由于截止日期的逼近，会议无法延期。
- 会议比那场发生在 OK Corral 的混乱枪战（根据记录，枪战仅持续了 30 秒）多持续了 59 分 30 秒。

由于没人提前阅读报告，也没有人有时间思考其内容并提前讨论它们，会议基本上就变成了"电话那头的人"告诉设计师和工程师他们在哪里犯了错误。在每个人至少对报告内容有基本共识之前，任何有用的讨论都无法进行，因此会议逐渐退化为单方面介绍研究及其结果的独白。每个研究结果要么立即引起争议（如果对其解释有任何疑问），要么遭遇震耳欲聋的沉默（如果其解释是不可否认的）。

因为团队是第一次遇到可用性问题，会议的基调体现在他们诚实的（有时甚至是残酷的）第一反应上。一个漫画家可能会像图 5.23 那样来描绘它。

事后反思，这次汇报会议可能本就不该发生。同样的，这项研究也许就不该开始——至少不该在那种特定条件下进行。不过，所有相关人员都学到了很多。

图 5.23　只有受虐狂才会喜欢的汇报会议

值得庆幸的是，Philip 后来与 Alan（他在整个团队汇报期间莫名地一直保持沉默）进行了后续跟进的会议，共同解决了问题，消除了他们之间无形的壁垒。Philip 最终与设计师、工程师及市场营销人员建立起了良好的关系。这次合作开启了另一个 UX 项目，于是又有了第二次汇报会议。

5.6.2　汇报 2：做对了

第二次汇报进行得很顺利。这一次，我们从一开始就确保了开发团队的参与。他们不仅参与了项目启动会议，还提供了参与者筛选标准及测试的核心任务，审查了可用性测试计划，并且进行了正式的签字确认。最为关键的是，所有人都至少参加了一次可用性测试，并且在每个测试日结束时，他们都分享了自己的思考。

真是一个巨大的转变！

现在，Philip 不再隐藏在无形壁垒的后面，而是在与一个积极寻求 UX 指导的团队合作。但对于汇报会议，他没有任何侥幸心理。他制定了计划和一个明确的目标——引导团队讨论接下来会发生什么。

Philip 还希望他们回顾在可用性测试中所观察到的发现和他们在报告中读到的信息，并将这些与通常不够深入的焦点小组的结果，以及从在线概念验证测试中获得的发现类型进行对比（这是他们之前获取用户信息的两个主要来源）。Philip 希望团队能够体验到他们可以对客观的、基于行为的可用性数据有信心，并理解这些数据是如何帮助消除设计决策过程中的不确定性、争议和内部权力斗争的。

同时，还有一个亟待解决的问题需要讨论。可用性测试数据强烈表明，被测试的产品可能根本就不应该被开发出来。这个发现需要公开讨论，而这正是开启对话的好机会。

与第一次会议相比，第二次会议的特点包括：

- 参会者了解研究及其结果，他们都已经阅读了报告，有时间去思考，并带着问题和意见来参会。
- 项目的主要领导和决策者均出席。
- 团队对于实现最佳可用性的渴望更为真切，希望获得有关的指导（这主要是由于他们亲眼观察到参与者在团队原本认为简单的基础任务上遇到了困难）。
- 会议安排了清晰的三步议程：（a）将所有团队成员的反馈和想法都拿到桌面上来——包括遇到的惊喜、得到的确认、学到的东西，以及"啊哈！"的时刻；

（b）达成共识，确认需要解决的 5 大类可用性问题；（c）确定哪些问题能够被实际解决。

- 没有幻灯片演示，也没有逐页重读报告，而是在简要概述后进行可用性问题的开放讨论。
- 一场关于"重大问题"的讨论——由团队成员自发发起，讨论内容有关我们所测试的概念是否在正确的构建方向上，以及它对顾客是否真正有意义。
- 设计师、工程师和市场营销负责人对可用性问题有明确的责任归属。

这次，Philip 确保与 Alan 共同主持会议，这有效地缓解了团队内部的对立感。会前，Philip 明确表示这不会是一场幻灯片演示式的报告，他期待每个人都已经阅读过报告，做好了准备工作。因为他们是这项研究的委托方，而报告仅需 30 分钟就能读完，所以这个要求很合理。

事实证明，这样做非常有效。

Philip 知道，他和开发团队现在已经有了一个共同的出发点，而且他不会像第一次会议那样，因为人们把可用性问题归咎于"愚蠢的用户"而偏离主题。

但为了以防万一，Philip 还准备了一个展示可用性测试重点内容的视频，证明问题其实在于界面设计的不足。

在仅仅听了 10 分钟团队的分享之后，Philip 可以明显从他们在研究中学到的内容看出，这次不会有人对研究结果提出质疑了。

他们很容易就能从关键问题清单出发，确定必须解决的最重要的可用性问题的优先排序，以及他们将使用什么流程来管理设计变更。在会议开始的 30 分钟内，包括 4 个不同领域的成员，以及一个海外团队在内的所有人都达成了共识。

随着会议接近尾声，发生了一些意料之外的事。参会者开始提出一系列战略性问题，例如：

- 将来，我们如何更早地发现可用性问题？
- 下次我们是否可以在未完整搭建整个系统的情况下进行可用性测试？
- 我们未来怎样才能降低构想出错误产品的风险？
- 我们如何才能变得更擅长挖掘真实的用户需求？

我们适当延长了会议，对实地考察技术、纸质原型、用户画像及以用户为中心的设计进行了一个简要介绍。

这是一个充满快乐和激情的开发团队。

因此，这里有我们提供的 10 条实践心得，用于帮助你举办一次有效的 UX 汇报会议。我们建议你在这里阅读它们，而不是通过惨痛的经历去学习。相信我们，那些惨痛的经历并不有趣。

5.6.3　有效举办 UX 汇报会议的 10 条实践心得

- 不要临时抱佛脚。详尽准备，制定一个计划。
- 不要把汇报会议当作一个总结收尾会议——把它当作跳到下一步的跳板，并确保 UX 研究是接下来步骤的一部分。
- 与产品所有者或产品经理共同主持这次会议。
- 确保关键决策者的出席。
- 不要进行幻灯片展示也不要复述报告。如果你有 60 分钟，用 15 分钟来发言，余下的 45 分钟用来讨论。
- 保持报告简洁，要求参会者事先阅读报告，并带着他们的意见和问题来参会。
- 在你总结研究结果之前，先让团队成员分享他们从研究中学到了什么，什么让他们感到惊讶，以及他们认为最重要或最严重的可用性问题是什么。
- 简化你的信息。仅聚焦于 5 个最严重的可用性问题。不要试图涵盖一切，而让团队感到不知所措（他们可以在报告中找到这些内容的细节）。
- 力求在问题上达成共识，而不是在解决方案上争执不休。
- 不要期望或坚持解决所有问题。将重点放在那些在预算和时间范围内能够做出实际改变的关键问题上。

用户体验思维

- 想象你处于 Philip 描述的第一种情境中：没有人知道你是谁；没有人读过你的报告或浏览过你的幻灯片；开发团队在电话的另一端；主要决策者没有出现；会议因为截止日期的需求必须进行。你能做什么或说什么来避免这种情况的发生？会议进行中你又能做什么或说什么来尽量减少它的影响？
- Philip 的故事讲述了他作为一名外部顾问的工作经历。你觉得在文末列出的实践心得是否同样适用于公司内部的 UX 研究人员呢？

- 相比于与开发团队进行非正式的"展示和交流"，你会如何向利益相关者做正式报告？在面向利益相关者的报告中，有哪些内容是必不可少的，而在与开发团队的会议中可以忽略的？反过来呢？
- 一些 UX 研究者采取的一种做法是，在一轮研究的分析阶段尚未结束时就开始分享结果。比如说，在一次可用性测试结束后，他们可能会立刻通过电子邮件向团队分享一些有趣的发现。这种方法的风险和回报是什么？
- 有没有什么方法可以告诉开发团队他们的产品有明显缺陷，同时不让他们感到被冒犯，从而采取防御态度呢？

5.7　创建 UX 仪表盘

我们经常被告知，高层管理者没有时间去阅读一份描述可用性测试结果的详尽报告。这就意味着我们费尽心思论证、细致分析并清晰展现的 60 页报告，可能对产品的提升或公司文化的转变没有产生任何作用。我们该如何更好地吸引管理层对这些数据的关注呢？

撰写一份没人愿意读的报告是毫无意义的。一份冗长的报告很可能最终只会在某位经理的收件箱中"吃灰"，或被遗忘在公司内部网络的某个角落里。然而，尽管利益相关者可能对一份全面的报告不感兴趣，这并不意味着他们对 UX 研究的结果不感兴趣。

所有管理者都对商业智能（Business Intelligence）感兴趣：它是通过分析原始数据并将其转换成知识所获得的成果。网站分析（Web Analytics）就是一个很好的例子。虽然网站分析可能会让我们淹没在数据之中，但是像谷歌这样的公司已经找到了创新的方式，以数据仪表盘的方式呈现数据——一个以图形形式传递商业智能的简报。

当进行 UX 基准测试研究时——直接比较两个产品的可用性——我们清楚，仅仅收集数据还远远不够。我们知道公司不会仅因为 UX 研究数据就采取行动，除非这些结果能够说服高级管理层。因此，我们致力于寻找一种能够让管理层易于接触并利用这些数据的展示方式。

为了解释这个想法，我们将展示在一项研究中收集的数据。该研究比较了两个情人节网上花店（Bunches 和 Interflora）网站的可用性，我们邀请了超过 100 位参与者参与此项基准研究。一半的参与者使用 Bunches 网站，另一半使用 Interflora 网站。每位参与者完成了 4 项任务，我们针对每项任务测量了成功率、完成任务所需时间及任务难度的主观评价。参与者还通过一两句话描述了他们的体验，来评价任务的难易度。

我们面临的挑战是如何将这些数据压缩为一份简洁的图形概览——一个用户体验仪表板。

任何 UX 仪表盘报告的合理起点都应当是基于 ISO 对可用性的定义。ISO 9241-11[○]将可用性定义为"产品在特定使用环境下被特定用户用于特定用途时所具有的有效性、效率和用户主观满意度。"这为我们提供了 3 个重点关注的领域：有效性、效率和满意度。在这几个领域里，我们希望能够找到代表性的指标：每个人（从 CEO 到普通员工）都能立即理解并判断好坏的指标。

5.7.1 设计的有效性如何

衡量有效性的一个直观且标志性的指标就是成功率，即能够成功完成任务的参与者比例。这肯定会引起我们高层管理者的共鸣，因为它具有明确的表面效度：如果用户无法完成任务，你就无法从中赚到钱。我们不仅可以列出成功完成任务的用户数量，还可以列出未能成功完成任务及放弃任务的用户数量，从而使数据更加翔实。条形图是展示这些数据的不二之选。图 5.24 展示了 Bunches 网站的可用性测试结果。

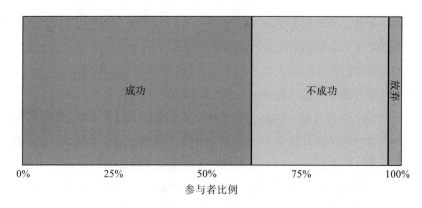

图 5.24　堆叠条形图展示了成功、不成功和放弃任务的参与者人数

我们还需要提供这张图背后的具体数字。在这项任务中，成功率为 60%。但仅凭这一个数字是不够的。除了成功率的估算外，我们还需要提供对该数字的置信度估算，即误差

○　ISO 9241-11:2018 Ergonomics of human-system interaction—Part 11: Usability: Definitions and concepts.

范围。对于这项研究，95% 置信区间（Confidence Interval，CI）的上限和下限分别为 72% 和 47%。因此，我们的数据仪表盘将需要同时展示这些数字。

5.7.2　设计的效率如何

衡量效率的方法有很多，但大多数高级管理人员都能理解的指标还是完成任务所需的时间。不同于成功率，任务完成时间会呈现很宽的分布。一些人可能很快就完成了任务，而其他人则需要更多的时间。因此，我们不仅要展示平均值，还可以展示所有参与者完成任务所需时间的分布情况。图 5.25 展示了我们样本研究的结果。图中的条形图展示了完成任务时间在相应"分段"内的参与者人数。每个分段显示了一个时间范围，例如，有 3 位参与者在 126 ～ 150 秒内完成了任务。

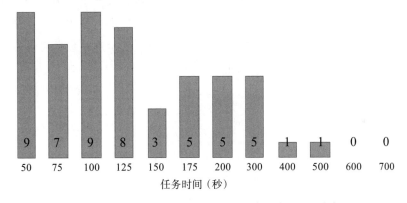

图 5.25　条形图展示了可用性测试中的任务完成时间分布

同样地，我们需要提供一个核心衡量指标，即完成任务所需的平均时间。由于任务时间并不呈正态分布，我们采用了几何平均数来计算。在这项研究中，完成任务的平均时间为 114 秒，95% CI 为 97 秒至 134 秒。

5.7.3　设计的满意度如何

大部分可用性测试都会包含问卷调查这一环节，借此可以生成类似于图 5.26 所展示的图。该图展示了将任务难度评为从"难"到"易"的参与者人数。比如说，图中显示有 4 位参与者认为该任务很难。

此外，我们还需要一个总结性的指标来反映平均满意度。在这项研究中，平均满意度为 60%，95% CI 为 51% 至 68%。

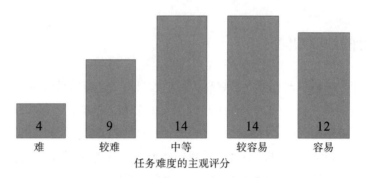

图 5.26　条形图展示了参与者的评分分布

然而，问卷调查结果并非洞察用户满意度的唯一手段。另一个能引起高层管理者注意的满意度衡量指标是参与者给出的正面评论与负面评论的比例。鉴于部分评论可能属于中立态度，使用分割区域图（见图 5.27）在我们的仪表盘上展示这些数据变得十分合理，因为它能够直接比较正面和负面评论的比例。

图 5.27　分割区域图展示了参与者正面、负面和中立评论的分布

5.7.4　还应包含哪些内容

除了上述的可用性衡量指标之外，我们还需要提供一些研究的基本信息，比如参与者人数、任务描述、代表性的参与者反馈，以及与主要竞品（本例中为 Interflora 网站）的统计数据对比。把这些信息整合进我们的报告，并将其优化成一页纸的格式，就得到了类似图 5.28 给出的示例报告。

采用这样的报告格式，我们将每个任务的结果分别展示在不同的页面上。这样一来，我们的高级管理者就能够减少大量的文档翻阅工作，借助这些可靠的可用性衡量指标，一目了然地评估产品的性能。

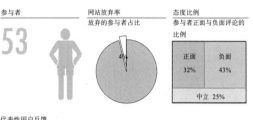

你想给你的伴侣送一朵红玫瑰，并附上一条浪漫的留言。你的信息可以有多长（以字符数计）？

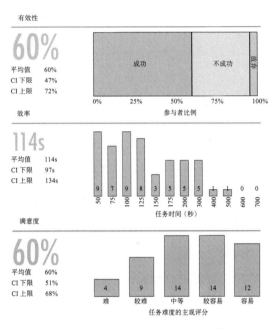

代表性用户反馈

没想到几乎快结完账才可以添加留言。我还以为必须用一张额外的卡片才能附加留言。

我直到结账页面才找到可以留言的地方。这让我很困惑，因为早些时候虽然提到了卡片，但并没有说明还可以免费添加留言。

我尝试了好几步才找到允许输入的字符数，我一直在查看产品详情页面，以为在那里能找到相关信息。

输入留言的区域和我预期的一样。

它就在下订单的过程中，符合我的预期。

需要的信息被藏在了网页的最底部。

我点击过很多页面才找到。

你必须进行相当多的订单操作才能发现这一点。当他们给你提供添加额外内容（如卡片）的选项时，就应该告诉你订单附带了一张免费贺卡，上面可以写 140 个字符。

竞品分析

指标	主要竞品	本网站	本网站状态
有效性	47%	60%	◑
效率	260s	114s	○
满意度	19%	60%	○

图例 ● 明显不如竞品　　◑ 无差别　　○ 明显优于竞品

图 5.28　一页纸基准报告

用户体验思维

■ ISO 对于可用性的定义要求我们衡量有效性、效率及用户满意度。你觉得这些对 UX 仪表盘来说足够了吗？如果不够，你认为还缺少什么，你会如何进行衡量？

■ 我们使用电子表格软件（Mac 上的 Numbers）制作了本节中的图表。这使得快速创建新报告变得容易。每当我们进行一次新的基准测试，只需用新的研究数据替换原有数据即可。试着用你喜欢的电子表格软件来打造一个仪表盘的模板。

■ 虽然此类仪表盘对利益相关者可能颇有用处，但对开发团队成员而言，它们是否会产生同样的影响或作用？如果你要为开发团队准备一份简化的 UX 研究结果报告，它会包含哪些内容？这份报告需要缩减到什么程度，以确保它会被阅读？

■ 创建仪表盘的初衷是为了简化 UX 研究结果的报告过程。如果有一种极简报告，只用一个数字就能概括产品的 UX，这样的报告是否有意义？或者说，不管报告多简短，是否也应该包含某种对 UX 的定性描述？

- 成功率的误差范围可能会相当大，尤其是样本量较小的时候（在我们的案例中，平均成功为 60%，但误差范围是 47% ～ 72%）。在报告中加入误差范围会削弱定量 UX 衡量指标的效力吗？还是说，它向报告的读者表明了你知道如何考虑行为变异性？

5.8 实现对董事会的影响力

随着众多公司正急切地组建起新的 UX 团队，我们正见证着一场行业巨变。虽然这是一个领域走向成熟的确切标志，但这个过程同样伴随着成长的烦恼。一个突出的问题是：UX 团队的声音往往听起来更像是"轻声细语"。为什么一些 UX 团队没能达到预期的影响力呢？这里列出了我们观察到的 6 大错误，这些错误阻碍了 UX 团队对董事会产生影响。

在建立一个新的 UX 团队时，会面临不少风险。根据过往经验，我们发现了一些错误，这些错误几乎注定了事情从一开始就步入歧途。

以下是 UX 团队常犯的 6 个错误：

- 没有进行适当的 UX 研究。
- 尝试从基层开始构建 UX 团队。
- 落入了"货物崇拜式可用性研究"（cargo cult usability）的误区。
- 过度学术化。
- 过度孤立。
- 未能对组织进行 UX 教育。

我们将分别探讨这些问题，并提出一些可能的解决方案。

5.8.1 没有进行适当的 UX 研究

我们注意到一些 UX 团队有一个相当奇怪的现象：他们似乎没有进行任何 UX 研究。尽管他们声称自己在做理论上的 UX 研究，但实践中并非如此。相反，这些团队的工作看起来更像是一锅杂烩，这些活动远远达不到 UX 研究最基础的标准。其中一些工作是所谓的偏好测试，仅仅是询问人们对某些事物的看法；有些工作可能仅仅局限于对产品参数的测量；还有些工作与 UX 研究相比更类似于市场研究；有的明显只是质量保证工作或用户接受度测试；甚至有的看起来就是凭空捏造的东西，比如那些可能用红色、黄色和绿色复选框来表示状态的不明所以的工作。

5.8.2 尝试从基层开始构建 UX 团队

尝试从基层开始构建一支 UX 团队是行不通的。如果你打算聘用缺乏经验的人、资历尚浅的员工，或者只是在名片上印上 "UX" 字样的网页设计师（我们真的见过这种情况），那就别指望会取得成功。

你应该从顶层开始，关键在于确立两个角色：

- UX 团队领导者（这很可能是一名新雇员）。
- 位于公司高层的 UX 倡导者（应该是现有的副总裁级别的人物，能在公司最高层为 UX 开辟一条道路）。

关于 UX 团队领导者所需的具体技能，我们将在 6.1 节中详细介绍。此处，我们重点讨论位于公司高层级的 UX 倡导者的角色。

许多公司认为这个角色可以由任何一个头衔中带有"经理"的人或者某个董事级别的人来担任。然而根据我们的经验，这个层级的负责人已经忙于其他职责，他们往往只是在开始时点头表示同意，并对 UX 的重要性做出口头上的支持，而在 UX 陷入困境或停滞不前时，他们并未发挥实质性的作用。这个至关重要的角色只有在副总裁级别的人物担任时，才能真正发挥作用。我们这里谈及的这位倡导者必须是一位具有举足轻重影响力的人，具备开创新局面、制定战略和动用资源的能力。

5.8.3 落入了"货物崇拜式可用性研究"的误区

"货物崇拜"思维基于这样一个错误的信念：实现目标和愿望的最重要条件是拥有正确的设备和装备。这个词起源于美拉尼西亚人（Melanesia），他们在二战期间因接触到"神奇"的科技（船只、飞机和无线电）及鲁塞费尔国王（罗斯福）的军队带来的难以想象的财富而经历了文化冲击。他们随后试图用棕榈树造飞机等，但这些尝试都未能实现他们渴望的财富[一]。

Philip 8 岁那年，他非常想拥有一匹马——最好是像独行侠（Lone Ranger）[二]骑的那种有着长鬃毛的白马。他的母亲没有给他买马（他父母的煤棚显然不适合放一匹马），而是给他买了一根皮鞭。这是她所能负担得起的。这就是 Philip 的骑马经历——货物崇拜式骑马。

可悲的是，买一把昂贵的 Fender Stratocaster 电吉他并不能让你变成 Eric Clapton，如果你只有马鞭，你也永远无法赢得三冠王（Triple Crown）奖[三]。

当一家公司以为仅仅拥有一个最先进的可用性实验室就等同于开展实质性的 UX 研究时，就产生了货物崇拜式的可用性研究。在专业工作室级别的摄像机、麦克风和单面镜上投入巨资并不能保证 UX 研究的成功。事实上，你需要的只是一个安静的房间，以及一支铅笔和几张纸。当然，数码相机和三脚架可能也会有帮助。但是，不要将预算浪费在那些非必需的设备上。相反，你应该投资于优秀的 UX 研究人员。

5.8.4 过度学术化

UX 团队有时候会被指责过于学术化，而与现实生活中的商业和产品开发脱节。

我们经常听到利益相关者的抱怨："我本来只是想要一个大概的答案，结果却收到了一个耗时数周的详尽的可用性研究分析报告"，或者" UX 团队总想追求 100% 完美的答案，而实际上达到 80% 就已经足够好了"，又或者"我得到的不是迅速的反馈，而是在一周后收到了一份长达 30 页的报告。"

要避免这种批评，需要做到务实、灵活并追求精简。准确地理解团队的需求及其背后的原因，然后根据项目时间线调整你的方法、设定期望，并以恰当有效的方式进行沟通汇报（无论是基于书面报告还是其他方式）。如果是只需要在喝咖啡时面对面聊聊天就能解决的问题，那就不要花几周时间撰写学术论文一样的报告。

[一] Feynman, R.P. (2018). "Cargo cult science." in *Surely You're Joking, Mr. Feynman! Adventures of a Curious Character*. E. Hutchings (Ed.). New York: W.W. Norton.

[二] The Lone Ranger 是一个虚构的戴着面具的前德克萨斯州游骑兵。在美国旧西部时代，他与美洲原住民伙伴 Tonto 一起打击不法分子。该角色的故事被多次拍摄为电视剧与电影。——译者注

[三] Fender Stratocaster 是一款经典的电吉他，受到了有史以来最伟大的电吉他手之一的 Eric Clapton 的青睐；Triple Crown 在赛马界用来称呼夺得经典三项重要赛事冠军的马匹。——译者注

5.8.5 过度孤立

新组建的 UX 团队绝对不能做的一件事就是变得孤立，与主要行动脱节。遗憾的是，我们观察到许多刚起步或失败的团队正是踏入了这种境地。

新成立的 UX 团队往往迅速将视角转向内部，重点关注自身的工作实践、工具和方法：埋头工作，仿佛置身于真空中，进行的工作并未真正对外界产生任何影响。正是如此，我们常听到一些失望的利益相关者表示："我不愿意去打扰 UX 团队，因为他们总是看上去太忙了。"甚至有 UX 团队的成员自己抱怨说："我们太忙了，每天都忙得不可开交，根本没有时间与开发团队一起工作。"

这不禁让我们联想到发生在英国斯塔福德郡一个公交公司的故事（好笑但又真实）。1976 年，有报道称由汉利到巴格诺尔的公交车甩站不停车，无视了候车的乘客。人们投诉说，公交车直接驶过了排着长队等候的乘客。这些投诉促使议员 Arthur Cholerton 通过发表声明创造了交通史上的一段传奇，他表示，如果公交车停下来载客，就会打乱时刻表！

我们之前强调过，现在再次提醒：UX 是一项团队活动。按照 ISO 9241-210 标准的设计流程[⊖]（如果你还未采用，那就应该开始采用了），你会知道其中一个核心原则是"设计团队需要包含多学科的技能和视野"。

UX 团队不能自以为是，不能只顾着自己的事务，更不能沉迷于 UX 中的某一件事，就像不能打乱的公交车时刻表一样，在幕后埋头苦干是没有意义的。如果你不想被团队其他成员忽视，首先自己不要选择孤立。停下来，接上等候的乘客。

5.8.6 未能对组织进行 UX 教育

说实话，你所在组织中的大多数人可能并不知道 UX 究竟是什么。他们可能只是将"UX"看作一个流行语，并想要获得一些相关的"秘籍"。你将要向人们介绍的概念虽然看似显而易见，但通常会让人感到意外：它是以用户为中心而不是以产品为中心的设计思维。我们经常遇到这样的开发团队，尽管他们无数次在口头上同意要优先考虑用户，但实际上却做不到。他们的思维似乎被困在当前正在开发的产品或服务之中，从产品的角度而非用户需求的角度来考量所有事情（包括 UX 问题）。

⊖ ISO 9241-210. (2010). Ergonomics of human-system interaction—Part 210: Human-centred design for interactive systems.

对组织内的人们进行教育，让他们认识到这一点并完成这种微妙却极其关键的思维转变，正是 UX 团队职责的一部分。

5.8.7　解决问题

首先，不能即兴发挥。这太重要了，绝不能凭感觉行事。你可能真的只有一次机会来创建一个有效的 UX 团队。上面这 6 种错误中的任何一种（以及很多其他错误）都足以让你的努力付之流水。

这里有一些办法可以让一切回到正轨。

拥抱敏捷团队

孤立的 UX 团队的时代已经一去不复返了。他们应该与负责产品设计的开发团队一起工作（并坐在一起）。如果你只是空降进来解决某个具体问题（比如进行一个可用性测试），之后就又回到你的部门，这很难做好 UX 工作。UX 人员应成为他们所支持的开发团队的全职成员，帮助他们解答日常中的研究和设计问题。

帮助团队成员明确各自的定位

一些新组建的 UX 团队由背景和技能各不相同的人员组成。多学科设计固然重要，但如果缺乏有效的 UX 领导力和培训，团队成员往往会本能地依赖自己熟悉的学科，并尝试应用他们熟悉的方法。

这种做法可能会导致过度依赖统计学、心理学、工程学或设计思维，而忽视了真正的 UX 研究。"我擅长统计，就专注于统计。""我是工程师 / 设计师出身，我要专注于产品组件。"团队成员的多样化技能很重要，但更关键的是要让他们明白，虽然他们因为专业背景被聘请，但目的并不是为了让他们成为心理学家、统计学家或设计师，你希望他们能将自己的专业学科知识运用于提升 UX。

向所谓的"洗碗机学"说不

当 UX 团队缺乏方向并且没有 UX 倡导者支持时，他们很可能会被其他部门借用，只是为了完成"一些 UX 研究"。这可能导致 UX 团队不得不进行市场研究、质量保证评估、工艺审查（尽管并不一定需要真正的工匠参与），在那些既不严谨也不具备可信度的事务上瞎忙活。例如，当 Philip 在一个内部 UX 团队工作时，市场部曾让他构思一个名为"洗碗机学"（Dishwasher-ology）的概念。市场部并不知道这个名词具体意味着什么，但他们非常确信，一个由心理学博士支持的某种"学"可以在市场营销方面取得一些进展。

永远不要忘记，你的 UX 团队的成立是为了给公司带来新的东西——而不是为了迎合那些一开始就行不通的老方法，或者编造出一些没人能理解的荒唐概念。避免落入这样的陷阱。勇敢地说不（Philip 向洗碗机学说了不）。一旦答应下来，你可能就会被吸进一个黑洞，永远无法脱身。

对你的团队进行培训

把 UX 培训看作为团队指明方向的指南针。除非你的新员工已经非常有经验，否则没有培训的团队可能会失去方向，甚至变成团队的累赘。有时候，团队还需要重新定位，把 UX 作为指引，就像是地磁北极一样。

一些内部的伙伴也会希望参与这些培训课程，这样他们就能知道你的团队可以提供什么，以及如何利用你们的工作成果。我们发现，进行内部的 UX 培训极其有效，是将所有人联结在一起的好方法，让他们拥有共同的 UX 词典和共同的用户体验愿景。

用户体验思维

- 回顾一下我们提到的 UX 团队常犯的 6 个错误。你在自己的组织中遇到过哪些？
- 我们指出，一些 UX 团队开展的 UX 研究连最基础的标准都达不到。你会如何评价你的 UX 团队进行的 UX 研究的质量？你是如何做出判断的？你如何判断你们的 UX 研究质量是在提高还是在下降？
- 大多数组织会通过两种方式来提升他们的 UX 研究能力。一种方式是 UX 团队作为一个独立的职能部门，UX 研究人员作为开发团队的顾问开展工作；另一种方式是开发团队中有一位常驻的专职 UX 研究人员。这两种方法各自的优缺点是什么？你个人更偏好哪一种？
- 在你的组织中，"UX"是否只是一个流行词？你的经理真正理解 UX 涵盖什么内容吗？经理的上级呢？你打算如何让组织中的人真正理解 UX 的实质？
- 我们把 UX 培训看作向团队指明方向的一种方式。还有哪些方法可以帮助你的 UX 团队或开发团队理解 UX 的最佳实践呢？

第 6 章
CHAPTER

开启用户体验职业生涯

6.1 招聘 UX 领导者

经常有组织向我们寻求构建 UX 能力的建议。我们的建议是从顶层建设开始，为那个关键的 UX 领导者岗位聘请合适的人选。但是，这个人需要具备哪些特质？有哪些招聘时你应当避免的错误？

作为一家大型公司的设计副总裁，你刚获准组建一个新的 UX 团队。此刻，你正双手掩面，焦头烂额地坐在那里。

你刚刚花了整整 15 分钟，在一个 UX 职业网站上查看各种职位名称，真是令人头疼。UX 设计师、UX 开发者、UX 研究人员、可用性专家、洞察设计师、UX 数字分析师、可用性分析师、软件 UX 设计师、UX 架构师、内容设计师、人因工程师、UX/UI 设计师、UX 营销员、UI 艺术家、交互设计师、信息架构师。你的头都要大了。你已经叫来了 HR，但现在他们也是一脸茫然地坐在桌子对面。

这一堆看似胡编乱造的词让人感觉像是在胡言乱语，这让你非常担忧。因为你知道，职位名称的混乱反映出一些公司对这一领域了解不足，不清楚一个 UX 团队应该是什么样子的。你担心这种混乱会吓跑最有实力的候选人，而那些能力较弱的应聘者，则可能会像 Clark Kent⊖在电话亭里变身超人一样，迅速改变自己的身份来迎合招聘要求。

你该怎么办？

6.1.1 聘请一位 UX 专家

这是进退两难的局面。如果你对 UX 领域知之甚少，且你的招聘经理对这一领域也不熟悉，那你如何确信自己能找到优秀的 UX 候选人呢？你不知道。那就找一个懂的人。在招聘期间，雇佣一位经验丰富的 UX 顾问——一位曾经组建过 UX 团队并招聘过 UX 相关人员的专家。他能为你的招聘活动提供严谨的指导，并在整个招聘过程中帮助你撰写职位描述、筛选简历、设计选拔流程、参加面试并给出人岗匹配的建议。

6.1.2 首先确定 UX 领导者

正如温斯顿·丘吉尔（Sir Winston Churchill）所言，组建团队并不是盖房子。你不是从底层开始逐步向上构建，最后再像加个烟囱顶帽那样安上一位领导者，团队是自顶向下构建的。因此，首先应当聘请 UX 团队的领导者，这将是你进行的最关键的 UX 相关招聘。切勿以招聘毫无经验的人作为开始，这样做可能会使 UX 在起步阶段就被边缘化。从团队领导者开始，意味着他们可以建立运作框架、规划战略、传播 UX 理念，并给出后续招聘决策，以组建完整的团队。

6.1.3 聘用有愿景的 UX 领导者

所有优秀的领导者都有几个共同的特点和能力：自信、良好的沟通能力、激励与启发他人的能力、战略性思考及看清大局的能力、说服力与影响力、管理复杂问题的能力，以及必要时能与高级管理层正面交锋的能力。这份清单还可以继续扩展。除了必备的 UX 相关专业技能外，这些都是领导者应具备的品质，但仅有这些还不足以领导一个 UX 团队。

我们在杰出的 UX 领导者身上看到的一个"必须具备"的特质是有愿景，也就是有能力为产品、团队及公司构想并阐述 UX 的未来状态，同时还能够激发团队成员追随这一状态。

⊖ Clark Kent 是美国 DC 漫画旗下的超级英雄形象超人（Superman）在地球上的名字。——译者注。

领导力需要能带来行动、进步和变革。一个领导者必须真正引领团队到达某个地方（某个目标或追求），而不是原地踏步。一些领导者因不知道最终目的地是哪里，而未曾踏出旅程的第一步，有的则忙于原地打转。如果你的 UX 团队今年还在重复去年同样的工作，那么你的领导就不存在领导力。一个优秀的领导者要为团队提供目标、规划路径并指明方向。

6.1.4　聘请一位研究者

构建出色 UX 的基础是研究。因此，要聘请一位研究人员，最好是对人类行为有研究经验的人。这包括认知科学、人因工程、人类学、社会学、人体工程和心理学等多个领域。以科学方法研究人类行为的学科被称为"实验心理学"，这也是你在首次招聘 UX 人员时需要关注的一个很好的领域。寻找一个在设计方面有显著业绩、曾亲自进行过行为研究的人。

虽然将其他学科作为起点看起来像是具有可行性的选择，但无法确保他们具有与人类行为科学研究或以用户为中心的研究相关的经验，且需保证数据分析的严谨性，而这是 UX 的根本。

6.1.5　聘请一位具备相关学科知识的 UX 领导者

领导者希望激励他们的团队成员，为此，他们必须理解团队成员的价值观和兴趣所在，还要广泛掌握和了解 UX 相关的学科知识。除了做 UX 研究外，领导者还将组建并带领一个由交互设计师、视觉设计师、软件开发人员和原型制作人员组成的团队，他们是拥有不同视角、经验水平和培训背景的人。

此外，UX 领导者还需要了解业务如何盈利及 UX 如何助力业务增长，他能够用商业语言进行沟通。这包括能够计算和沟通 UX 投资回报率，管理 UX 预算，并与公司的财务及市场部门建立联系。

6.1.6　进行副总裁级别的任命

这是一个能对全公司产生影响的职位。你的 UX 领导者能够改变公司对待客户与用户的认知方式，以及产品和服务的开发方式。应当在组织中给予此人一个具有权威性的职级，我们强烈建议将其任命为副总裁，或者至少是总监级别，以确保 UX 领导者具备足够的影响力。如果他没有在组织中担任高层职位，UX 的愿景很可能随时被任意一位决定改变方向的高层管理者所摧毁。

当然，预算也可能是一个阻碍。因此，如果你原本计划先聘请两到三名低级别的 UX 专员，我们建议舍弃其中一两位，选择招聘更高级别的人才。如果将 UX 仅仅视为一件普通商品，仅仅关注基本的可用性测试，那么你将无法真正影响到思维、创新、理念、文化和品牌。志存高远，你可能只有一次机会。如果需要更多预算，就去争取。

6.1.7　3 大常见的招聘错误

这是我们遇到的关于招聘 UX 领导者的 3 个最常见的错误：

误任的经理

首先要明确的是，招聘一位 UX 经理并不是一个错误。实际上，UX 经理应当成为你第二顺位的招聘岗位。但是，当你本应该招聘一位 UX 领导者，却错误地招聘了 UX 经理，那就是一个错误。这是两种截然不同的角色，他们的领导力和管理能力几乎是相互独立的，甚至可能是对立的。你的 UX 领导者负责对外沟通业务，而 UX 经理则面向团队内部的运作。优秀的领导力关乎愿景，而优秀的管理能力则关乎团队的建设。领导者专注于 UX 对业务和企业文化的影响，而经理则关注日常运营、UX 的技术问题，以及对团队成员的指导和培养。这有点儿像一艘船的船长，领导者难以做到在规划航线的同时，还要亲自下到机舱里检查油位。

一个人的“乐队”

一个均衡的 UX 团队需要涵盖各类研究和设计学科及其相关能力（更多内容将在 6.2 节中讨论），但你不可能在一个人身上找到所有这些东西，而且试图这样做也是错误的。不要期待你的第一位 UX 团队成员既是研究人员，又是视觉设计师和内容作者。这些学科虽然在招聘网站上看起来似乎可以互换，但实际上它们各自非常专业且彼此之间大相径庭。你的候选人或许对这些学科都有所了解，但千万不要试图找一个能够独挑大梁的全能型选手。尽管全能型选手看起来令人印象深刻，但他们的作品通常很糟糕。要避免这种错误，就需要在撰写职位描述时足够具体，抑制住把你能想到的所有角色和职责都塞进去的诱惑。你是在招聘一位专家，因此一定要具体。

横向阿拉贝斯克

设计师被任命为 UX 领导者，赋能公司新的 UX 能力，这种情况并不少见，尤其是在大型公司里。有时候这个角色可能是工程师担任，有时是市场营销人员。我们见识过上述全部 3 种情况，甚至见过一个客服代表被放到这个位置上。然而，我们还没看到过这种做法能够奏效的情况。

这种横向调动的伪晋升（pseudo-promotion）实际上接近于 Lawrence Peter 和 Raymond Hull 所说的横向阿拉贝斯克（Lateral Arabesque）[一]——这是彼得原理（Peter Principle）[二]的一个变种。所谓横向阿拉贝斯克，就是给某人一个更长的职位名称并给他换个工作地点。请注意，我们这里所说的并不是那些发现 UX 这门学科的魅力，将其视为职业发展方向而主动转入 UX 行业的人。UX 从业者往往有不同的背景，经过培训和指导，他们会成为重要的贡献者——尽管我们依然不建议直接将这样的人置于 UX 领导者的位置。这里，我们指的是那些因为在设计、工程、营销或公司的其他部门无法胜任自己的工作，而被管理层从各自的专业领域调到 UX 团队的人。

我们还发现了这种做法的一个变种——是的，一个变种的变种——我们称之为"Andy Capp"[三]团队建设模型。漫画人物 Andy Capp 申请了一个"杂务工"的工作，但他承认对工作的任何要求都没有对应的经验或技能。"那你怎么能做一个杂务工呢？"工头问。"我就住在附近。"Andy 回答道。

在这个模型中，UX 团队最终由内部人员组成，这些人员缺乏必要技能或经验，他们只是刚好需要一个"归宿"。这些人有时是前行政人员，或是因为职位被裁撤而空闲的人，或仅仅是在公司待了很长时间却难以融入任何部门的人。根据我们的经验，这些"有意愿但能力不足"的候选人通常几乎没有 UX 背景，因此也不能独立完成工作。一旦他们被赋予 UX 的重任，通常会求助于外部帮助，进一步凸显了他们角色的多余性。

这两种构建 UX 团队的方法都贬低了 UX 的价值，坦白地说，也贬低了这些人实际拥有的技能。这样的 UX 团队通常很难做好工作或产生任何影响力，而且经常被开发团队忽视。

[一] Arabesque 是芭蕾舞中最标志性的舞姿之一。舞者站立时一条腿支撑全身，另一条腿向后伸出，身体保持优雅的线条。该词在描述一个动作或姿势时，用来强调其优雅和优美的特质。在当前语境中，"Lateral Arabesque"用来形容看上去优雅且体面的横向职位变动，即使其实际能力可能并不匹配晋升资格。——译者注

[二] Peter, L.J. & Hull, R. (2011). *The Peter Principle: Why Things Always Go Wrong* (Reprint Edition). New York: Harper Business.

[三] Andy Capp 是一部于 1957 年创作的英国漫画。主角 Andy 的设定为工人阶级形象，但他从未真正工作过。他以其标志性的平顶帽、懒惰、喜欢去酒吧和喜爱博彩而闻名，他经常因此陷入有趣的困境。——译者注

6.1.8　尽管听起来有些无情

领导力在某种程度上很像 UX：只有在缺失时才会被真切感受到。当团队成员对其工作充满激情、明确自己的目标、在工作中感到快乐时，这就是优秀领导力的体现。

诚然，这些因素很难量化，要精确识别出营造这种氛围的领导行为更是难上加难。这就又回到了愿景的概念：我们遇到的最好的 UX 领导者们，他们对于"好"究竟意味着什么有着明确的愿景。他们愿意分享这个愿景，并帮助你理解它，但这个愿景不是由任何委员会设定的。尽管听起来有些无情，但你要么相信他们的愿景，要么你就会出局。

用户体验思维

- 撰写一则招聘公告，为你的组织招聘一位 UX 领导者。你使用了什么职位名称？为什么选择这个名称？改变职位名称会对应聘者产生什么影响？务必将 UX 领导者第一年的目标写进去，描述他们将要负责的项目的需求，以及他们需要克服的挑战。
- 如果你不能组建一个团队，而是只能聘用一名 UX 专家，你会怎么做？你需要他具备什么样的背景、经验和特质？你认为这个人在你的公司中会扮演什么角色？
- 考虑这样一种情况，你被告知，招聘的 UX 员工必须从较低的级别做起，但有培训预算帮助他们最终成长为能够担任领导职位的人才。这种"自行培养"UX 领导力的方法，其优势和劣势是什么？
- 你向你的老板反映了关于为 UX 领导者岗位找到合适人员的挑战，他告诉你使用专业招聘机构。这样做有哪些好处，风险又有哪些？
- 假设你想应聘一个 UX 领导者的岗位。在你的简历里，你会强调什么来将自己呈现为一个 UX 领导者，而不是一个 UX 经理？

6.2　评估和发展 UX 从业者技术能力的工具

UX 从业者需要具备 8 项核心能力。通过评估每个团队成员在这 8 大方面的"特征"，管理者可以打造一个全面的 UX 团队。这种做法还有助于明确每个团队成员最适合的角色，并指出其个人成长的潜力区域。

我们经常被问道："UX 从业者需要掌握哪些技能？"诚然，"UX 从业者"（及其变体）这一用语可能存在一些问题，但这并不意味着我们就应回避确定一个人在 UX 领域工作所应具备的必要能力。管理层仍需找出 UX 团队的短板，而 HR 部门也需要制定恰当的招聘标准并撰写职位描述（而不仅仅是在简历中寻找那些他们不甚了解的关键词）。

6.2.1　关键能力

UX 从业者需要具备的关键能力可分为 8 个方面：

- 用户需求研究能力。
- 可用性评价能力。
- 信息架构能力。
- 交互设计能力。
- 视觉设计能力。
- 技术写作能力。
- 用户界面原型制作能力。
- UX 领导力。

这些都是"能力"，但要正确理解这些能力，我们需要确定支撑这些能力的行为模式。究竟是哪些具体的知识、技能和行动，让一些人在这些能力领域中有突出表现？

在下文中，我们将逐一探讨这些能力背后的行为，并提供一个雷达图，帮助你为团队中的每位成员绘制出他们的能力"特征"。下面，我们将展示一系列不同类型从业者的典型特征，以便你打造一个全面的 UX 团队。

6.2.2　用户需求研究能力

这一能力由以下行为定义：

- 阐述 UX 研究的重要性，不仅仅是在系统设计之前进行，还要在设计过程中及系统部署后进行。
- 确定系统的潜在用户。
- 规划对用户的实地考察，包括决定对哪些用户进行访问。

- 组织有效的访谈，挖掘用户的真实需求（用户想要什么），而非仅停留在表面意见（用户说什么）上。
- 恰当记录每一次观察。
- 分析实地考察收集的定性数据。
- 将实地考察的数据以可用于推动设计的方式呈现出来：例如，用户画像、用户故事和用户旅程地图。
- 分析和解释现有数据（例如，网页分析、用户问卷调查和客服电话记录）。
- 批判性评估以往的 UX 研究。

6.2.3　可用性评价能力

这一能力由以下行为定义：

- 选择最适合的评价方法（例如，是选择形成性测试还是总结性测试，有主持的还是无主持的测试，实验室测试还是远程测试，可用性测试还是专家评审、可用性测试还是 A/B 测试，可用性测试还是问卷调查）。
- 解读可用性原则和指南，用于识别用户界面中的潜在问题。
- 掌握设计实验的方法，包括如何控制和测量变量。
- 计划并执行各类可用性评价活动。
- 记录可用性评价中的数据。
- 分析可用性评价中的数据。
- 衡量可用性。
- 对可用性问题进行优先级排序。
- 选择最合适的形式来分享评价结果和建议：例如，书面报告、演示、每日站会或亮点视频。
- 说服开发团队根据评价结果采取行动。

6.2.4　信息架构能力

这一能力由以下行为定义：

- 构建人与产品或服务之间交互的流程（也称为服务设计）。

- 探索并阐述用户的工作领域模型。
- 组织、结构化并标注内容、功能和特性。
- 选择不同的设计模式来组织内容（例如，采用分面导航、标签或中心辐射）。
- 建立一套专业术语库。
- 阐明元数据的重要性及其作用。
- 分析搜索日志。
- 进行线上和线下的卡片分类活动。

6.2.5　交互设计能力

这一能力由以下行为定义：

- 选择合适的用户界面设计模式（例如，向导式、组织工作区或指导标记）。
- 使用正确的用户界面"语法"（例如，在复选框、单选按钮等不同控件间做出正确选择）。
- 描述特定用户界面交互的行为方式（例如，捏合缩放）。
- 创建用户界面动效。
- 提供用户界面中的可供性（affordance）。
- 生成解决方案的设计思路。
- 绘制草图并讲述以用户为中心的交互故事。

6.2.6　视觉设计能力

这一能力由以下行为定义：

- 运用视觉设计的基本原则（如对比、对齐、重复和邻近性）来简化用户界面。
- 选择合适的文字排版。
- 设计网格。
- 进行页面布局。
- 选择色彩搭配方案。
- 设计图标。
- 阐明遵循统一品牌风格的重要性。

6.2.7　技术写作能力

这一能力由以下行为定义：

- 用通俗易懂的语言撰写文档。
- 从用户角度（而非系统角度）出发撰写内容。
- 创建有助于用户完成任务的内容。
- 简明扼要地表达复杂的想法。
- 创建并编辑宏观和微观文本。
- 采用与组织身份或品牌风格相匹配的语气撰写内容。
- 根据实际情况选择合适的帮助形式：教程、手册、上下文帮助或简短文案提示。

6.2.8　用户界面原型制作能力

这一能力由以下行为定义：

- 将创意转换成可交互的原型和模拟场景。
- 针对设计阶段选择合适的原型保真度。
- 阐明快速迭代的好处。
- 创建纸质原型。
- 在确定解决方案之前，适当地探索各种设计可能性。
- 创建交互式电子原型。

6.2.9　UX 领导力

这一能力由以下行为定义：

- 计划和安排 UX 工作。
- 论证 UX 活动的成本效益（cost-benefit）。
- 领导一个多学科团队。
- 为项目召集团队成员。
- 推动团队持续的专业发展。

- 与利益相关者建立联系。
- 管理客户期望。
- 衡量和监控 UX 对公司成功的影响。
- 在公司内部宣传推广 UX 理念。

6.2.10　如何评估你的 UX 团队的能力

在培养团队的 UX 能力时，我们发现使用一个简单的雷达图（如图 6.1 所示）进行讨论会很有帮助。使用雷达图旨在为我们的讨论提供一个框架，许多人反馈这是一个有用的参考，他们能够利用它来回顾和评估在一段时间内取得的进展。

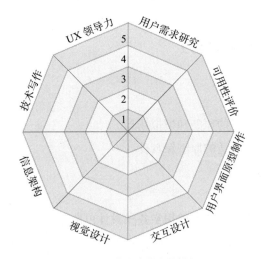

图 6.1　评估自身能力的模板

你会发现，雷达图覆盖了我们文中提及的 8 种能力领域，并为每个能力领域设置了五级评分标准。这个五级评分系统旨在促进讨论，它可以帮助人们找出自己的强项和弱点。

除非你已经与团队成员合作多年，否则我们建议你让团队成员自行评估他们自身的能力水平。我们通常会给人们以下指示：

从雷达图中挑选一个你最熟悉的能力领域。仔细阅读该领域的行为描述，然后根据以下量表为自己的胜任能力打分，分数范围为 0 ～ 5 分：

0—我不了解或不具备这项能力；

1—新手：我对该能力有基本了解；

2—进阶初学者：我可以在指导下展现这项能力；

3—胜任者：我能够独立地展现此能力；

4—老手：我能够指导他人掌握这项能力；

5—专家：我能够创造应用这种能力的新方法。

之后，继续评估其他能力领域，完成整张图。

当你让人们自评他们的能力水平时，还是会出现问题。邓宁-克鲁格效应（Dunning-Kruger effect）告诉我们，新手往往会高估自己的能力，而专家则可能低估自己。比如，一个本该自评为 1 分的新手可能会给自己打 2 分或 3 分，而一个理应自评为 5 分的专家可能只给自己 3 分或 4 分。为了消除这种偏差，我们建议要么（a）不考虑绝对评分，而是观察团队成员在 8 个能力领域中的整体表现；要么（b）在每张图表完成之后进行一次访谈，让团队成员举出具体行为实例，以此来验证评分的准确性。

6.2.11　将能力与 UX 从业者的角色相匹配

我们在前面提到，UX 领域的职位名称繁多，令人眼花缭乱。因此，为了将这些能力映射到不同的 UX 岗位上，我们从 Merholz 和 Skinner 的著作 *Org Design for Design Orgs*⊖ 中选取了一些从业者角色。我们之所以选择这本书，是因为它是由该领域内公认的专家所撰写的。

如果翻看关于雷达图的部分，你会发现，不论是哪个岗位，我们都期望每位从业者至少对每个能力领域有基本的了解：这是获得了 BCS UX 基础证书⊖的人所具备的知识水平。除此之外，不同岗位对能力的要求各不相同。

下面的图表展示了初级和高级 UX 从业人员的能力分布图。图中的实线表示初级从业人员的最低能力水平，而箭头则指向高级从业人员需要拓展到的区域（即 4 分和 5 分的水平）。鉴于他们丰富的经验，我们也预期他们还能在其他技能上达到 2 分到 3 分的水平。为了保持图表的简洁，我们没有展示这一点。

关于"理想的雷达图究竟是什么样的"这个问题，答案最终取决于个人的目标和组织的需求，这点因人而异，但下面基于角色的描述可能会对你的讨论有所帮助。同样重要的

⊖　Merholz, P. & Skinner, K. (2016). *Org Design for Design Orgs: Building and Managing In-House Design Teams.* Sebastopol, CA: O'Reilly Media.

⊖　BCS. (2018). "User experience foundation certificate."

是，这种方式可以避免你的团队招募与自己技能相似的人。它可以帮大家认识到，一个全面的 UX 团队需要具备多样化的能力。

UX 研究者

Merholz 和 Skinner 将 UX 研究者定义为负责开展生成性研究和评估性研究的角色。生成性研究指的是通过实地考察，来产生"以新的方式解决问题的洞见"；评估性研究则是通过观察用户的使用情况和发现使用中的问题，来检验"设计解决方案的有效性"。我们期望担任这一角色的人员具备用户需求研究和可用性评价方面的专长（如图 6.2 所示）。

产品设计师

Merholz 和 Skinner 将产品设计师描述为"负责交互设计、视觉设计，有时还要涉及前端开发"。我们期望担任这一角色的人员能展示出在视觉设计和交互设计方面的专业技能，同时具有一定的用户界面原型制作能力（如图 6.3 所示）。

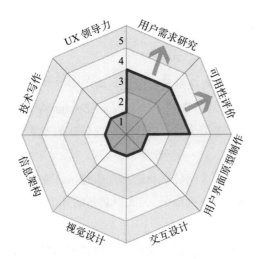

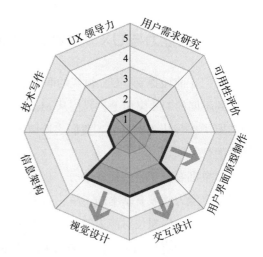

图 6.2　UX 研究者能力领域雷达图　　　　图 6.3　产品设计师能力领域雷达图

创意工程师

Merholz 和 Skinner 将创意工程师描述为通过制作交互式原型，协助开发团队探索设计方案的角色。这一角色有别于前端开发："创意工程师更加注重探索可能性，而不是仅仅关注于产品的交付。"我们期望担任这一角色的人员展示其在用户界面原型设计上的专业技能，同时在视觉设计和交互设计方面具有一定的知识和技能（如图 6.4 所示）。

内容策略师

Merholz 和 Skinner 将内容策略师描述为"负责制定内容结构和导航设计"的角色，他们负责"撰写文字，无论是用户界面中的标签，或是帮助用户完成任务的说明文案"。我们期望担任这一职位的人员展现其在技术写作和信息架构方面的专业技能（如图 6.5 所示）。

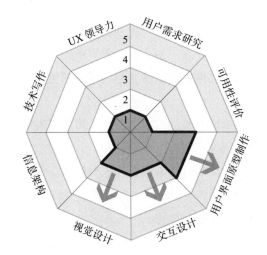 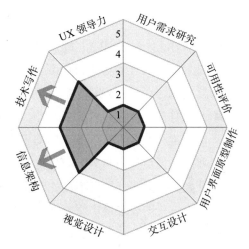

图 6.4　创意工程师能力领域雷达图　　　　图 6.5　内容策略师能力领域雷达图

传播设计师

Merholz 和 Skinner 将传播设计师定义为具有视觉艺术和平面设计背景，并了解"布局、色彩、构图、排版及图像运用等核心概念"的人。我们期望担任这一职位的人员展示其在视觉设计领域的专业技能（如图 6.6 所示）。

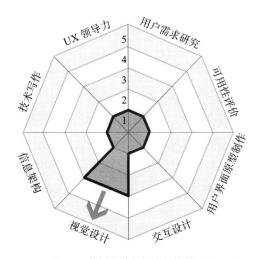

图 6.6　传播设计师能力领域雷达图

如果你是 UX 团队的管理者，可以复制图 6.2，并让团队成员各自填写雷达图，作为一种自我评估的练习。集体讨论这些结果，通过讨论确定团队在哪些能力领域需要进一步的支持。

> **用户体验思维**
>
> ■ 如果你是一位管理者，建议与每位团队成员进行一对一的交谈，客观地识别你对他们能力的看法与他们自评之间的差异。你期望他们展示哪些行为以验证他们确实达到了 3 分、4 分或 5 分的能力级别？
>
> ■ 如果你是一位该领域的从业者，利用此模板来绘制自己的能力特征。将此图表作为基准（当前状态），找出需要提升的领域。
>
> ■ 将你的能力特征与本节中的案例进行对比，检验自己是否具备你想要的职业角色所需的能力——如果不具备，看看你需要发展哪些能力，才能实现角色的转换。
>
> ■ 结合这一图表来设定绩效目标，以便评估和促进职业发展。
>
> ■ 如果你不直接从事该领域的工作，但负责招聘 UX 团队成员，可依据本节提供的能力描述来设定基于行为的招聘准则并撰写招聘海报。

6.3 超越技术能力：怎样成为一位优秀的 UX 研究者

在 UX 研究领域，大多数工作关注的是个人是否能展示出技术能力的实证。然而，技术能力仅是 UX 研究者所需的众多专业知识领域中的一部分。一个全面的 UX 研究者，需具备另外两个领域的专业能力：过程管理与市场营销。

David 分享了他首次从事咨询工作时的经历：

多年前，当我在约克大学担任博士后研究人员时，曾罕见地在媒体上露过一面。当时，我正在研究多发性硬化症对色觉缺陷的影响，并尝试创建一种诊断测试。BBC 的约克电台得知此事后，邀请我带着一个测试上节目，在直播中聊聊这项研究。

我不确定它是否适合广播的形式，但还是带着 Farnsworth-Munsell 100[⊖]测试工具，

⊖ 一套用来评估个人的色彩辨识能力的测试工具。测试系统由 4 盒共 85 个横跨可见光谱的可移动式色棋（色相渐变）组成。可将具有正常色觉的人分成优异、一般和差 3 个辨色能力等级，也可用于测试色觉缺陷人员的色弱区域。——译者注

在 20 世纪 80 年代流行歌曲的间隙，向一位带有幽默讽刺风格的日间广播 DJ 演示了色觉测试。

在这短暂的 5 分钟宣传之后，一位当地商人联系我，希望我能到他的公司，就公司灭火器上使用的颜色编码与他进行探讨。我一直对咨询领域抱有兴趣，也认为这是一个很好的机会来增加我那微薄的学术工资。我带着某种程度的忐忑参加了我的第一次销售会议。那次会议一定进行得很顺利，因为我成功获得了第一个咨询项目。

虽然只是两天的工作，但我从中学到了重要的一课。

第一课：如果客户对你的工作有个人兴趣，那么向他们推销咨询服务将会容易得多。因为事实证明，我的第一位客户实际上是色盲——我怀疑他更感兴趣的是利用工作时间来评估自己的色觉，而并非我为灭火器颜色编码撰写的详细报告。

几年后，我学到了关于咨询重要的第二课。

我在伊普斯威奇的 BT 实验室[⊖]开始了我的人因工程职业生涯。在那期间，我接触了许多"一个人的乐队"式的顾问，他们为英国的大型公司提供实用的人因工程建议。更令我印象深刻的是，这些公司似乎都根据这些建议采取了行动。

但说实话，我当时也有些愤愤不平。

我觉得这些顾问中的很多人只是在蒙骗客户，因为他们不像我一样拥有博士学位。我觉得他们的技术能力充其量只能算是初级水平。我感到嫉妒，因为我认为自己对于人因工程的了解要远超他们，然而他们却能成功地以顾问的身份立足。

直到那时，我还以为咨询就是大公司邀请有才华的人将他们的知识简化后传达给公司，以便公司采取行动并加以利用。在这种观点下，技术能力就是一切。

但我的经验告诉我，事实并非如此。虽然我花了几年时间才将其清晰地表达出来，但我学到了第二课：技术能力在营造 UX 的过程中只起一小部分作用。技术专长能让你有机会做这类工作，但它并不是让你成为一个出色的专业人员的关键。

为了更直接地说明这一点，我喜欢用一个我们都熟悉的咨询活动来说明——看病。显然，当你去看医生时，你会想知道他们是否通过了所有考试，是否有能力提供疾病方面的建议。这就是医生获得执业资格的前提（或者说你能够进入诊室的基础）。

现在，回想一下你遇到过的医疗专业人员，并找出你认为最好的一位。很可能你的选择并不仅仅基于那位专业人员的技术专长或资质。我最喜欢的是一位和蔼可亲的全科医生：他总是愿意耐心向我解释，并且把我当作一个个体来对待，而不是把我当成一个病人。

⊖ 英国电信，全称 British Telecom。——译者注

可以说，他有很好的医患沟通技巧。

UX 专业人员也需要有"待人接物之道"。这种态度是当前 UX 能力讨论中经常被忽视的一个要素。尽管技术专长很重要，但它并不是全部。我们需要考虑 UX 实践的 3 个领域：

- 技术能力。
- 过程管理能力。
- 市场营销能力。

6.3.1 第一实践领域：技术能力

每位专业人士都需要掌握一系列核心技术能力，UX 领域也不例外。在 6.2 节中，我们列出了这些能力：

- 用户需求研究能力。
- 可用性评价能力。
- 信息架构能力。
- 交互设计能力。
- 视觉设计能力。
- 技术写作能力。
- 用户界面原型制作能力。
- UX 领导力。

尽管我们可能会对某些具体细节有所争议，但大学课程和各种 UX 短期培训课程都很好地服务于 UX 这一领域。然而，UX 培训机构并没有涉及 UX 实践的另外两个领域：过程管理与市场营销。

6.3.2 第二实践领域：过程管理能力

过程管理能力是从业者在做客户管理和项目管理时进行的一系列活动。这包括：

- 积极倾听（Active listening）。
- 帮助团队实施变革。

- 做出恰当的道德选择。
- 项目管理。

积极倾听

积极倾听意味着真正了解客户的问题，并提供问题的解决方案——而不是向客户推销眼动追踪这样现成的 UX 活动。这些活动可能看似令人印象深刻，但并没有解决根本问题。这听起来很容易，但当你作为一名专业人士被置于问题面前时，会很容易直接从工具箱里拿出一个工具，然后告诉客户这就是他们需要的。承认你自己还不了解问题所在，还需要问更多问题，这要难得多。为了做到这一点，了解客户真正所处的开发环境——他们公司或设计团队内部的实际运作情况——至关重要。你需要这些信息来确定设计变更的实际约束条件。

帮助团队实施变革

帮助客户实施你的研究见解很重要，因为在许多 UX 活动中，真正的工作开始于活动结束之后。仅仅进行可用性测试并不能真正让网站变得更可用，系统的改善也不是通过提交报告或做幻灯片演示来实现的，而是需要开发团队去实际修改界面。因此，UX 活动后的下一步是以能激励团队行动起来的方式来分享调查结果。这并不是说，决定用幻灯片演示而不是提交一份 40 页的书面报告来呈现结果。向开发团队展示如何解决问题是有技巧的，正如 Steve Krug 所言[θ]，"解决问题时，做尽可能少的改动。"他建议，进行最简单的改变来解决大多数人的问题，而不是重新设计整个界面。这就是经验丰富的顾问与初出茅庐的新手之间的区别。

做出恰当的道德选择

一名优秀的顾问需要做出正确的道德选择。有时候，来自某些客户的压力可能会让人难以抵挡，他们会要求你按照特定的方式来进行研究。在某些情况下，改变可能很小：比如，客户可能要求你按照严格的市场营销人口统计学特征来招募 UX 活动的参与者，如地理位置或年龄段。正如我们在第 2 章 2.6 节《对代表性样本的质疑》中所讨论的，人口统计学特征分组在 UX 研究中往往并不重要。即使它们是重要的，由于可用性研究使用的样本量小，也会使与细分市场相关的结论变得毫无意义。既然对研究的最终影响微乎其微，就没有必要对每一个小问题都争论不休。当客户坚持要从根本上改变研究方法，比如用焦

θ　Krug, S. (2009). *Rocket Surgery Made Easy: The Do-It-Yourself Guide to Finding and Fixing Usability Problems.* Thousand Oaks, CA: New Riders.

点小组来代替可用性测试，从而影响研究结果时，道德选择就出现了。此时，优秀的从业者会抵制这种改变，或者选择放弃。

项目管理

优秀的从业者知道如何管理自己的时间和他所负责的项目。知道甘特图和 PERT 图之间的区别并不重要，但你必须知道如何估算项目所需的时间，并在进度看起来会出现延期时及时让客户知晓。

6.3.3　第三实践领域：市场营销能力

尽管我们还从未遇到一个认为自己在市场营销领域工作的 UX 从业者。但事实上，无论我们愿不愿意，营销都是我们工作的一部分。UX 从业者需要掌握的营销活动包括：

- 阐述 UX 研究的成本与收益。
- 制定提案。
- 开拓新业务。
- 留下资源。

阐述 UX 研究的成本与收益

我们大多数人都能列举出关注 UX 的种种好处。但是，一位优秀的 UX 从业者能够把这些好处与客户的业务领域关联起来。这意味着要与客户沟通，以了解其对成功的衡量标准，然后收集数据或提供可靠的估算，以评估 UX 研究的实际成效。

制定提案

新入行的 UX 人员常常误将撰写提案和制定研究计划混为一谈。研究计划只是列出了项目步骤，计算每个步骤所需的时间并给出总成本。虽然这是任何研究项目必不可少的部分，但资深从业者知道，一个提案需要的远不止如此，因为提案还是一个营销工具。提案应该包含一个部分，向客户展示你深刻理解了待解决问题，这部分内容需要明确列出客户将因你的工作结果而获得的具体利益。此外，制定提案的过程还应包括根据反馈调整提案，与客户就什么可以改变、什么不能改变进行协商。尤其是在面临多方竞标时，更要善于向客户展示你的优势。

开拓新业务

无论是公司外部还是内部的从业人员，开拓新业务都是他们不得不面对的挑战。外部顾问需要寻找新客户，并扩展对现有客户的服务；内部顾问则需要确定下一个大项目，并确保 UX 在项目中占有一席之地。毕竟，如果你的专业知识被埋没，那么拥有这些知识就失去了意义。不可避免地，这一过程涉及推销自己的技能。虽然"推销"这个词可能会让客户产生警惕，从业者也担心无法达成销售目标，但如果可以真正以客户为中心，保持真实可信，你就完全可以应对这种情况（参见 2.3 节，里面有一些具体的建议）。

留下资源

从业人员需要发展业务，这意味着要为公司（或你所在的团队）乃至整个行业的发展贡献力量。实现这一目标的方法之一就是使用并为该领域的知识库做贡献。举例来说，网络上有众多优秀资源，你可以利用这些资源向客户证明 UX 研究的益处。优秀的从业者可以通过撰写网络文章、发表演讲，以及鼓励人们重复使用他们所创造的内容来丰富这些资源。你最终的目标，是通过努力为公司、团队乃至你管理的每一个人留下一份坚实的基业。

6.3.4　UX 实践的 3 个领域意味着什么

采用基于广泛 UX 实践领域的模型，而不是狭隘地侧重于技术能力，会对提升"过程管理"与"市场营销"的能力具有一定的影响。

这些能力：

- 并不适用于许多大学课堂中的"填鸭式教学"。那么，缺乏经验的从业者该如何培养这些能力呢？
- 相比于技术技能更难评估。那么，我们应如何才能将其融入某个专业资格认证体系中呢？
- 可能显得抽象且不够具体。那么，我们如何说服管理层在这些实践领域对员工进行培训呢？
- 并未包含在现有的 UX 从业者的评价和奖励体系中。这可能导致从业人员不愿意发展这些能力，而倾向于发展那些更容易转换为利益的技术能力。

鉴于这些能力需要通过实践和经验来培养，大学课程可以要求学生毕业前必须完成一定时间的实践活动。这种要求已经存在于一些其他领域的研究生课程中，比如，咨询学课程要求学生必须完成一定的实践学时（在课程期间获得的累积"飞行时长"）才能毕业。

另一个选择是由像 UX 专业人员协会（User Experience Professionals' Association，UXPA）

这样的专业机构制定一个"从业人员培训"计划，以确保 UX 专业的毕业生在获得资格后能够发展这些技能。虽然这需要在基础设施上投入大量资金——包括提供督导、日志记录及持续专业发展（Continuous Professional Development，CPD）的监控，但希望我们有足够的动力来实现这一目标。

用户体验思维

- 在 David 的趣事中，他提到，"技术能力在营造 UX 的过程中只起一小部分作用。"回忆一下你参与过的某个项目，其团队特别重视 UX 研究。这仅仅是因为你所做的技术贡献吗？还是有其他原因？那些"其他原因"是什么？
- 本节描述了 3 个专业能力领域：技术能力、过程管理能力及市场营销能力。如果让你评估一位经验丰富的从业者在这些领域的表现，你会如何分配这 3 个领域的权重？它们是同等重要，还是某一个领域更为关键？原因何在？
- 大型公司开始引入 UX 研究的规划、交付及与其他学科整合的过程［为我们提供了一个新名词："研究运营"（ResearchOps）］。这样做的目的是规模化地交付质量一致的研究成果。那么，你所在公司的研究工作流中，你认为存在哪些运营效率低下的问题？假如让你重新设计公司中的 UX 研究职能，你会做出哪些改变？
- 想一想你的工作评估，比如年度绩效评估。评估中是否包括了过程管理和市场营销能力（可能使用了不同的名称）？如果没有，你将如何说服你的经理让你培养这些能力？
- 你是否维护着一个博客或在某个平台发表文章？除此之外，你还能做什么来"留下资源"？

6.4 如何让你的 UX 研究作品集赢得赞叹

如果你从事 UX 领域的工作，那么作品集会取代你的简历。对视觉设计师来说，这完全没问题，但对专门从事 UX 研究的人而言，打造一个作品集则是一个特别的挑战。下面是一些建议，帮助你创建出色的 UX 研究作品集。

作品集在设计和摄影等视觉艺术领域很常见。我们相当确定，毕加索就有自己的作品

集。但在研究和技术这样的科学领域，作品集却不常见，甚至闻所未闻。我们同样相当确定，爱因斯坦是没有作品集的。

UX 作品集的概念是如何产生的呢？我们认为，可能在过去 10 年的某个时刻，一位不太了解行情的招聘人员或雇主向一位 UX 研究人员索要了他的作品集。在一阵慌乱之后，求职者急忙凑出了一份作品集。而现在，人们普遍认为 UX 研究人员应该拥有一个展示他们工作的作品集——即便他们并不创造视觉设计作品。

因此，现在的情况是，即便你的工作只涉及实地考察的语音记录、纸质原型和电子表格中的公式——你都被期望能够制作出一个作品集。

6.4.1　UX 研究作品集的问题

我们几乎每周都会收到一位潜在雇员的电子邮件，邮件的附件几乎总是他们的个人简历。有时，潜在雇员还会附上他们的作品集（或提供链接）。

但能让我们真正印象深刻的作品集实在是少之又少。如果要打分的话，大多数作品集顶多能得个 C 级评分。

如果你只能做到这样，是不会得到面试的机会的。我们几乎总能在作品集中看到一些相同的问题。下面将列出这些问题，以及解决这些问题的一些建议。

6.4.2　别再假装自己是视觉设计师了

视觉设计师致力于创建美观的界面。这些设计背后的研究（或缺乏研究）可能会说明界面实际使用起来并不那么方便——但它们给人的第一印象确实能够产生深刻影响。第一印象的确很重要，这也许就是为什么那么多研究人员试图用用户界面实例来充实自己的作品集。

但这其实是最糟糕的做法。

如果你是一位 UX 研究者，你的工作不是设计界面，而是设计体验。

与其在 PowerPoint 中制作业余的视觉稿（mock-up）或者——更糟糕的是——把别人的设计当成自己的设计展示，不如用你的作品集来展示你所参与的设计背后的研究工作。业务目标是什么？你是如何确保这些目标得以实现的？你在设计过程中的哪些环节让用户参与进来了？

研究项目还是可以通过视觉方式展示的。在网上搜索"可用性测试信息图"（usability testing infographic），你就会明白我们的意思。而且在 UX 研究中有许多成果本身就是可视化的：用户画像、用户旅程地图和可用性专家评审就是 3 个立刻浮现在我们脑海中的成果。

6.4.3　展示旅程，而不仅仅是终点

我们在作品集中常见的第二个错误是：它们过于关注交付成果，而忽略了过程。

比如说，在一个关于用户画像的案例研究作品集中，可能会展示出格式完美、可以直接用在杂志上的最终版用户画像。

但挑战并不在此。

开发用户画像时的挑战在于进行实地考察、数据分析，以及帮助开发团队利用这些用户画像创造出更好的设计。实际上，创造用户画像本身不过是画龙点睛之笔。因此，尽管可能不够吸引眼球，你还是需要阐释这背后的研究过程。（当然，你还是可以展示这些交付成果——只是要确保展示出你的工作过程，就像数学老师所强调的写清楚解题步骤一样。）

展示这一旅程的另一个理由在于，它能够让你保持诚实。David 曾经看过一个作品集，里面讲述了一个求职者设计了一个成功的智能手机应用。不过，求职者忘记提及的是，他其实是一个 8 人团队中的一员，而他的主要贡献是对一个原型进行了可用性测试。

把别人的工作说成是自己的工作，肯定会在面试中失利。

为了确保你展示了旅程，请讲述你参与的故事：

- 解释你试图解决的业务问题。一两句话就足够。如果这让你觉得这有难度，回想一下项目是怎样启动的：你的内部或外部客户是如何阐述这一问题的？在一个故事的情境里，这就像是故事开始的那个触发点。
- 描述你的方法。面对众多可能的研究方法，你为什么选择了那一个？要记住，研究是在商业环境中进行的，你的方法不必是某种理想化的、神话般的方法，它只需要是一种能提供最佳价值的方法。在你的故事中，这个阶段被称为探索。
- 展示你的成果。要简洁，但同时要展示足够多的细节，证明你确实知道自己在说什么。描述你在研究中遇到的一个主要问题，以及你是如何解决它的。在任何精彩的故事中，主人公总是需要攻克难关，这正是展示你解决问题能力的时刻。
- 讲述你的工作所产生的影响。将你的研究结果与业务问题联系起来。你解决了这

个问题吗？如果没有，你有什么收获，将怎样把它应用到下一个项目中？说明你是如何在重要的业务指标上取得进展的，或者至少说明你是如何提升了有效性、效率和 / 或满意度的。一个出色的研究案例还包括说明哪里出了问题，或者下一次你会采取哪些不同的做法（这表明你是一个善于反思的专业人士）。这是你故事的结尾，你和你的客户都从中学到了一些东西。

6.4.4　假设你只有 1 分钟来获得梦想的工作

你可能投入了数小时来打磨作品集。可悲的是，未来的雇主可能只会花 1 分钟快速浏览。1 分钟之后，他们会决定是再花 5 分钟在上面还是直接寄出一封拒绝信。我们知道，这很残酷。

但这其实和你浏览网页时的行为模式如出一辙。你快速扫一眼，然后迅速决定是投入更多时间还是按下返回键。你也可以同样残酷。

这意味着，你需要将作品集设计得如同网页一样，便于快速阅读：使用标题、项目符号和加粗来突出关键内容。不要期望别人会阅读整页内容，哪怕它很短。设想每一页只能吸引 10 秒的关注时间，这样不仅能增加作品集被查看的机会，也能通过展现你明白人们的阅读习惯，来体现你在 UX 设计上的能力。这正是媒介即信息（the medium is the message）这一论断的绝佳范例。（如果你不知道人们如何阅读，为何不拿你的作品集去让朋友和家人做个可用性测试呢？）

关于作品集的整体大小（我们知道这可能听起来没什么帮助），你应该追求的是"刚刚好"的作品集：既不太长也不太短，恰到好处。实现这一目标的方法之一就是果断剔除重复的项目。如果你完成了 3 个卡片分类研究和 2 个纸质原型设计，那你可能会很想展示全部，但不要这样做。相反，只展示每种类型的一个案例。每个项目的篇幅以一到两页为宜，并保证可视化。一个经验法则是，如果你觉得有必要添加目录，那么作品集就太长了。

6.4.5　关注细节

这一条似乎显而易见——我们都知道，在准备个人简历的时候，注重细节是首要原则。但请稍等，如果你正在申请一份 UX 相关的工作，事情就变得有趣了。无论是 UX 研究还是设计，本质上都是需要注重细节的工作。

当然，你的拼写和语法会受到严格的审查，但还不止于此。

- 你会使用哪种字体？
- 你的案例研究将采用怎样的页面布局进行展示？
- 你的行动号召（call to action）在哪里？

再次提醒：媒介即信息。

案例研究的排序方式也与细节息息相关。考虑对案例研究的排序，展示你在以用户为中心的设计过程的各个环节中的专业能力。例如，从一个探讨研究问题的案例研究开始；接着是创建用户画像的案例研究；然后是开发用户旅程地图的案例研究；继续是关于设定可用性指标的案例研究；之后是信息架构研究；紧接着是可用性测试的案例研究；最后以分析工作作为收尾（比如一个多变量测试的案例研究）。虽然让你的作品集变得如此完备可能需要几年时间，但这为你提供了一份明确的行动指南。

6.4.6　如何在不撒谎的情况下弥补经验的不足

这个问题还有一个变体："如果我的日常工作是招募用户、做卡片排序，或者我只是资深人员的助理，我该如何展现更广泛的经验？"

这个悖论有不止一种解决方式，这里给出两个建议。

一种方法是给自己设定任务。假设你从未进行过可用性测试，这正是你作品集中的一个明显短板。那么，不妨设想自己是客户，并进行一次测试。想象你受到了一家大型广播传媒公司的委托，要为他们的电视回看功能的安装流程做一次可用性测试。你会如何规划并执行这次测试？你将如何招募用户？你又是如何分析数据的？

在许多方面，这种自拟任务的做法，比简单地完成一个真正的项目更能体现出你的敬业精神——而且这还能证明所有都是你自己的工作成果，你没有盗用别人的成果。如果你需要一些自拟任务的灵感，可以参加一个在线 UX 培训课程，在那里你有机会在真实项目上实践 UX 研究和设计活动。

如果自拟任务听起来不够吸引你，第二个方法是做志愿者。有大量慈善机构和非营利组织可以通过采纳你提供的可用性测试中的洞见来帮助他们自己增加捐赠。

6.4.7　你的职业生涯回顾

最后一点。UX 作品集也是记录你职业生涯的一本手账。当你更新它时（你应该每 6 个月左右更新一次），确保保留它之前的版本。这是展示你成长轨迹的有力方式。

用户体验思维

- 建立一个研究日志来反思你的实践。每完成一次重要的 UX 研究活动后，记录以下信息：所进行的 UX 研究活动、为何选择这项 UX 研究活动而不是其他活动、哪些方面做得好或不好、下次你将采取哪些不同的做法。尝试向你的团队（甚至是研究参与者）征集更多关于你的优缺点的反馈意见。当你想增添新的作品集条目时，请翻阅这本日志。

- 在你喜欢的文字处理软件中制作一个案例研究模板。该模板应包含 4 个部分：你试图解决的业务问题、你的方法、研究结果，以及你的工作所产生的影响（包括对如何做得更好的反思）。然后用此模板完成一个案例研究。养成每月创建一个新案例的习惯，从现在开始，将此作为你的新习惯。

- 设计一个作品集模板，并开始添加案例研究。在作品集首页放上一张你的照片，以此吸引读者。同时添加你的联系信息，如电子邮箱、电话和相关社交媒体账号等。第二页写上你的个人简介，不要错误地把它放在作品集的最后一页。在作品集的末尾，可以列出你参与或发表过演讲的培训课程和会议。另外，此处还可以附上一些客户和同事对你的评价。

- 最优秀的 UX 研究者，就像任何领域中最优秀的人一样，往往会因个人推荐或介绍而跳槽。他们可能没有作品集，因为他们从来都不需要靠一个作品集来找工作。坚持要求提供作品集的公司是否有错过聘请最优秀的 UX 研究者的风险？考虑到你目前的职业状况，这是否意味着你个人可以忽略制作作品集这个步骤？除了作品集之外，你还能提供什么证据来证明自己是一个称职的 UX 研究者？

- 想象一下，你受雇对一个 UX 研究作品集进行可用性测试。你会怎么做？作品集的"用户"是谁？任务或目标是什么？你会设置哪些标准来区分成功和失败的作品集？

6.5　UX 研究职位第一个月的每周指南

当你开始一份 UX 研究人员的新工作时，既需要赢得同事的好感（让他们能够对你未来的研究成果采取行动），也要向他们提出挑战（让他们变得更加以用户为中心）。在做新工作的前 4 周，如何才能实现这个目标呢？

在 4.5 节中，我们引用了 UX 研究者 Harry Brignull 的言论："一个渴望取悦设计团队的研究人员是没有价值的。"

我们之所以喜欢这句话，是因为它揭示了 UX 研究人员的角色，就像是牡蛎中的沙砾。如同沙砾促使牡蛎生长出珍珠一样，UX 研究人员的任务是持续地发现问题。这些问题可能是最初设计概念的问题，也可能是后期设计的问题，甚至可能是产品根本目标上的问题。你的角色的目的不是取悦开发团队，而是通过理解用户推动他们做得更好。

然而，这种方式显然存在一定的风险——过度的挑剔可能会引起反感。在你开始新工作时，重要的是不要表现得自以为是，对之前的工作过分批评。毕竟，你还不了解开发团队受到的种种限制。有时，那些看似"糟糕"的决策，在当时的情况下可能是"最不糟糕"的决定。

现在，你已经开始了一份新工作。如何做到在上班时挑战同事，下班后仍与他们保持朋友关系呢？

6.5.1　第 1 周：绘制产品地图

作为 UX 研究人员，你不仅会与开发团队内的每一个成员交流，还会接触到团队之外的许多人。你工作的一部分就是建立起这些人之间的联系，让他们共同理解用户及其目标。将自己视为实现良好 UX 的黏合剂。要做到这一点，一个好办法就是让你的所有同事都参与到 UX 研究中来，规划和观察 UX 研究过程。如果你刚刚开始工作，这意味着你需要花时间去了解别人，也让他们了解你。

因此，你有效度过第一周的方式就是绘制产品地图。这个产品的核心是什么？它与市场上的其他产品相比，处于什么位置？决策权在谁手中，哪些人的意见具有重要影响？

这些信息可以通过非正式的访谈和会面来获得。对于开发团队中较为忙碌的成员，你可能需要提前安排会面。但不是所有会面都必须是正式的，喝咖啡或吃午餐时的交谈、饮水机旁的闲聊或是走廊上偶遇时的聊天都是很好的沟通方式。

本周你的目标包括：

- 理解团队所面临的限制。技术上能做什么、不能做什么？是哪些因素驱动了项目进度？
- 了解你的团队成员。他们对 UX 和可用性的理解如何？他们过去是否接触过用户或观察过 UX 研究活动？他们如何评价 UX 对产品的重要性？他们对成功的定义是什么——既包括产品的成功，也包括 UX 研究的成功。
- 确定利益相关者。不仅限于开发团队内部，还要找出组织中那些能够影响项目成败的人。
- 弄清楚关键的业务指标。提示，"关键的业务指标"通常包含货币符号，无论是关于赚更多钱还是降低成本都可以。
- 与同事共进午餐、一起喝咖啡，但尽量不要每天和同一批人在一起，你需要避免成为内部小团体的一部分。
- 提前告知大家，你下周将需要他们用两小时来参与一个工作坊（我们稍后会详细说明），并请他们提前在日程表中预留时间。
- 如果你自己不擅长制作原型，找到团队中能够做这项工作的人，他们很快就会成为你的好朋友。
- 基于你的观察和了解，评估团队的 UX 成熟度。

6.5.2　第 2 周：帮助团队了解用户

作为 UX 研究人员，你最重要的职责是帮助团队更好地了解用户。团队需要认识到存在不同的用户群体，其中某些群体的重要性超过其他群体。设计的焦点将集中在一个或两个用户群体上。然后，你需要帮助团队深入了解用户的目标、动机和能力。

本周你的目标包括：

- 着手整理过去对用户所做的研究（参见 2.2 节）。这可以是团队或组织内部所做的研究，也可以是外部（如大学）研究者完成的研究。
- 为团队举办一个工作坊，让他们创建基于假设的用户画像，即使这些假设是完全错误的也没关系。这个练习是帮助开发团队成员认识到他们自己不是用户的一种温和的方式（同时也可以帮助你发现一些你可能不知道的关于用户的事情）。

■ 通过这个工作坊了解用户的使用环境。例如，他们最常用哪些设备？

■ 建立研究墙。申请一块白板，开始让你的工作有可见度。将基于假设的用户画像贴在研究墙上。

■ 如果有时间和预算，本周花一两天的时间拜访几位用户，了解他们的使用环境。

■ 如果时间不够或预算有限，就花一天时间进行即兴"游击"研究。

■ 如果没有时间或预算进行 UX 研究，可以阅读现有的研究报告，并分析任何可用的用户数据（如网站流量数据或客服中心的数据）。

6.5.3　第 3 周：帮助团队了解用户的任务

任务是用户为实现其目标而使用产品所进行的活动。帮助团队从用户任务而非系统功能的角度思考问题，是让团队看到全局的重要一步。这是因为用户的任务几乎总是需要使用多个功能才能完成，因此这样做可以防止孤岛式的思维。

本周的总体目标是确定用户需要使用产品完成的关键任务。这可以防止团队认为每个功能都同等重要，并有助于确定开发工作的优先级。

本周你的目标包括：

■ 与团队成员交流，梳理出所有可能的用户任务，并形成清单，然后让团队成员确定他们认为最重要的 10 个用户任务。

■ 拿着这份任务清单去给用户看，让他们对这些任务进行优先级排序。这项工作既可以在实地考察时完成，也可以通过向目标受众的一个子集发送一份任务优先级调查问卷来进行。

■ 将开发团队的任务优先级排序与用户的排序进行比较，并分析结果。这两者越接近，说明你的团队越了解用户。

■ 将最重要的几项任务（由用户评出的），转换为可用性测试的具体场景。

6.5.4　第 4 周：进行可用性测试

当你加入新的开发团队后，进行可用性测试会是一个很好的早期活动，它不仅可以帮助你找出团队中有影响力的利益相关者，还能让你了解他们对让用户参与你的工作的态度

（参见 2.8 节）。此外，这还将让你了解到底有多少预算可供使用：团队是否拥有一个可用性实验室，或者你是否有权限租用一个？如果不可行，你是否可以开展远程的、有主持的可用性测试？或者，你的选择是否只剩下在咖啡店里进行的即兴"游击"研究？

关于可用性测试的内容有：

- 测试当前的产品或原型——如果还没有产品，则测试最大竞争对手的产品，测试人数约为 5 人。
- 如果预算不多，可以先进行一次有主持的远程测试，然后再进行几次无主持的远程测试。
- 如果完全没有预算，就与朋友和家人进行一次可用性测试。

本周你的目标包括：

- 让团队至少观察一次测试，最好是现场观察。如果不可行，那么让每位团队成员观看一次测试的视频。如果也无法做到这一点，那么制作一个突出主要研究结果的集锦视频，并在展示会议上进行分享。
- 让团队参与可用性问题的分析。首先，让每位成员从他们观察过的测试中找出问题。接着，全体成员一起，通过亲和性排序整合相似的观察结果，并确定优先解决哪些问题。
- 为下一个季度做规划：如果在理解用户和任务方面仍存在缺口，那么考虑进行一次实地考察；如果需要一个原型，那么开始进行规划（此时你新交的好朋友就派上用场了）；如果你的组织根本不希望让用户参与进来……那就考虑另谋高就吧。

6.5.5 临别感言

开始一份新工作时，人们往往会问自己（通常是在潜意识里）："这里的工作方式是怎样的？"然后，随着时间的推移，大多数人会随波逐流，或调整自己的工作方式以适应新环境，从而否定了自己受聘时的初衷（毕竟，组织通常是因为你能为他们带来些什么而聘用你的——而不是因为你能复制他们已经在做的事情）。

另一方面，冲锋陷阵并试图过快地改变现状肯定会惹恼你的团队。你需要把握好分寸，既不激怒你的新同事，又能激励他们，让他们变得更加以用户为中心。本节中的一些想法或许能帮助你，让开发团队孕育出一些珍珠。

用户体验思维

- 在本节中提到的一些想法需要你自信地与新同事交流。如果这与你的性格相契合，那自然最好。但如果你天生不那么自信呢？你如何在做真实的自己与突破自我来帮助团队获得成功之间取得平衡？

- 当你刚加入新组织时，很可能会急于做出多项改变。然而，Jakob Nielsen 在其关于 UX 成熟度的研究中指出，开发团队必须逐级经历每个 UX 成熟度阶段。他在书中写道："一个很好的比喻就是深潜结束后浮出水面：你不能不经过减压就直接上浮。"⊖你会如何评估一个开发团队或组织的 UX 成熟度？又如何判断他们是否准备好进入下一个阶段了？

- 如果你在工作中有一定的自主权，采用我们的方法是没问题的。但如果你刚开始一份新工作，且你的上司告诉你，团队有很多关于焦点小组和问卷调查的想法——而且希望你去执行这些活动，你还能实施本节中的一些想法吗（尽管时间跨度会更长）？

- 很可能你并不是刚开始一份新工作，而是已经在当前岗位上工作了一段时间。你能否把之前的事情都忘掉，并尝试为组织引入本节中的一些想法呢？我们发现，将原因归咎于一本书（如本书）往往是个很好的理由："我最近读了一本关于 UX 的书，书中建议……"

- 假设你是一名新员工，需要和另一位 UX 研究人员一起工作。他已经在公司工作多年，对改变组织持有怀疑态度。当你提到本节中的每个观点时，他或许都会说："嗯，我几年前就试过了，但不管用。"或者"那可能适用于其他公司，但在这里根本不现实。"面对这样的反对意见，你会怎么回应呢？

6.6 反思型 UX 研究者

　　动手实践虽然重要，但这并不一定能带来专业技能上的提升。最出色的 UX 研究者会有意识地分析自己的工作。通过对 UX 研究活动进行反思，他们能够从某一情境中学习到更多东西，认识到个人和专业上的长处，并发现需要改进和培训的地方。

⊖　Nielsen, J. (2006, May). "Corporate UX maturity: Stages 5–8." https://www.nngroup.com/articles/ux-maturity-stages-5-8/.

UX 研究是理论和实践的巧妙结合。从业者必须掌握相关理论，以避免犯下根本性错误，比如设计有偏向的研究方案，从而导致研究结果无法被解释。同时，从业者也需要丰富的实践经验来选择能够满足研究目标的研究方法。缺乏实践经验可能会使 UX 研究者制定出与项目预算或组织业务目标不符的研究活动方案。

因此，大多数从业者都相信，通过将日常工作经验积累（"边做边学"）与技能培训课程学习相结合，来补充他们理论知识上的不足，是提升工作能力的有效路径。

我们作为培训和指导 UX 研究者的工作者，显然对这种做法深有同感，但也意识到了它的局限性。尽管与我们共事的一些人后来取得了巨大的成功，不仅成为杰出的 UX 研究者，还成为开发团队的领导者。但还有许多人在 UX 研究领域的职业生涯中表现平平，或转向了其他职业道路。在观察这两种群体之间的差异时，我们发现了一个明显的行为特征差异。最成功的 UX 研究者并不只是参加培训课程和完成日常工作，他们还会有意识地、刻意地去反思自己的工作。

6.6.1　成为一个反思型 UX 研究者意味着什么

UX 研究者通常会使用笔记本或电子工具记录他们开展的活动。例如，一些 UX 研究者会用电子表格列出日期、研究类型和对活动的简短描述。这是每位 UX 研究者都应该做的基础工作，不能因此将这些人定义为反思型研究者。

同样，一个仅仅评价一项 UX 研究活动成败的人，我们也不能称之为反思型 UX 研究者。

成为一名反思型 UX 研究者，意味着你需要对自己的工作进行批判性思考。这并不是指对自己的工作进行批判，而是要分析自己的表现。你为什么会选择这种方式进行研究？是什么理论支撑了你的方法？你需要在哪些组织约束条件下开展工作？是否有其他可能的方法可以考虑？

反思之所以如此强大，是因为仅凭经验并不总能学到东西。要想真正从经验中学到东西，我们需要有意识地、刻意地去分析它。

当我们询问那些更为成功的 UX 研究者为什么会进行反思时，不同的人给出了不同的理由。其中一些理由包括：

- 为了提升我的实践能力。

- 为了发现我需要培训的领域。
- 为了创建作品集中的条目。
- 为了在下一次遇到相同情况时，决定自己应该做什么及不应该做什么。
- 为了探寻是否有通用的研究模式，让我可以在今后的类似情况中应用它们。
- 为了准备会议演讲。
- 为了撰写网站文章。
- 进行"如果……会怎样？"（what-if…）的情景分析。（比如，你可能本想进行实地考察，但因预算限制而未能成行。反思一下，这会对研究的最终成果产生什么帮助或阻碍作用？）

6.6.2 反思有哪些方法

反思的形式多种多样，重要的是要选择适合自己工作方式的反思方法。比如说，如果你每天需要花一个小时通勤，那么你完全可以在脑中进行反思，没有必要非得把它写下来。反思的形式并不重要，重要的是反思的方法。浮于表面的反思，或者进行反思只是因为你觉得不得不反思，都不会让你走得更远。在最有效的反思过程中，UX 研究者会分析他们所做的工作，利用证据来判断如何改进这一活动。

尽管如此，书面记录也确实有一些好处。定期回顾你的日志能够让你回忆起那些你曾经认为重要的想法，就像某些社交媒体应用会重新发布你过去的大事件一样，这样能立刻让你想起生活中过去某个时间点你认为重要的事情。随着你经验的积累，重新审视这些事件能给你一个机会，去思考如果回到过去，你会给自己什么样的建议。

为了让反思成为日常生活的一部分，你可以尝试以下一些方法：

- 使用 Moleskine 记事本来记录[⊖]。
- 建立一个电子笔记本。
- 在文字处理软件里创建一个模板。
- 制作视频或音频日记。
- 与你所在组织的其他 UX 研究者一起讨论研究活动。
- 向项目团队中你尊重其意见的人寻求反馈。

⊖ 一家生产和设计笔记本、日程本及相关配件的意大利品牌。该品牌产品因其精美、耐用及便携的特点而闻名，受到作家、艺术家和设计师等创意专业人士青睐。——译者注

- 请求你的研究参与者提供反馈。
- 查看参与者的视频记录（如果有的话），找出你在主持可用性测试或进行用户访谈时好的和不好的做法。
- 与你所在团队或组织之外的导师或同事交流。

的确，你可以组织项目总结会或冲刺回顾会。但是，虽然这在项目层面上是一种好的做法，但这种方法并不是改进你进行的 UX 研究的理想方法。因为与会者想要讨论的是 UX 研究以外的问题，而你可能会发现关于 UX 研究的部分他们只讨论了几分钟。此外，团队可能对 UX 研究并不感兴趣，或者无法提供足够深入的批判性见解来满足你的需求。

6.6.3　什么时候应该反思

你应该将反思作为一个持续的过程。不一定是在项目结束时，而是在结束项目的每个阶段之后进行。例如，你可以在与利益相关者确定了研究计划之后、招募了参与者之后、进行了一次特别好（或特别差）的用户测试之后，或者在向开发团队进行了一次成果展示之后，都是进行反思的恰当时机。根据经验，每当你发现自己对某一阶段的工作感到担忧，或对某件事的进展感觉良好时，可能就是反思的好时机。在最开始，为了让反思成为你日常工作的一部分，可以尝试在每个冲刺阶段结束时进行反思。

6.6.4　反思的模版

如果你想寻求更细致的反思指导，这里有一个可以使用的模版。但请记住，最重要的是要以适合自己的方式进行，哪怕只是在咖啡馆里"和自己开个会"。

- 你开展了哪种 UX 研究活动？记下日期、研究类型、活动的简要说明、样本量、单次测试持续时间及投入的总时间。
- 你为什么选择开展这项特定的 UX 研究活动而不是其他活动？
- 你开展的 UX 研究活动具体在哪些方面进展得很好？尝试找出两到三个亮点。
- 你开展的 UX 研究活动具体在哪些方面存在问题？尝试指出两到三个问题点。
- 分析。针对你认为好或不好的每个方面，问自己"为什么？"注意避免肤浅的反思，力求达到更深层次的理解。可以尝试使用 5 个为什么（five Whys）的技巧，以获得更全面的理解。

- 融入实践。思考那些做得好的方面，你怎样能将其应用到其他场景？在哪些情况下，这种方法可能不奏效？

- 问自己"如果……会怎样？"想一想哪些地方做得不好，你今后如何防止再次出现同样的问题？如果下次面临类似的情况，你会采取什么不同的做法？

用户体验思维

- 使用我们描述的模版来反思你最近的一项 UX 研究活动，你会采取哪些不同的做法？
- 温斯顿·丘吉尔曾经说过："永远没有适合去度假的好时机，所以不如直接去吧。"我们不妨听取他的建议，将其应用到自己的工作安排中：努力找到时间停下来思考，反思正在做的事情。现在就看看你自己的日常工作安排，在每个工作周的开始或结束阶段，分配 15 分钟给反思，并将这段时间称为"反思时间"。
- 为什么团队汇报与项目反思不是一回事？
- 尽管这可能会让你感觉自己像是"进入了镜中世界"，但还是要尝试对反思本身进行反思。换句话说，想想你的反思方法的有效性，以及如何改进它。这种反思方法对你有用吗？如果没有，是什么阻碍了你？
- 反思与冥想或正念（mindfulness）等其他常用技巧有何不同？特别是在改善你的 UX 研究成果和个人 UX 职业生涯发展方面，还有哪些自我评估技巧可能对你有帮助？

6.7　你是实证主义 UX 研究者还是解释主义 UX 研究者

大多数研究者都熟悉实验偏向的概念，以及实验偏向会如何影响 UX 研究的结果。但研究者很少会意识到自己内在的认识论偏向（epistemological bias），他们认为自己开展研究的方式能找到那唯一且真实的答案。了解自己的认识论偏向是确保研究更全面的有效方法，这还有助于你成为更有说服力的 UX 研究者。

我们——Philip 和 David——直到 30 岁后才相识。但很快我们就发现彼此有着极其相似的学术背景。除了都拥有心理学学士学位，我们俩还都在实验心理学领域取得了博士学位。更巧的是，我们的博士研究都聚焦于人类感官：Philip 研究的是语言感知，而 David 研究的则是颜色感知。(一个不太相关但也许更有趣的巧合是,我们俩年轻时都当过送奶工!)

我们所接受的学术训练,使我们在获取世界知识方面有着共同的信念(哲学家称之为共同的"认识论")。我们都是实证主义者,尤其是在职业生涯早期。实证主义是一种哲学流派,它认为只有通过科学方法才能获得知识,认为所有的现象都可以通过经验证据和理性分析来解释。在实践中,这意味着我们主要关注进行实验、验证假设,并试图揭示人类行为背后的规律。你可以将我们的 UX 研究描述为"寻求真理"。

随着我们在 UX 研究领域职业生涯的发展,我们开始意识到,定律只是故事的一部分。心理学中确实有一些行为定律——希克定律(Hick's law)和费茨定律(Fitts' law)就是与从事 UX 设计领域的人员息息相关的两个定律——但我们也意识到,人类行为取决于具体情境。同一个人在不同的情境中可能会有不同的行为方式:例如,一个人和朋友在一起时可能会表现得健谈、外向,但在比较正式的场合就会比较拘谨、安静。即便是同一个人,但他的行为会因情境而改变。在情境中对参与者进行的研究,对我们的实证主义观点提出了挑战。我们开始意识到,在研究人类行为时,并不总是存在唯一真理。

UX 研究引导我们探索了一种理解行为的不同方式:解释主义。解释主义也是一种哲学流派,它认为知识是主观的,无法通过客观的科学方法来确定。它基于这样一种观点,即只有通过对事件和经历的解释,我们才能理解其含义,真理对每个人来说都是相对的。解释主义拒绝任何普遍真理的概念,而是专注于理解不同的经验和观点。解释主义研究不是"寻求真理",而是"寻求观点"。

你在实证主义—解释主义的标尺上所处的位置,将决定你倾向于采用的研究方法类型。如果你持实证主义观点,那么就更有可能专注于 A/B 测试、总结性可用性测试和首次点击指标这样的方法,这些基于统计的研究方法可以衡量人们在特定情况下的行为方式。这是因为你相信在你的研究中有一个基本原理等待被发掘。与此相反,如果你是解释主义者,则会使用情境调查、民族志和访谈等研究方法。使用这些研究方法,你会认识到不同人的观点,并试图理解你听到的不同故事。

根据我们的经验,最优秀的 UX 研究者倾向于使用混合方法。换句话说,他们会使用一些我们归类为实证主义的方法,也会使用一些我们归类为解释主义的方法。我们把这些人称为后实证主义 UX 研究者。例如,你的实证主义研究可能会告诉你,35% 的网站访问者从未访问过产品页面,而你的解释主义研究则会表明,这是因为一些用户不理解网站导航栏中使用的术语。

你需要承认自己在认识论上的偏向,还有一个更实际的原因是:它可能与你的产品团队的认识论世界观不同。我们经常与这样的团队合作，他们自称是多学科团队，但在实践中却是以实证主义背景的人为主导，这些人通常拥有传统科学领域的学位。如果是这种情况，你的团队可能会认为所有"正确的"研究都是实证主义的研究。如果是这样，而你试图仅用解释主义中传统的研究来说服他们，可能就更难说服他们相信你的研究结果了。一个更有说服力的 UX 研究者会将解释主义研究和实证主义研究结合起来。

6.7.1 你是实证主义 UX 研究者还是解释主义 UX 研究者

你相信……（在每对陈述中选择一种）

- 世界是外在的、客观的**或者**世界是社会建构的、主观的。
- UX 研究者是独立的**或者** UX 研究者是所观察事物的一部分。
- UX 研究是价值中立的**或者** UX 研究受商业利益驱使。

你认为 UX 研究者应该……（在每对陈述中选择一种）

- 关注事实**或者**关注意义。
- 找出变量之间的因果关系**或者**尝试理解正在发生的事情。
- 提出并验证假设**或者**根据数据构建理论和模型。

以下哪个陈述最接近你的研究偏好？（在每对陈述中选择一种）

- 我更倾向于将概念（如可用性）付诸实践，这样就可以对其进行测量**或者**我更倾向于使用多种方法来建立对某一现象的不同看法。
- 我更倾向于使用大样本以便泛化至整个群体**或者**我更倾向于使用小样本进行深度或长期研究。
- 我更倾向于使用定量方法**或者**我更倾向于使用定性方法。

6.7.2 解释你的答案

如果你的选择主要偏向左侧的表述，说明你更倾向于实证主义。如果你的选择主要偏向右侧的表述，说明你更倾向于解释主义。如果你的选择相对均衡，那么你是一位后实证主义研究者。

用户体验思维

- 我们认为，最好的 UX 研究源自使用混合方法的研究者。你对此有何看法？

- 列举一些实证主义和解释主义研究方法的实例。

- 你最常使用哪种 UX 研究方法——实证主义传统方法还是解释主义传统方法？你的团队或组织更倾向于哪种方法？

- 为什么认清自己的认识论偏向很重要？你将如何调整自己的方法，以成为更有说服力的 UX 研究者？

- "寻求真理"和"寻求观点"有什么区别？

- 你能否举一个例子，来说明实证主义和解释主义的观点差异会如何导致你和产品团队之间产生分歧？

推荐阅读